# CAXA 应用实训

CAXA YINGYONG SHIXUN

主　编　邓云辉
主　审　阳廷龙
参　编　李　培　魏世煜　钱　飞　杨雯俐
　　　　李世修　阳溶冰　赵　波　张宏剑

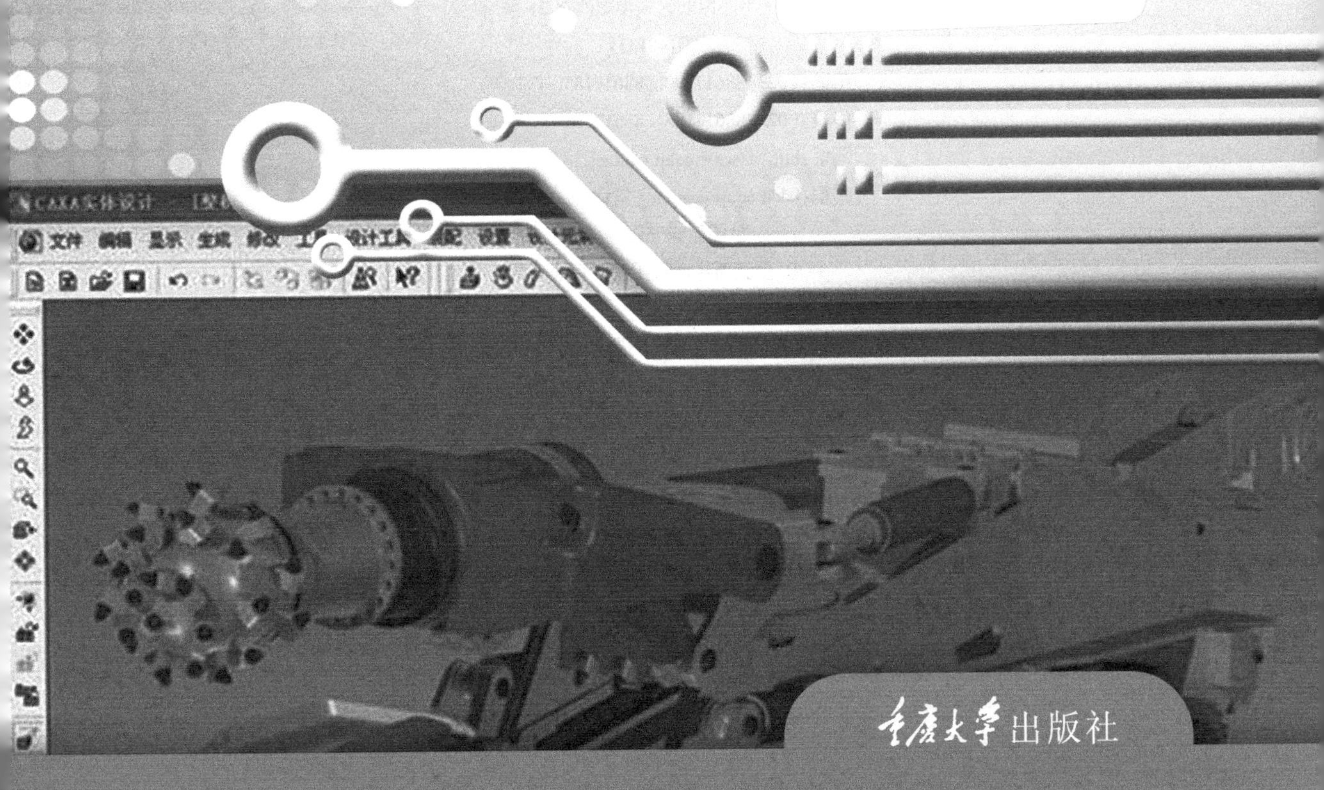

重庆大学出版社

**图书在版编目(CIP)数据**

CAXA应用实训/邓云辉主编.—重庆:重庆大学出版社,2014.8

国家中等职业教育改革发展示范学校建设系列成果

ISBN 978-7-5624-8347-2

Ⅰ.①C… Ⅱ.①邓… Ⅲ.①自动绘图—软件包—中等专业学校—教材 Ⅳ.①TP391.72

中国版本图书馆CIP数据核字(2014)第153098号

国家中等职业教育改革发展示范学校建设系列成果

**CAXA应用实训**

主 编 邓云辉

主 审 阳廷龙

策划编辑:杨 漫

责任编辑:文 鹏 版式设计:杨 漫

责任校对:关德强 责任印制:赵 晟

*

重庆大学出版社出版发行

出版人:易树平

社址:重庆市沙坪坝区大学城西路21号

邮编:401331

电话:(023)88617190 88617185(中小学)

传真:(023)88617186 88617166

网址:http://www.cqup.com.cn

邮箱:fxk@cqup.com.cn(营销中心)

全国新华书店经销

POD:重庆新生代彩印技术有限公司

*

开本:787mm×1092mm 1/16 印张:14.75 字数:368千

2014年8月第1版 2014年8月第1次印刷

ISBN 978-7-5624-8347-2 定价:30.00元

---

# 编审委员会

# 前　言

我国制造业迅猛发展，先进的数控设备正以前所未有的速度进入各类制造业企业，中国已成为世界制造业大国。这种新形势要求改良数控加工技术专业技能型紧缺人才的培养方式，以解决数控技工紧缺等突出问题，为现代制造技术的应用和推广打下良好的人才基础。

本书以 CAXA 制造工程师 2013 正式版为操作平台，介绍了 CAXA 制造工程师 2013 的一些常用命令及实用操作技术。全书共分 12 个项目，内容包括 CAXA 制造工程师 2013 基础知识和 11 个实例项目。既介绍了 CAXA 制造工程师 2013 的数据转换、操作界面的个性设置及工艺清单的输出等，又介绍了多轴产品设计和加工模块的运用，以及 CAXA 制造工程师 2013 在产品设计、三轴加工、后置处理等方面的使用技巧。

全书通过实例讲解操作方法，图文并茂，内容由浅入深，易学易懂，突出了实用性；以技能训练为主线索、相关知识为支撑，落实“管用、够用、适用”的教学指导思想，通过任务引领的项目活动，使学生具备本专业的高素质劳动者和高级技术应用性人才所必需的 CAXA 制造工程师的基本知识和基本技能。

本书是为了适应现代制造业对数控技能人才的需要，为各类高职、中职学校学生进行数控技能综合训练和获取国家劳动与社会保障部的职业技能等级证书及信息产业部数控工艺员证书的培训而编写的新型教材。

编　者

2014 年 6 月

# 目 录

# 项目 1

# CAXA 制造工程师基础知识

## 任务 1.1　软件启动及 CAXA 制造工程师界面

### 1.1.1　CAXA 制造工程师 2013 启动及退出

1）启动

双击桌面快捷方式，使用“开始”级联菜单或利用文件的关联性（扩展名为“.mxe”，双击该类文件时会启动数控车，因此建议先启动 CAXA ME，然后再打开“.mxe”文件）都可启动软件。

2）文件的读入

单击“文件”下拉菜单中“打开”命令，或者直接单击按钮，弹出打开文件对话框如图 1.1 所示。选择相应的文件类型并选中要打开的文件名，单击“打开”按钮。

3）文件的保存

①单击“文件”下拉菜单中的“保存”项，或者直接单击按钮，如果当前没有文件名，则系统弹出一个存储文件对话框，如图 1.2 所示。

②在对话框的文件名输入框内输入一个文件名，单击“保存”按钮，系统即按所给文件名存盘。文件类型可以选用 ME 数据文件 mex、EB3D 数据文件 epb、Parasolid x_t 文件、Parasolid x_b 文件、DXF 文件、IGES 文件、VRML 数据文件、STL 数据文件和 EB97 数据文件。

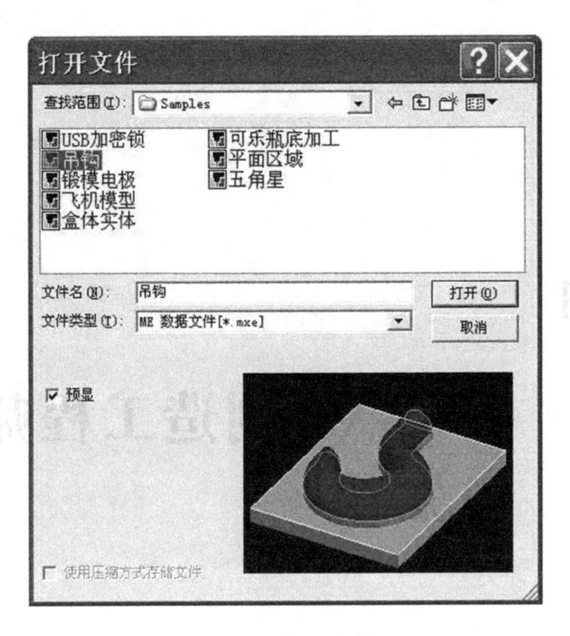


图1.1　打开文件

如果当前文件名存在,则系统直接按当前文件名存盘。经常保存文件是一个好习惯,这样,可以避免因发生意外而使成果丢失。

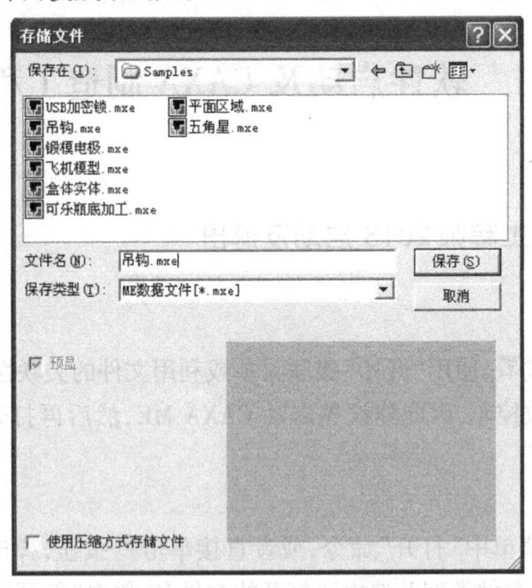


图1.2　"存储文件"对话框

③退出:执行"文件"→"退出"命令,单击关闭按钮☒,使用热键:"Alt + F4"。

## 1.1.2　CAXA ME的工作界面

制造工程师的用户界面如图1.3所示,是全中文窗口式界面,和其他Windows的软件一

样,各种应用功能通过菜单和工具条驱动,制造工程师工具按钮都对应一个菜单命令,单击按钮和单击菜单命令是完全一样的。

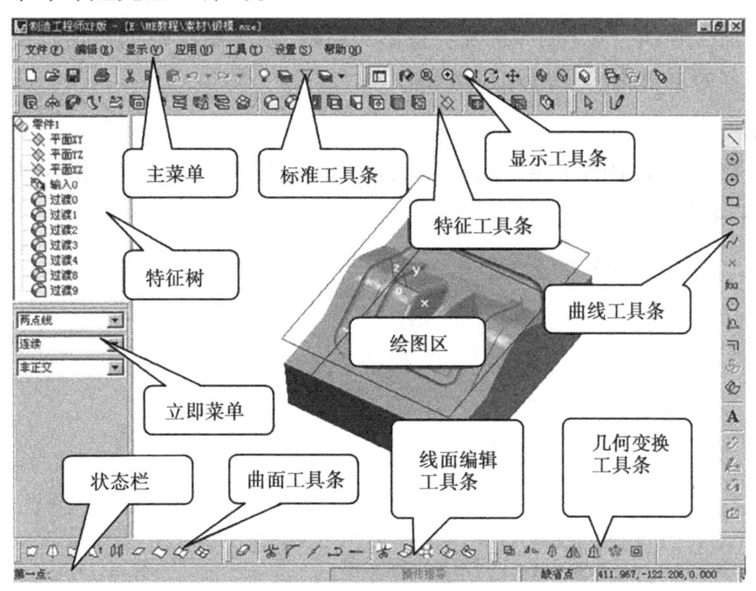


**图1.3 CAXA 制造工程师用户界面**

1)CAXA 制造工程师软件的用户界面

(1)主菜单

主菜单位于界面最上方,包括:文件、编辑、显示、造型、加工、工具、设置和帮助。每个主菜单都含有若干个下拉式子菜单,菜单中的每一项都是一个操作命令,且与工具按钮对应。

(2)立即菜单

在执行某个命令后,系统在界面左侧会弹出一个立即菜单。立即菜单设置某命令执行情况或使用提示项目。

例:执行“造型”→“曲线生成”→“直线”命令后,界面左侧弹出立即菜单。

(3)快捷菜单

当鼠标移至某一位置时,单击鼠标右键,系统会弹出快捷菜单。快捷菜单中的每一项都是一个操作命令。

主要位置处的快捷菜单:

①在特征树中任意平面(如平面 *XY*)上右击弹出的快捷菜单;

②在特征树中的任意草图上右击弹出的快捷菜单;

③在特征树中的任意特征上右击弹出的快捷菜单;

④在绘图区中的左键选中元素后右击弹出的快捷菜单;

⑤在草绘状态下,在绘图区左键选中草图后右击弹出的快捷菜单;

⑥在非草图状态下,在左键选中任意草图曲线后右击弹出的快捷菜单;

⑦在绘图区选中空间曲线、曲面上曲线或选中加工轨迹曲线后右击弹出的快捷菜单;

⑧在菜单或工具的任意空白处右击弹出的快捷菜单;

⑨在加工管理树空白处右击弹出的快捷菜单。

2)对话框

某些菜单命令在执行过程中,系统会弹出对话框,要求用户根据对话框中内容在系统提示下设置或选择对话框内容作出相应的操作。

3)工具条

工具条是将主菜单中的功能采用按钮的形式分类排列出来,作用相同的工具组成一个工具条,如图1.4所示。

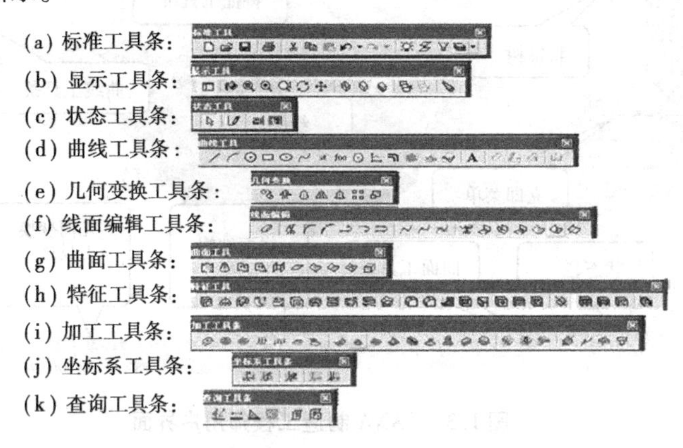


图1.4 工具条

4)树管理器

①零件特征树(设计树、特征树、模型树):记录零件生成的操作步骤,用户可直接在特征树中选择零件特征进行编辑。

②加工管理树(轨迹树):记录所生成的刀具轨迹的刀具、几何元素、加工参数等信息。用户可以在加工管理树中编辑相关信息。

③属性树:记录元素属性查询信息。

5)点工具菜单

点工具菜单是指在操作过程中设置快速捕捉的几何特征点。在曲线生成过程中按空格键,弹出"点工具"菜单。

6)矢量工具(方向工具)

在曲面生成时,选择曲面生成方向按空格键,弹出"矢量工具"(方向工具)。

7)选择集拾取工具

根据需要在已完成的图形中选取所需要的图形元素(点、线、面)的操作,称为拾取图形元素。选择集拾取工具是用来方便地拾取需要的元素的工具。

"选择集":已选中的元素集合。

按空格键,系统弹出"选择集拾取工具":

①拾取所有:拾取画面上所有的元素。但系统规定,所有拾取的元素中不应包含拾取设置中被过滤掉的元素或被关闭图层中的元素。

②拾取添加:指定系统为拾取添加状态,此后拾取到的元素将放到选择集中(拾取操作

有两种状态:“添加状态”和“取消状态”)。“拾取添加”是系统默认状态。

③取消所有:取消所有被拾取的元素。

④拾取取消:从拾取到的元素中取消某些元素。

⑤取消末尾:取消最后拾取的元素。

8)绘图区

绘图区是用户绘图设计的工作区,绘图区中央设置一个三维直角坐标系,该坐标系称为世界坐标系,坐标原点为(0.0,0.0,0.0)。

9)状态提示栏

状态栏指导用户进行操作,并提示当前状态和所处位置。

# 任务1.2 掌握CAXA制造工程师的基本操作

## 1.2.1 鼠标键的应用

①鼠标左键:激活菜单命令、确定位置点、拾取元素等。

②鼠标右键:确认拾取、结束操作、终止命令。再次按右键,激活刚结束的命令。

## 1.2.2 回车键和数值键

①回车键:在绘图状态,单击曲线生成后,当需输入点时,按回车键,激活坐标输入条,输入坐标后再次按回车键完成点的生成。

②数值键:输入数值。

## 1.2.3 空格键

在下列情况下,需要按空格键:

①当要输入点时,按空格键,系统弹出“点工具”菜单。

②在曲面设计中,要选择方向时,按空格键,系统弹出 “矢量工具”(方向工具)菜单。

③当需要拾取元素时,按空格键,系统弹出“选择集拾取工具”菜单。

④在有些操作如曲线组合时,按空格键,系统弹出选择设置快捷菜单。

注:当用窗口拾取元素时,若是由左上角向右下角开窗口时,窗口要包容整个元素对象,才能被拾取到;若是从右下角向左上角拉时,只要元素对象的一部分在窗口内,就可拾取到整个元素。

## 1.2.4 常用键

F1 键：请求系统帮助。

F2 键：草图器，用于绘制草图状态与非绘制草图状态的切换。

F3 键、Home 键：显示全部图形。

F4 键：刷新屏幕显示图形。

F5 键：将当前平面切换至 *XOY* 面，同时将显示平面置为 *XOY* 面，并将图形投影到 *XOY* 面内进行显示。

F6 键：将当前平面切换至 *YOZ* 面，同时将显示平面置为 *YOZ* 面，并将图形投影到 *YOZ* 面内进行显示。

F7 键：将当前平面切换至 *XOZ* 面，同时将显示平面置为 *XOZ* 面，并将图形投影到 *XOZ* 面内进行显示。

F8 键：按轴测图方式显示图形。

F9 键：切换当前作图平面（*XY*、*XZ*、*YZ*），重复按 F9 键，可以在三个平面之间切换。

方向键（←、↑、→、↓）：显示平移。

Shift 键 + 方向键（←、↑、→、↓）：显示旋转。

Ctrl 键 + ↑ 键、Page Up 键：显示放大。

Ctrl 键 + ↓ 键、Page Down 键：显示缩小。

Esc 键：可终止执行大多数指令。

# 项目 2

# 凸轮造型与加工

## 任务 2.1　凸轮的实体造型

造型思路：

根据图 2.1 的实体图形和图 2.2 所示凸轮二维图，凸轮的外轮廓边界线是一条凸轮曲线，可通过“公式曲线”功能绘制，中间是一个键槽。此造型整体是一个柱状体，所以通过拉伸功能可以造型，然后利用圆角过渡功能过渡相关边即可。

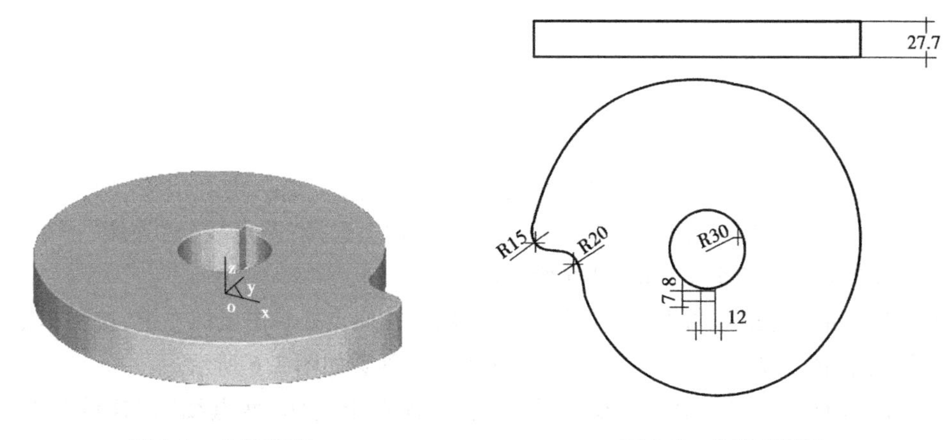


图 2.1　凸轮造型　　　　图 2.2　凸轮二维图

### 2.1.1 绘制草图

①选择菜单“文件”→“新建”命令或者单击“标准工具栏”上的图标，新建一个文件。

②按F5键，在 *XOY* 平面内绘图。选择菜单“造型”→“曲线生成”→“公式曲线”命令或者单击“曲线生成栏”中的图标，弹出如图 2.3 所示的对话框，选中“极坐标系”选项，按图设置参数。

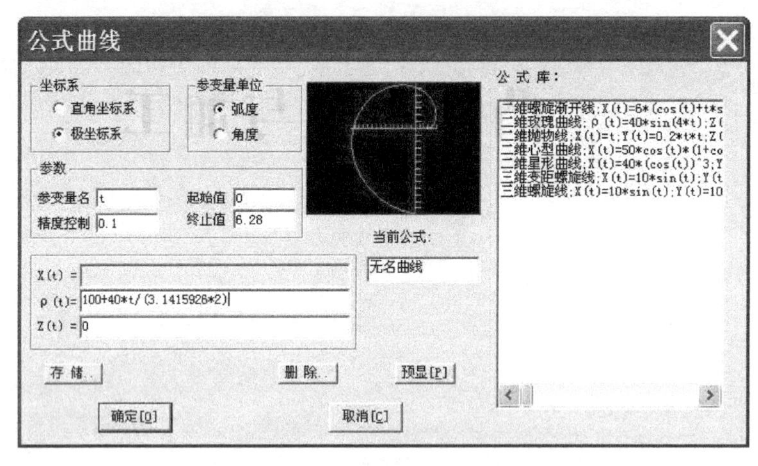


图 2.3　公式曲线对话框

③单击“确定”按钮，此时公式曲线图形跟随鼠标，定位曲线端点到原点，如图 2.4 所示。

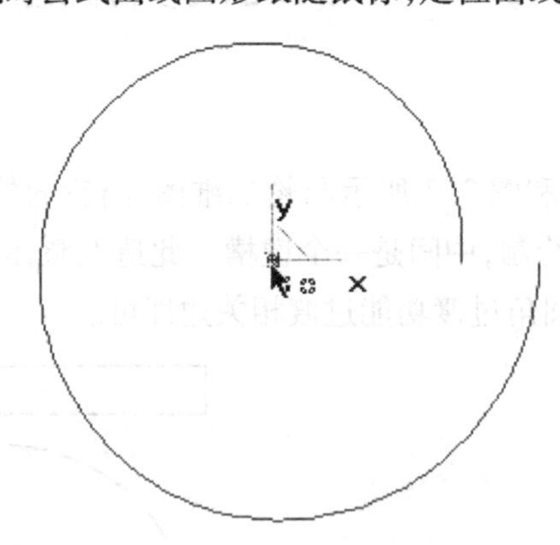


图 2.4　定位曲线到原点

④单击“曲线生成栏”中的直线工具，在导航栏上选择“两点线”、“连续”、“非正交”，将公式曲线的两个端点链接，如图 2.5 所示。

⑤选择“曲线生成栏”中的“整圆”工具，然后在原点处单击鼠标左键，按回车键，弹出输入半径文本框，设置半径为“30”，然后按回车键。画圆如图 2.6 所示。

⑥单击“曲线生成栏”中的直线工具，在导航栏上选择“两点线”、“连续”、“正交”、“长度方式”并输入长度为“12”，按回车键，参数设置如图 2.7 所示。选择原点，并在其右侧

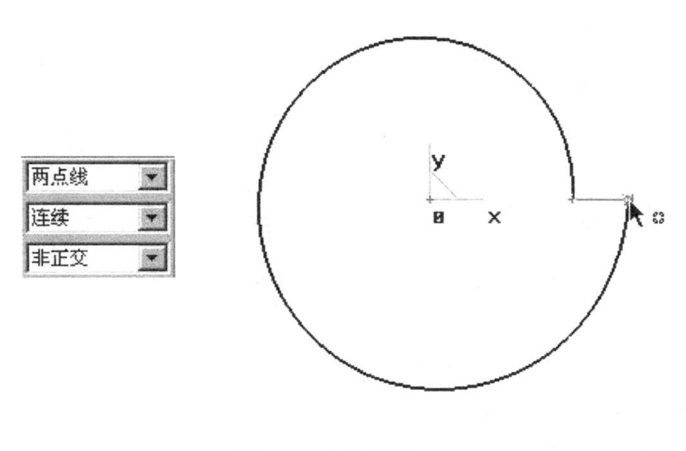


图 2.5 直线绘制

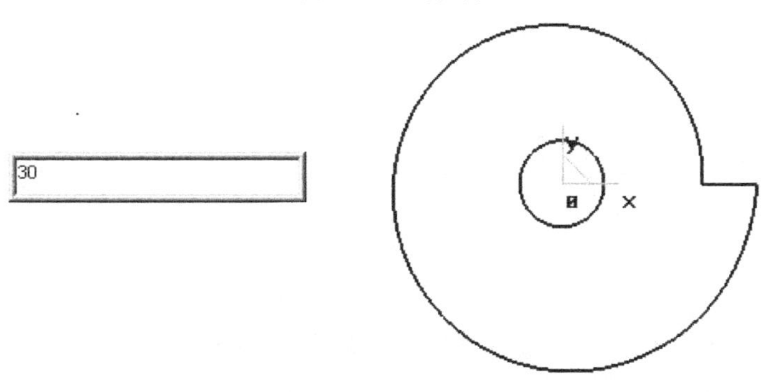


图 2.6 绘制圆

单击鼠标,长度为“12”的直线显示在工作环境中,如图 2.7 所示。

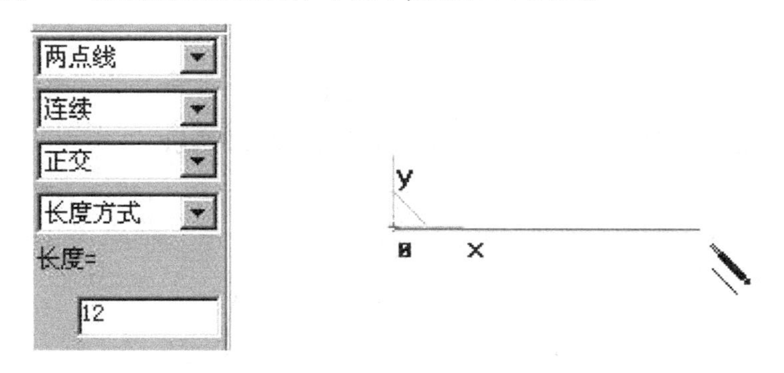


图 2.7 “长度方式”绘直线

⑦选择“几何变换栏”中的“平移”工具,设置平移参数如图 2.8 所示。选中上述直线,单击鼠标右键,选中的直线移动到指定的位置。

⑧选择“曲线生成栏”中的直线工具,在导航栏上选择“两点线”“连续”“正交”“点方式”,参数设置如图 2.9 所示。

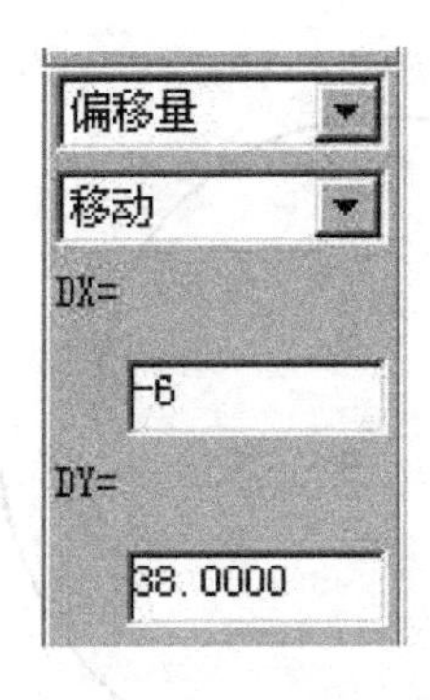


图 2.8 “平移参数”

图 2.9 “正交”直线

⑨选择被移动的直线上一端点，在圆的下方单击鼠标左键。同上步操作，在水平直线的另一端点画垂直线，如图 2.10 所示。

图 2.10 绘“正交”直线

⑩选择“曲线裁剪”工具，设置参数，修剪草图，如图 2.11 所示。

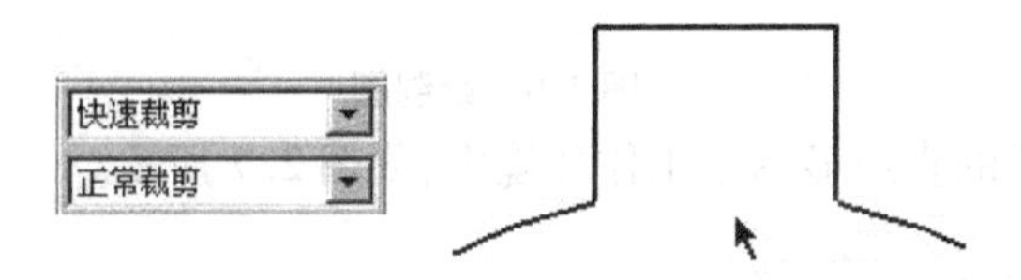


图 2.11 曲线裁剪

⑪选择“显示全部 F3 ”工具，绘制的图形如图 2.12 所示。

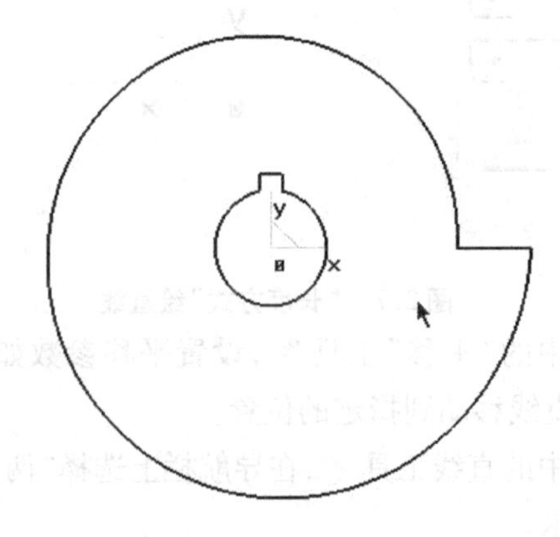

图 2.12 图形显示

⑫选择“曲线过渡”工具，设置参数，再选择图 2.13(a)所示鼠标处的两条曲线，过渡

如图所示。然后将圆弧过渡的半径值修改为“15”，选择如图鼠标处两条曲线，过渡如图2.13(b)所示。

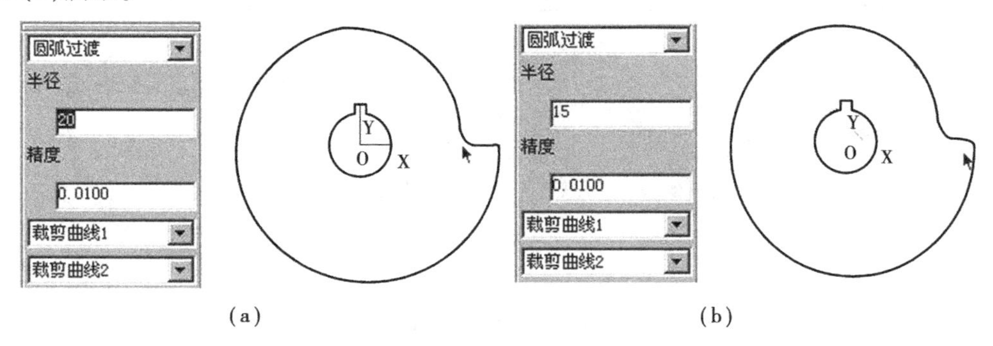


图2.13　“曲线过渡”

⑬选择特征树中的“平面*XY*” ◆平面XY，单击“绘制草图”工具图标，进入草图绘制状态；单击“曲线投影”工具图标，选择绘制的图形，把图形投影到草图上。

⑭单击“检查草图环是否闭合”工具图标，检查草图是否存闭合，如不闭合继续修改；如果闭合，系统将弹出如图2.14所示对话框。

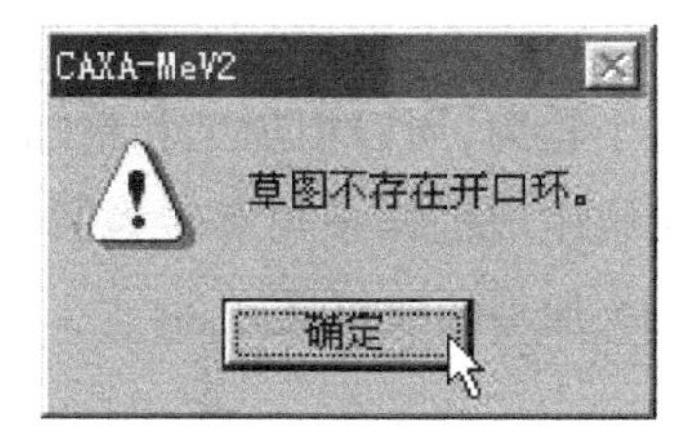


图2.14　“草图环检查”对话框

⑮单击图标，退出草图绘制。

## 2.1.2　凸轮的实体造型

①拉伸增料。选择“拉伸增料工具”，在弹出的对话框中设置参数，如图2.15所示。

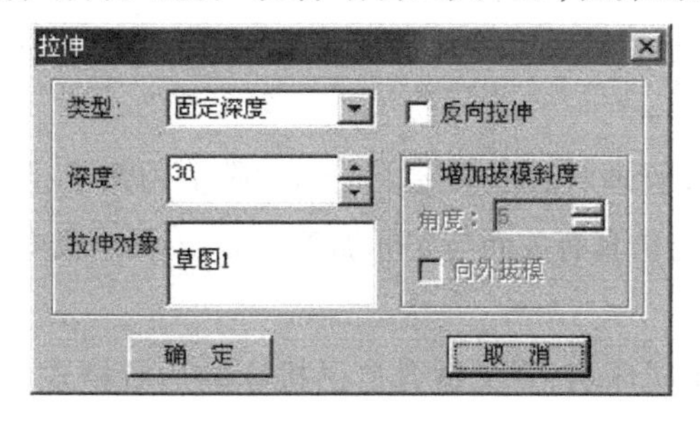


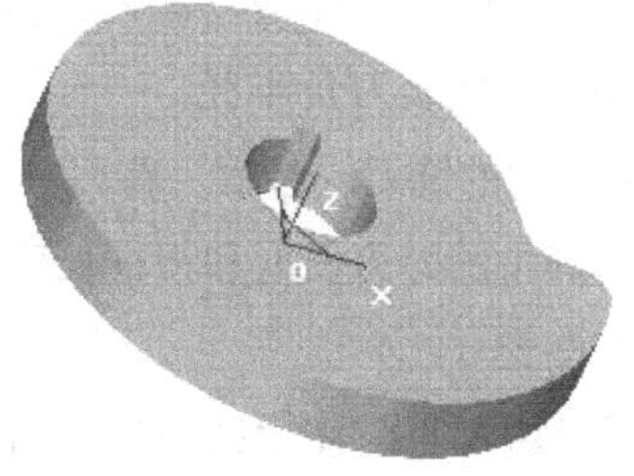


图2.15　“拉伸增料”对话框

②过渡。单击“特征生成栏”中的过渡图标，设置参数，选择造型上下两面上的16条边，如图2.16所示，然后单击“确定”按钮。

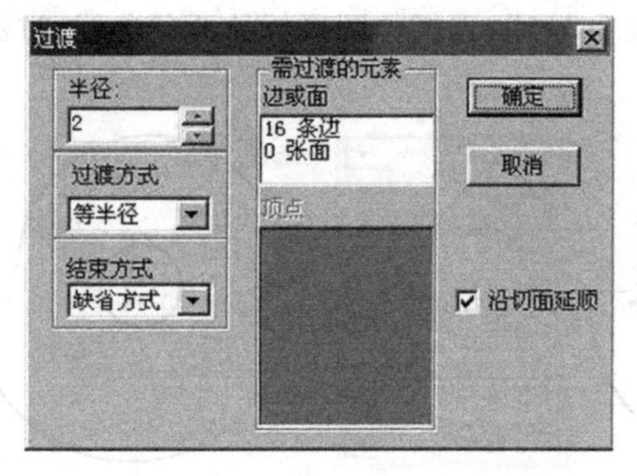


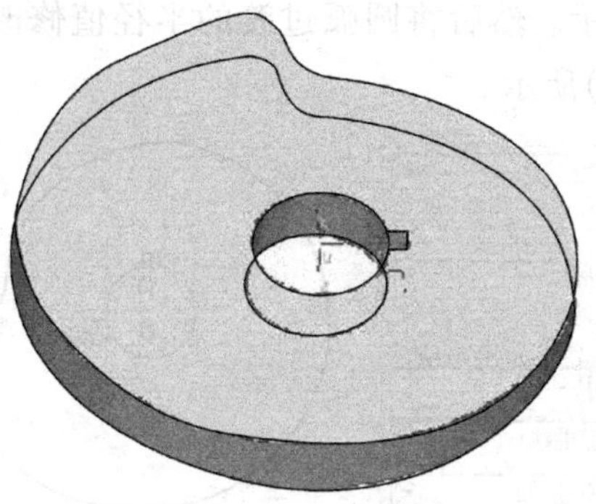

图2.16 “过渡”对话框

# 任务2.2 凸轮加工

**加工思路:平面轮廓加工**

因为凸轮的整体形状就是一个轮廓,所以粗加工和精加工都采用平面轮廓方式。注意在加工之前应该将凸轮的公式曲线生成的样条轮廓转为圆弧,这样加工生成的代码可以走圆弧插补,从而使生成的代码最少,加工的效果最好。

## 2.2.1 加工前的准备工作

1)设定加工刀具

①选择屏幕左侧的“加工管理”结构树,双击结构树中的刀具库,弹出刀具库管理对话框如图2.17所示。单击“增加铣刀”按钮,在对话框中输入铣刀名称。

②增加铣刀。单击“增加铣刀”按钮,在对话框中输入铣刀名称D20,增加一个加工需要的平刀。刀具名称一般都是以铣刀的直径和刀角半径来表示,一般表示形式为“D10,r3”,D代表刀具直径,r代表刀角半径。

③设定增加的铣刀的参数。在刀具库管理对话框中键入正确的数值刀角半径 $r=0$,刀具半径 $R=10$,其中的刀刃长度和刃杆长度与仿真有关而与实际加工无关,刀具定义即可完成。

2)后置设置

用户可以增加当前使用的机床,给出机床名,定义适合自己机床的后置格式。系统默认的格式为FANUC系统的格式。

①选择屏幕左侧的“加工管理”结构树,双击结构树中的“机床后置”,弹出“机床后置”对话框。

②增加机床设置。选择当前机床类型,如图2.18所示。

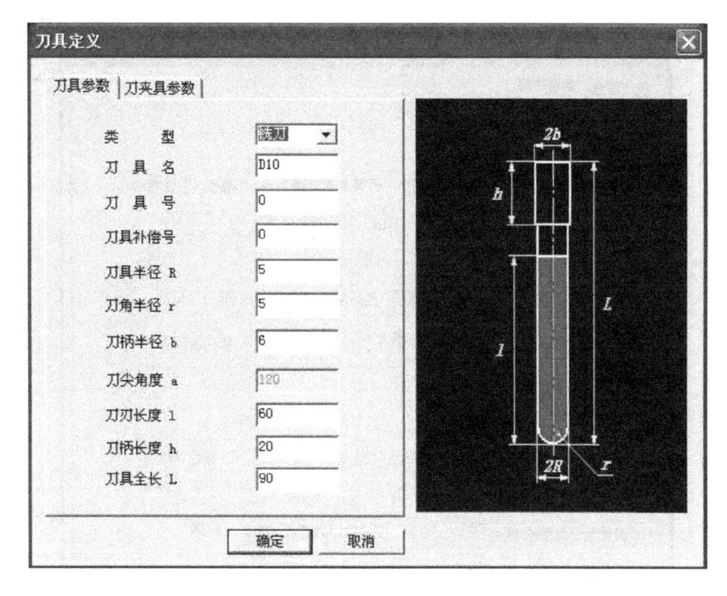


图 2.17　“刀具库管理”对话框

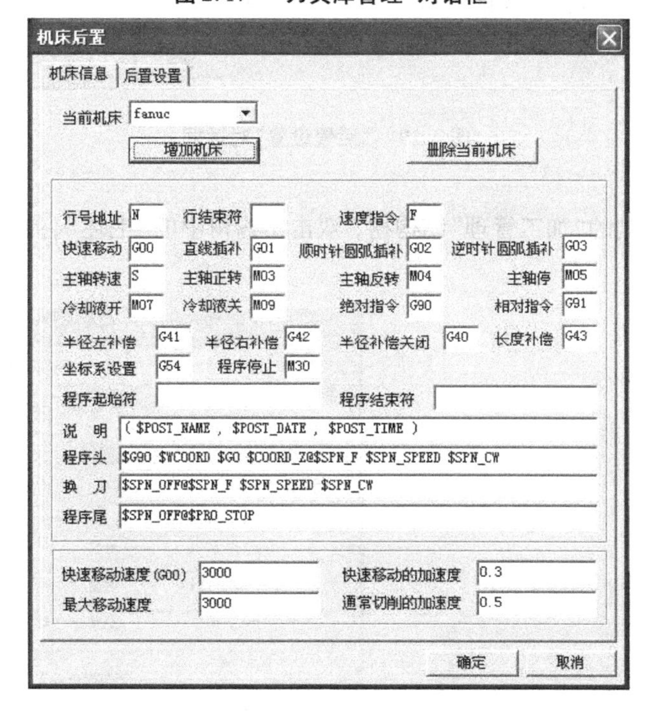


图 2.18　“机床信息”对话框

③后置处理设置。选择“后置处理设置”标签，根据当前的机床设置各参数，如图2.19所示。

3）设定加工范围

此例的加工范围直接拾取凸轮造型上的轮廓线即可，如图 2.20 所示。

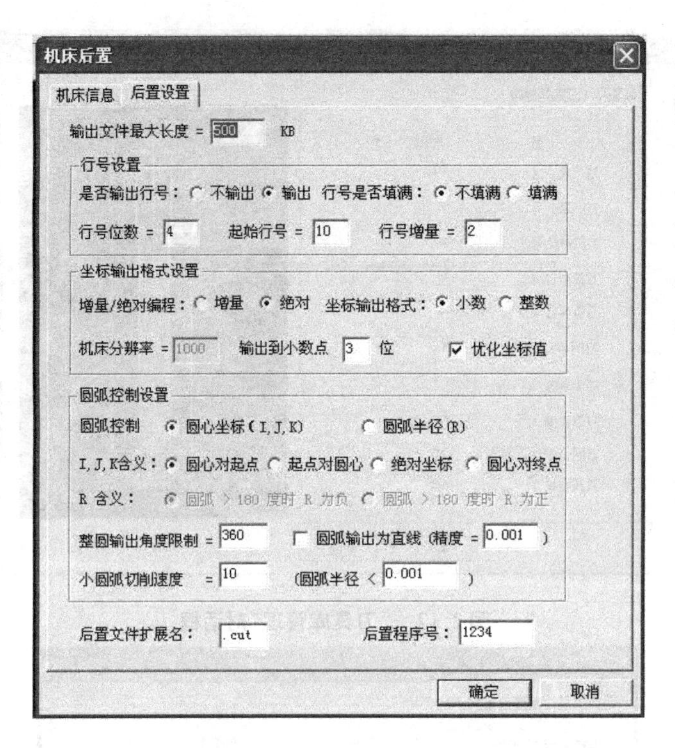


图 2.19 “后置设置”对话框

4)定义毛坯

①选择屏幕左侧的“加工管理”结构树，双击结构树中的“毛坯”，弹出“定义毛坯”对话框，如图 2.21 所示。

图 2.20 凸轮加工范围

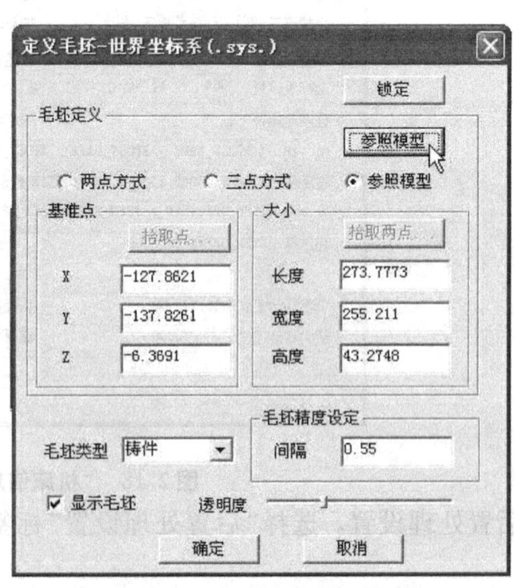


图 2.21 “定义毛坯”对话框

②选择“参照模型”复选框，再单击“参照模型”按钮，系统按现有模型自动生成毛坯，如图 2.22 所示。

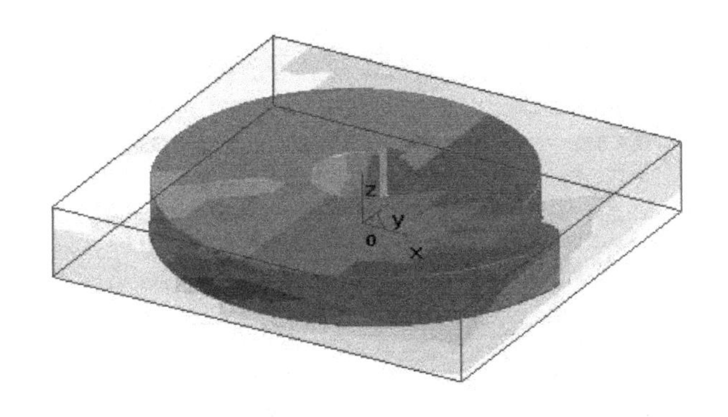

图 2.22　凸轮毛坯

## 2.2.2　粗加工——平面轮廓精加工轨迹

①在菜单上选择“加工”→“精加工”→“平面轮廓精加工”命令，弹出“平面轮廓精加工”参数表，设置加工参数如图 2.23 所示。

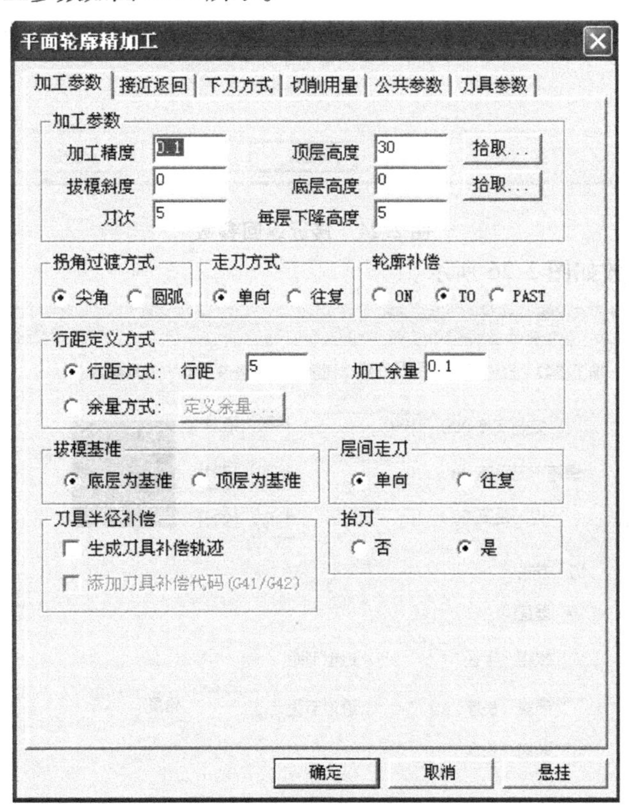


图 2.23　平面轮廓粗加工参数

②设置接近返回参数，如图 2.24 所示。

③下刀方式如图 2.25 所示。

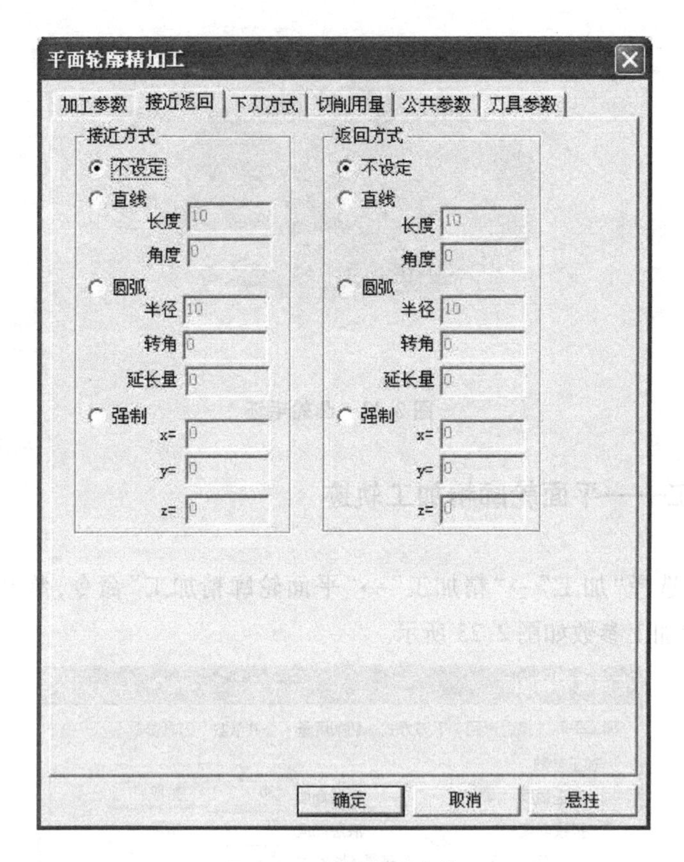


**图 2.24　接近返回参数**

④切削用量参数如图 2.26 所示。

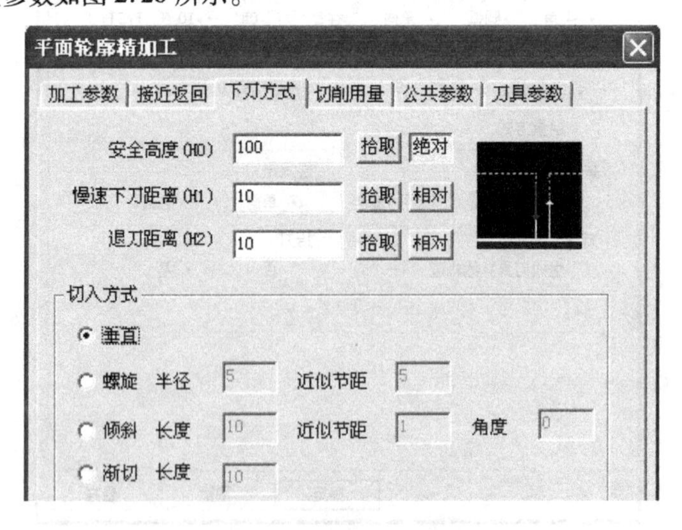


**图 2.25　下刀方式参数**

⑤刀具参数如图 2.27 所示。选择在刀具库中定义好的 D20 平刀,单击“确定”按钮。

⑥状态栏提示“拾取轮廓和加工方向”,用鼠标拾取凸轮造型的外轮廓,如图 2.28 所示。

⑦状态栏提示“确定链搜索方向”,选择箭头如图 2.29 所示。

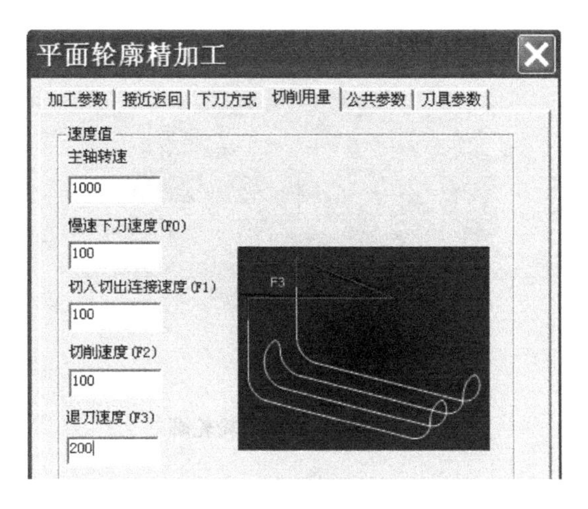


图 2.26 切削用量参数

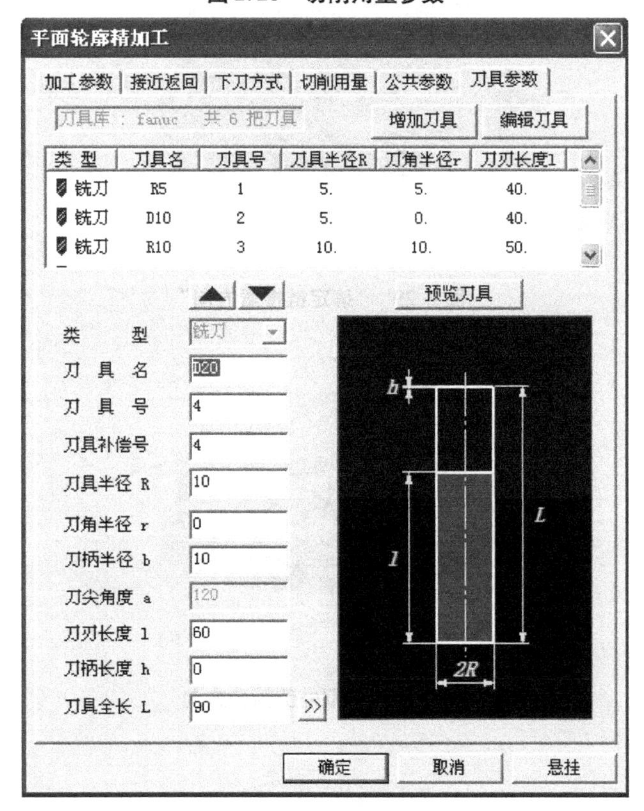


图 2.27 刀具参数

⑧拾取箭头方向,选择需要加工的一侧。选择指向外侧的箭头,如图 2.30 所示。

⑨拾取进、退刀点,拾取毛坯所示右上角点。生成粗加工轨迹线如图 2.31 所示。

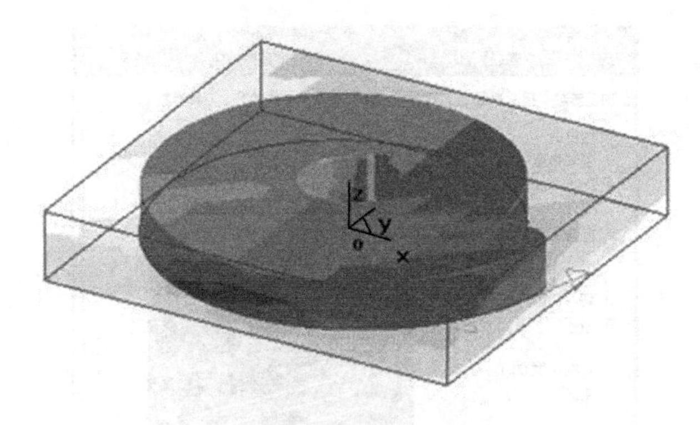


图 2.28　拾取凸轮轮廓

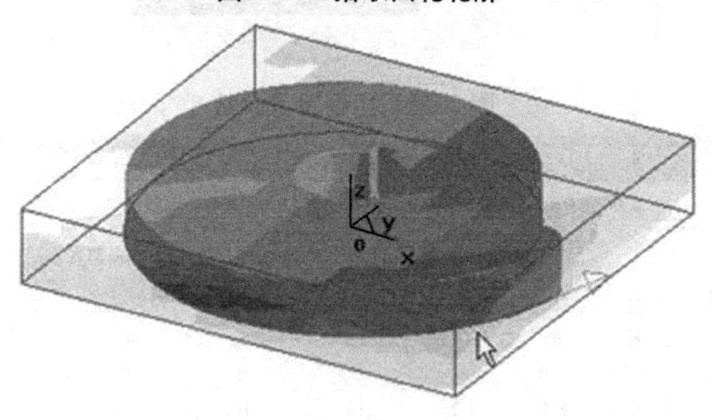


图 2.29　“确定链搜索方向”

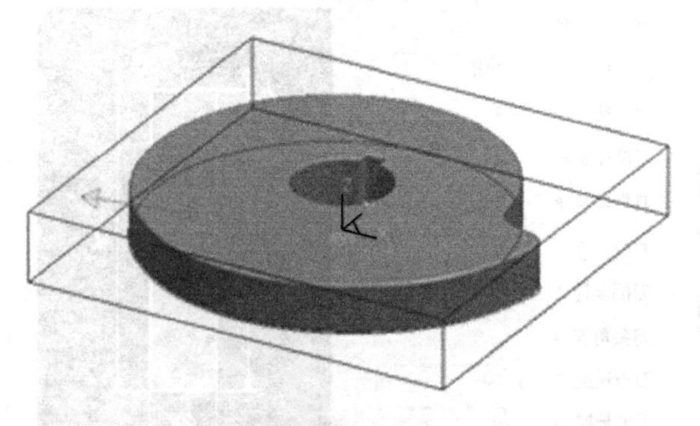

图 2.30　拾取外侧箭头方向

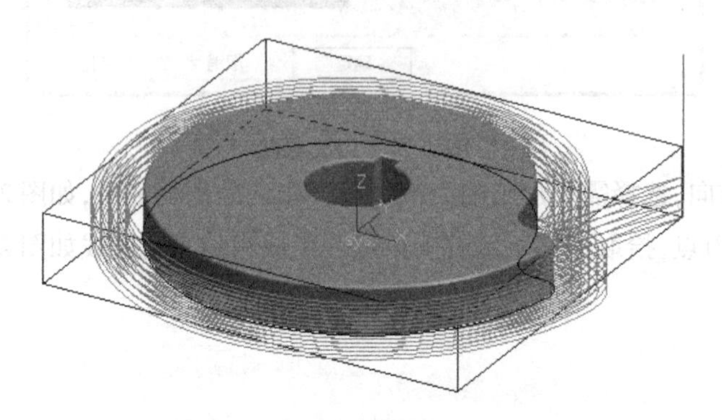

图 2.31　凸轮粗加工轨迹线

## 2.2.3　生成精加工轨迹

①首先把粗加工的刀具轨迹隐藏掉。在菜单上选择“编辑”→“隐藏”命令，拾取凸轮粗加工轨迹线，右键确定。

②在菜单上选择“加工”→“精加工”→“轮廓线精加工”命令，弹出“轮廓线精加工参数表”，设置参数如图2.32所示。将刀次修改为“1”、加工余量设置为“0”，如图2.32所示，然后单击“确定”按钮。

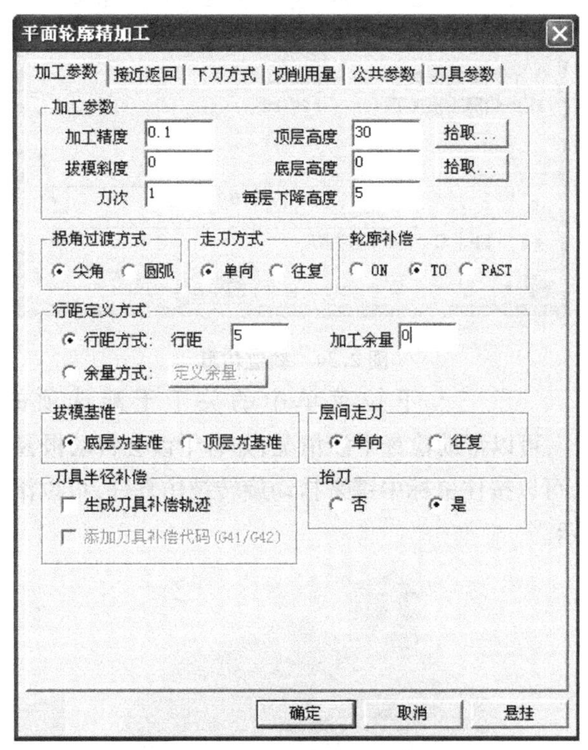


图2.32　凸轮精加工参数

③其他参数同粗加工的设置一样，生成精加工轨迹如图2.33所示。

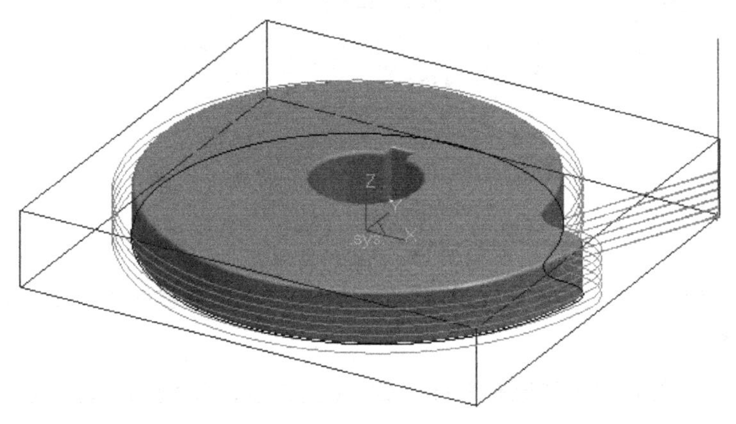

图2.33　凸轮精加工轨迹

### 2.2.4 轨迹仿真

①单击“可见” 按钮，显示所有已生成的粗/精加工轨迹并将它们选中。

②执行“加工”→“实体仿真”命令，选择屏幕左侧的“加工管理”结构树，选中所有加工轨迹，右键确认。系统自动启动 CAXA 轨迹仿真器，单击仿真图标，弹出仿真加工对话框，如图2.34所示；调整 I 100 下拉菜单中的值为“10”，单击按钮来运行仿真。

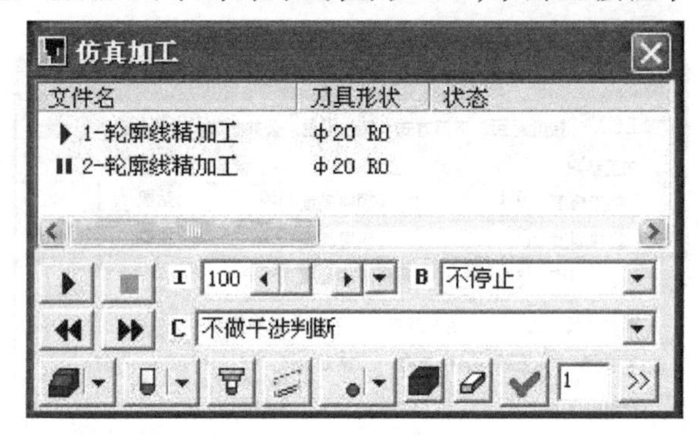


图 2.34 轨迹仿真

③调整 C 不做干涉判断 下拉菜单中的关于干涉选项的配置，例如调整为 C G00干涉+夹具干涉 ，可以帮助检查干涉情况，如有干涉会自动报警。

④在仿真过程中，可以按住鼠标中键来拖动旋转被仿真件，可以滚动鼠标中键来缩放被仿真件，如图 2.35 所示。

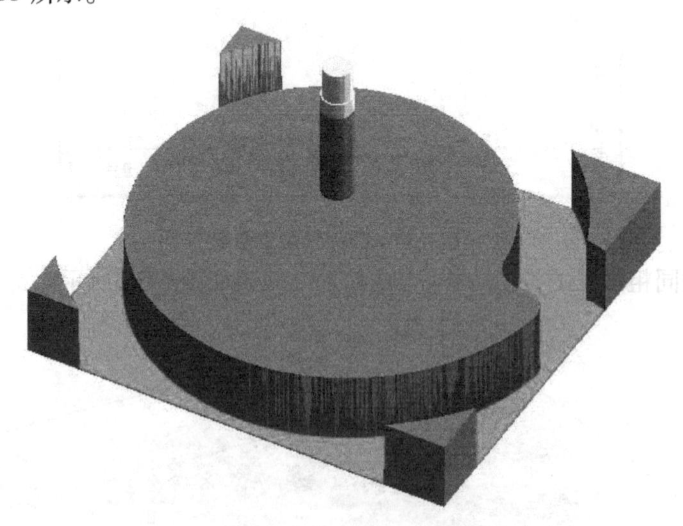

图 2.35 凸轮仿真加工

⑤仿真完成后，单击按钮，可以将仿真后的模型与原有零件作对比。做对比时，屏幕右下角会出现 +4 0.0 -4 ，绿色表示和原有零件一致，颜色越蓝，表示余量越多，颜色越红，表示过

切越厉害。

⑥仿真检验无误后,保存粗/精加工轨迹。

## 2.2.5　生成 G 代码

①执行“加工”→“后置处理”→“生成 G 代码”命令,在弹出的“选择后置文件”对话框中给定要生成的 NC 代码文件名(凸轮.cut)及其存储路径,如图 2.36 所示。

图 2.36　“选择后置文件”对话框

②分别拾取粗加工轨迹与精加工轨迹,按右键确定,生成加工 G 代码,如图 2.37 所示。

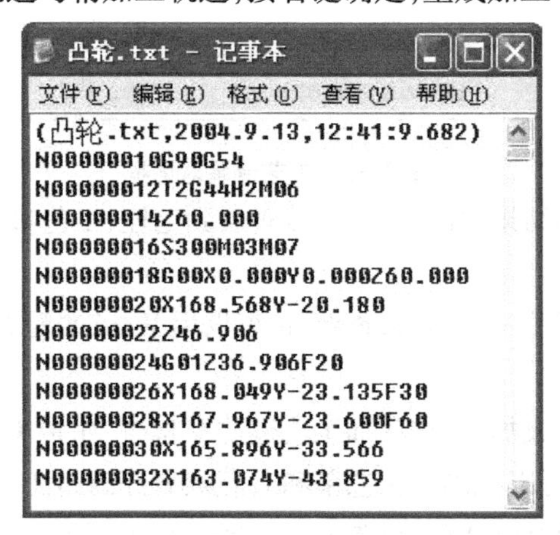


图 2.37　凸轮 G 代码

## 2.2.6 生成加工工艺单

生成加工工艺单的原因有三个:一是车间加工的需要,加工程序较多时可以使加工有条理,不会产生混乱。二是方便编程者和机床操作者的交流。三是车间生产和技术管理上的需要,加工完的工件的图形档案、G 代码程序可以和加工工艺单一起保存,后来如需要再加工此工件,那么可以立即取出来就加工,不需要再做重复的劳动。

①选择"加工"→"工艺清单"命令,弹出工艺清单对话框,如图 2.38 所示。输入零件名等信息后,按拾取轨迹按钮,点中粗加工和精加工轨迹,右键确认后,按生成清单按钮生成工艺清单,如图 2.39 所示。

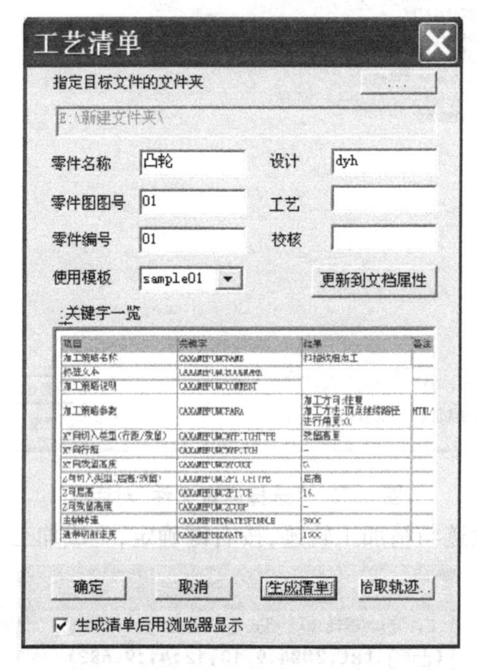


图 2.38 工艺清单对话框

②选择工艺清单输出结果中的各项,可以查看到毛坯、工艺参数、刀具等信息,如图 2.40 所示。

③加工工艺单可以用 IE 浏览器来查看,也可以用 Word 来看并且可以用 Word 来进行修改和添加。

至此,凸轮的造型、生成加工轨迹、加工轨迹仿真检查、生成 G 代码程序,生成加工工艺单的工作已经全部做完,可以把加工工艺单和 G 代码程序通过工厂的局域网送到车间去了。车间在加工之前还可以通过《CAXA 制造工程师 2013》中的校核 G 代码功能,再查看一下加工代码的轨迹形状,做到加工之前胸中有数。把工件打表找正,按加工工艺单的要求找好工件零点,再按序单中的要求装好刀具找好刀具的 $Z$ 轴零点,就可以开始加工了。

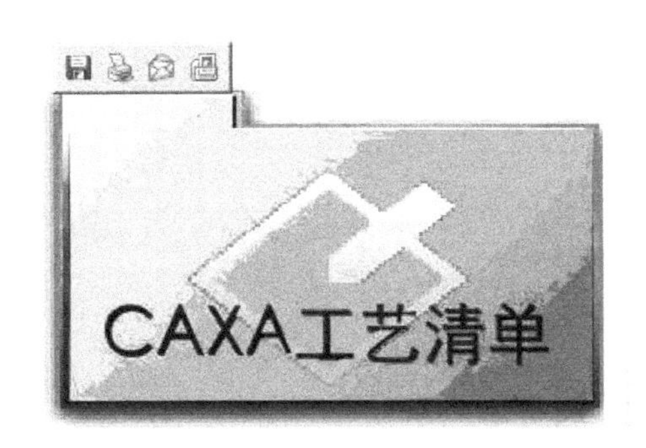


工艺清单输出结果

- general. html
- function. html
- tool. html
- path. html
- ncdata. html

图 2.39 凸轮工艺清单

| 项目 | 关键字 | 结果 | 备注 |
|---|---|---|---|
| 刀具顺序号 | CAXAMETOOLNO | 1 | |
| 刀具名 | CAXAMETOOLNAME | D20 | |
| 刀具类型 | CAXAMETOOLTYPE | 铣刀 | |
| 刀具号 | CAXAMETOOLID | 4 | |
| 刀具补偿号 | CAXAMETOOLSUPPLEID | 4 | |
| 刀具直径 | CAXAMETOOLDIA | 20. | |
| 刀角半径 | CAXAMETOOLCORNERRAD | 0. | |
| 刀尖角度 | CAXAMETOOLENDANGLE | 120. | |
| 刀刃长度 | CAXAMETOOLCUTLEN | 60. | |
| 刀柄长度 | CAXAMETOOLSHANKLEN | 0. | |
| 刀柄直径 | CAXAMETOOLSHANKDIA | 10. | |
| 刀具全长 | CAXAMETOOLTOTALLEN | 90. | |
| 刀具示意图 | CAXAMETOOLIMAGE | Flat D20.0 90.0 | HTML代码 |

图 2.40 凸轮工艺清单显示项目

# 项目3

# 鼠标的曲面造型与加工

## 任务3.1 鼠标造型

造型思路：

鼠标效果图如图3.1所示，它的造型特点主要是外围轮廓都存在一定的角度，因此在造型时首先想到的是实体的拔模斜度，如果使用扫描面生成鼠标外轮廓曲面时，就应该加入曲面扫描角度。在生成鼠标上表面时，可以使用两种方法：如果用实体构造鼠标，应该利用曲面裁剪实体的方法来完成造型，也就是利用样条线生成的曲面对实体进行裁剪；如果使用曲面构造鼠标，就可利用样条线生成的曲面对鼠标的轮廓进行曲面裁剪，完成鼠标上曲面的造型。做完上述操作后，就可以利用直纹面生成鼠标的底面曲面，最后通过曲面过渡完成鼠标的整体造型。鼠标样条线坐标点：(-60,0,15)，(-40,0,25)，(0,0,30)，(20,0,25)，(40,0,15)

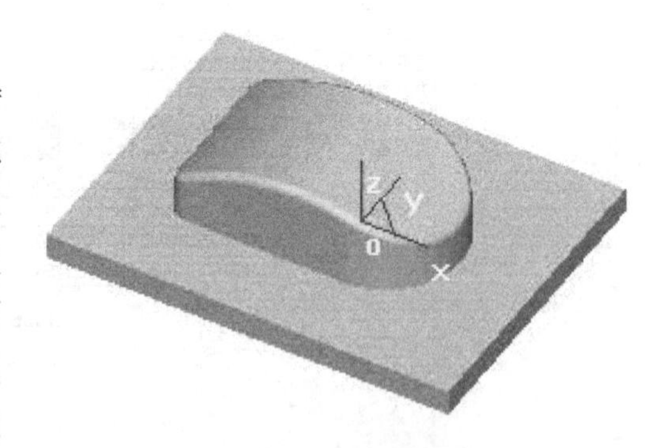

图3.1 鼠标造型

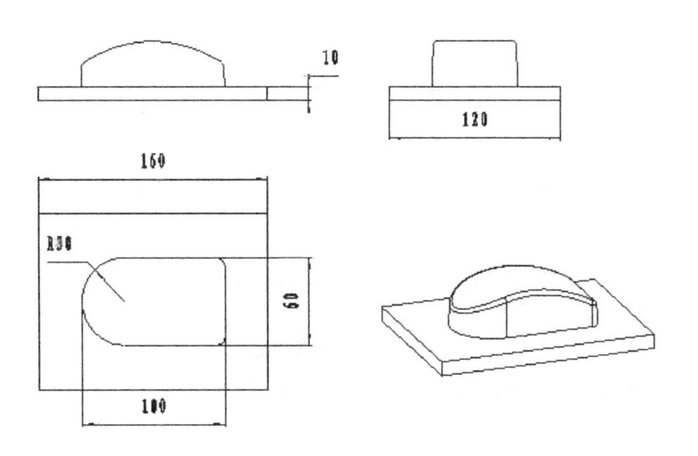


图 3.2 鼠标二维图

### 3.1.1 生成扫描面

①按[F5]键,将绘图平面切换到平面 *XOY* 上。

②单击矩形功能图标,在导航栏中选择“两点矩形”方式,输入第一点坐标(-60,30,0),第二点坐标(40,-30,0)。矩形绘制完成后如图 3.3 所示。

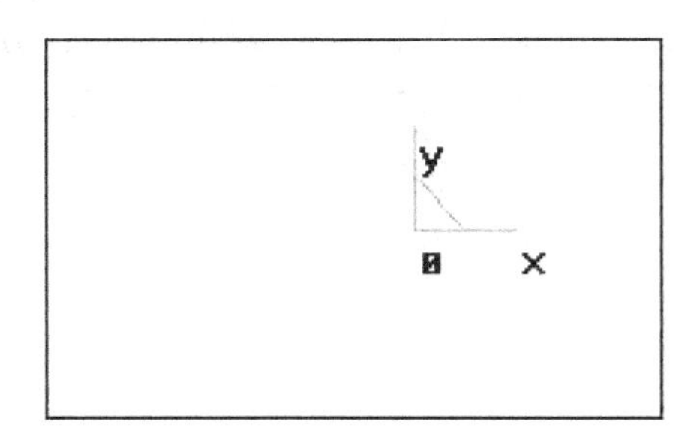


图 3.3 鼠标矩形线框

③单击圆弧功能图标,按空格键,选择切点方式作一圆弧,与长方形右侧三条边相切,如图 3.4 所示。

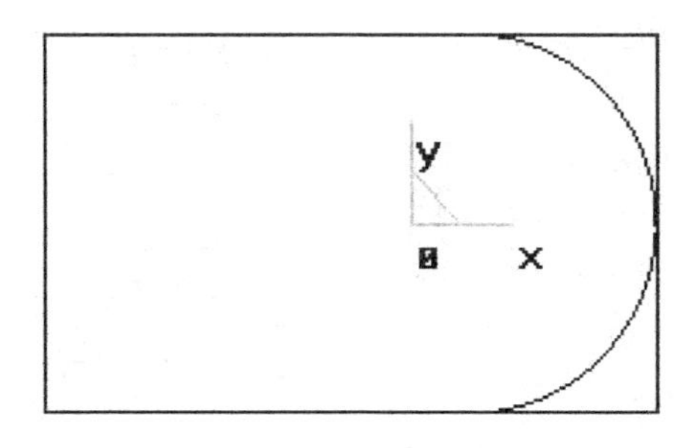


图 3.4 相切圆弧

④单击删除功能图标,拾取右侧的竖边,右键确定,删除完成后如图 3.5 所示。

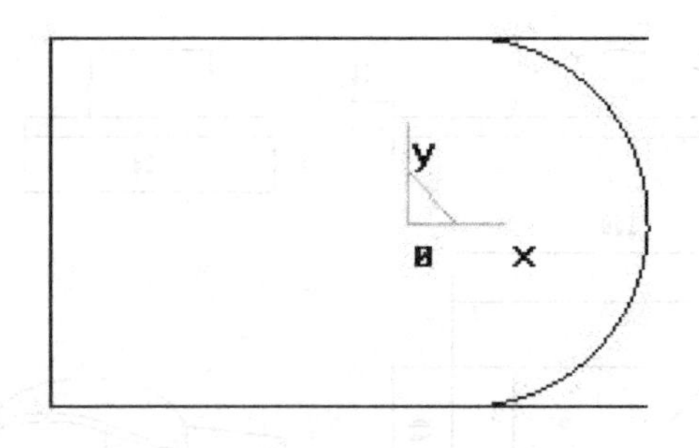


图 3.5　删除线条

⑤单击裁剪功能图标 ，拾取圆弧外的直线段，裁剪完成的结果如图 3.6 所示。

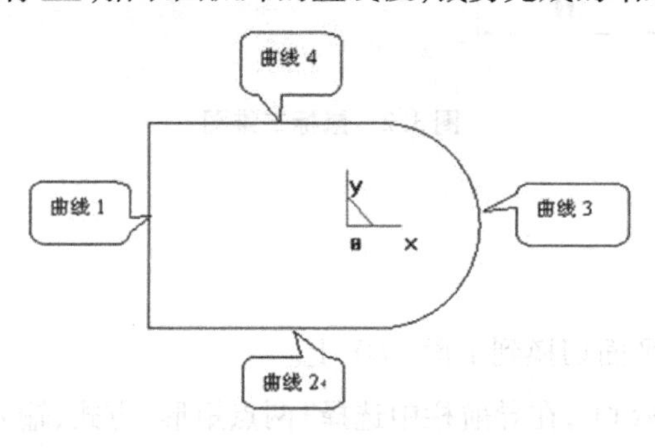


图 3.6　鼠标线框

⑥单击曲线组合按钮 ，在立即菜单中选择“删除原曲线”方式。状态栏提示“拾取曲线”，按空格键，弹出拾取快捷菜单，单击“单个拾取”方式，依次单击曲线 2、曲线 3、曲线 4，按右键确认。按 F8 键，将图形旋转为轴侧图，如图 3.7 所示。

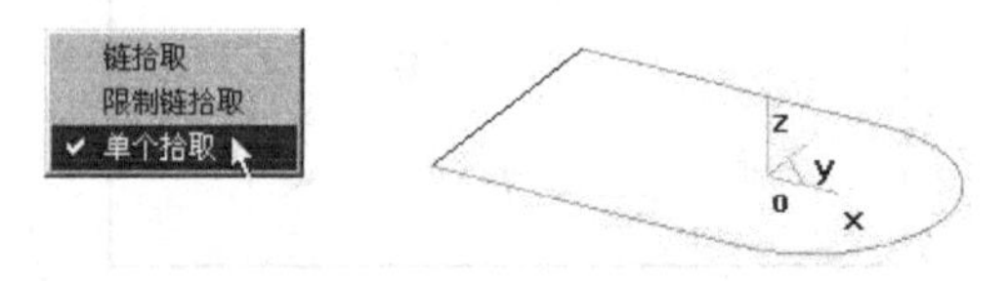


图 3.7　轴测显示

⑦单击扫描面按钮 ，在立即菜单中输入起始距离“0”，扫描距离“40”，扫描角度“2”。然后按空格键，弹出矢量选择快捷菜单，单击“Z 轴正方向”按钮，如图 3.8 所示。

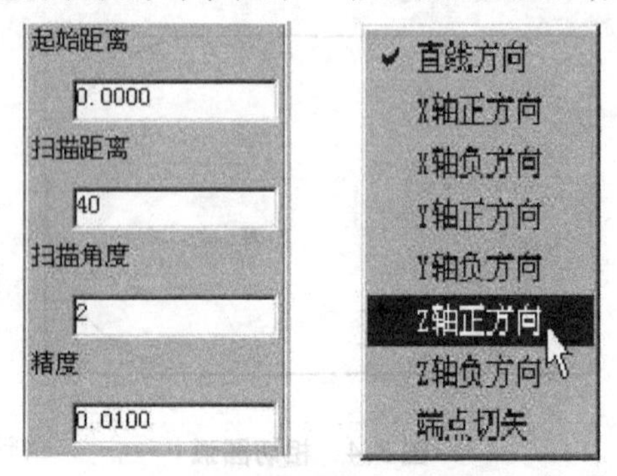


图 3.8　“扫描面”对话框

⑧按状态栏提示拾取曲线,依次单击曲线1和组合后的曲线,生成两个曲面,如图3.9所示。

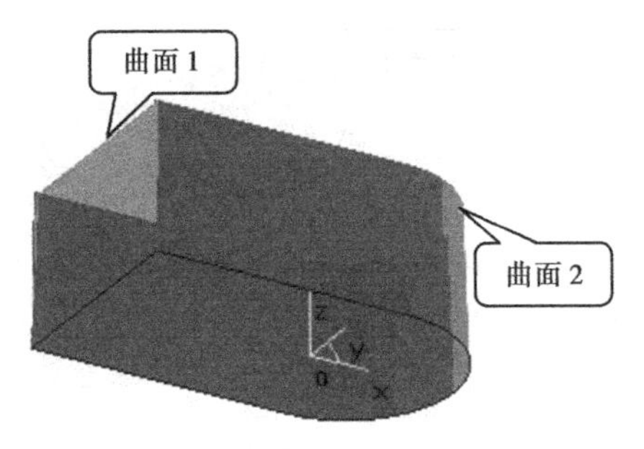


图3.9 生成扫描面

## 3.1.2 曲面裁剪

①单击曲面裁剪按钮,在立即菜单中选择“面裁剪”“裁剪”和“相互裁剪”,按状态栏提示拾取被裁剪的曲面2和剪刀面曲面1,两曲面裁剪完成,如图3.10所示。

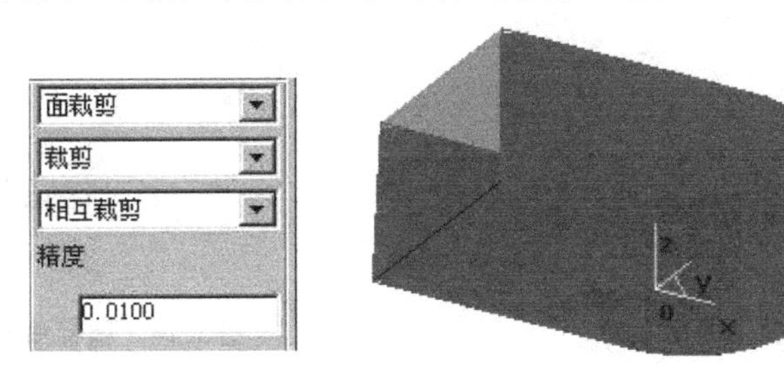


图3.10 “曲面裁剪”效果图

②单击样条功能图标,按回车键,依次输入坐标点(-60,0,15),(-40,0,25),(0,0,30),(20,0,25),(40,0,15),右键确认,样条生成。结果如图3.11所示。

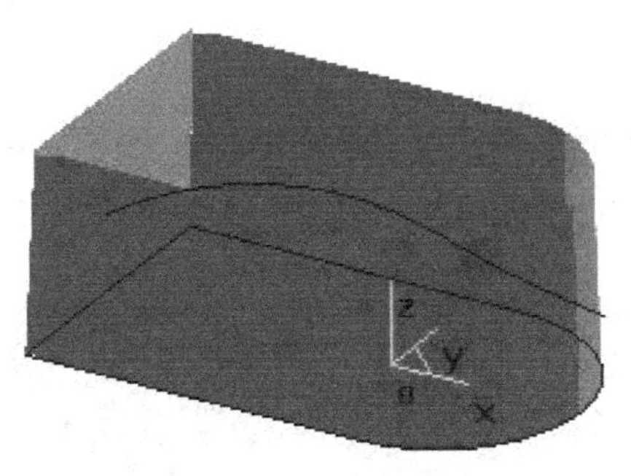


图3.11 鼠标“样条曲线”

③单击扫描面功能图标,在立即菜单中输入起始距离值“-40”,扫描距离值“80”,扫描角度“0”,系统提示“输入扫描方向:”,按空格键弹出方向工具菜单,选择其中的“Y轴正方向”,拾取样条线,扫描面生成。结果如图3.12所示。

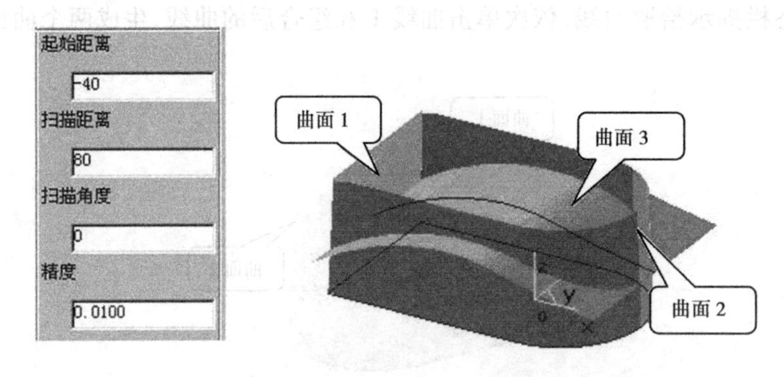


图 3.12　鼠标曲面的“扫描面”

④单击曲面裁剪按钮，在立即菜单中选择“面裁剪”“裁剪”和“相互裁剪”。按提示拾取被裁剪曲面 2、剪刀面曲面 3，曲面裁剪完成，如图 3.13 所示。

⑤再次拾取被裁剪面曲面 1、剪刀面曲面 3，裁剪完成，如图 3.14 所示。

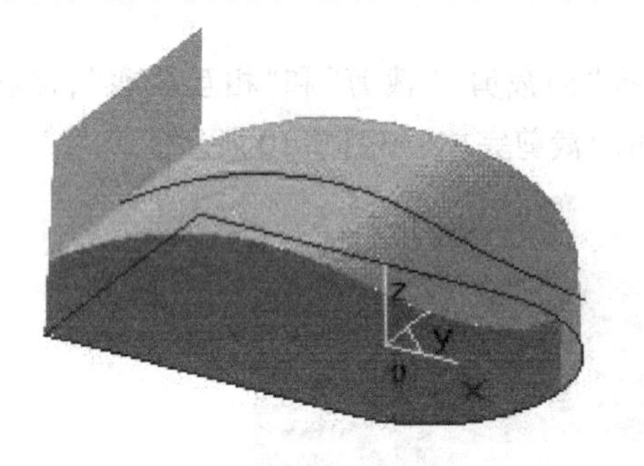

图 3.13　鼠标曲面裁剪

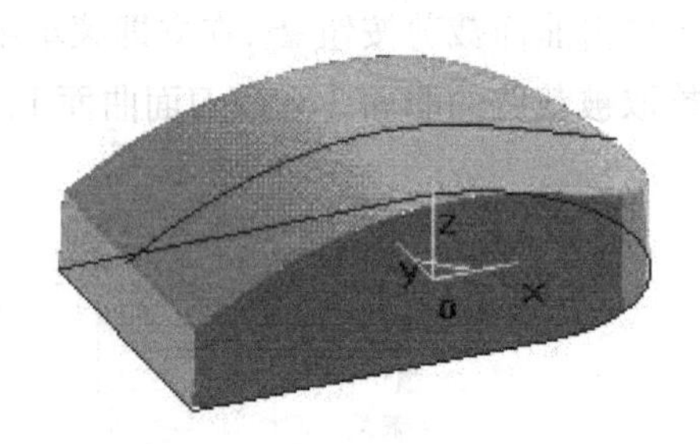

图 3.14　鼠标曲面造型

⑥选择主菜单“编辑”→“隐藏”键，按状态栏提示拾取所有曲线使其不可见，如图 3.15 所示。

## 3.1.3　生成直纹面

①单击“线面可见”按钮，拾取底部的两条曲线，单击右键确认其可见。

②单击“直纹面”按钮，拾取两条曲线生成直纹面，如图 3.16 所示。

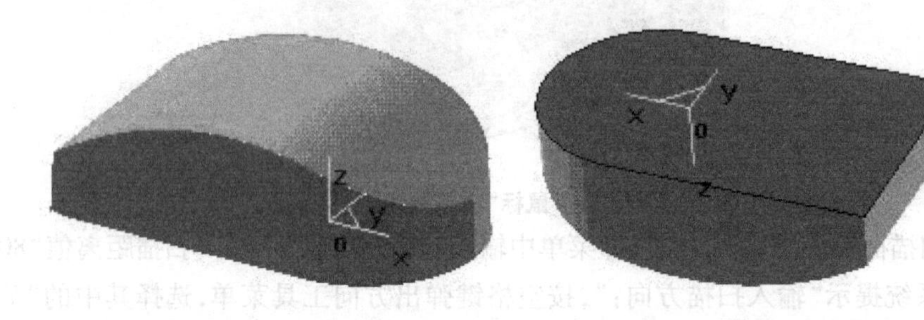

图 3.15　隐藏曲线　　图 3.16　鼠标底面生成

## 3.1.4　曲面过渡

①单击曲面过渡按钮，在立即菜单中选择“三面过渡”“内过渡”“等半径”，输入半径值(2)，裁剪曲面。

②按状态栏提示拾取曲面1、曲面2和曲面3，选择向里的方向，曲面过渡完成，如图3.17所示。

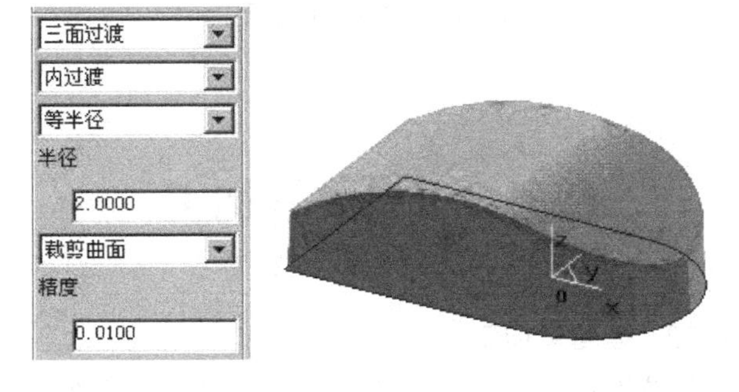


图3.17　鼠标曲面过渡

## 3.1.5　拉伸增料生成鼠标电极的托板

①按F5键切换绘图平面为*XOY*面，然后单击特征树中的“平面XY”，将其作为绘制草图的基准面。

②单击“绘制草图”按钮，进入草图状态。

③单击曲线生成工具栏上的“矩形”按钮，在导航栏中选择“中心—长—宽”方式，输入长(160)，宽(120)，矩形中心(-10,0,0)，绘制如图3.18所示大小的矩形。

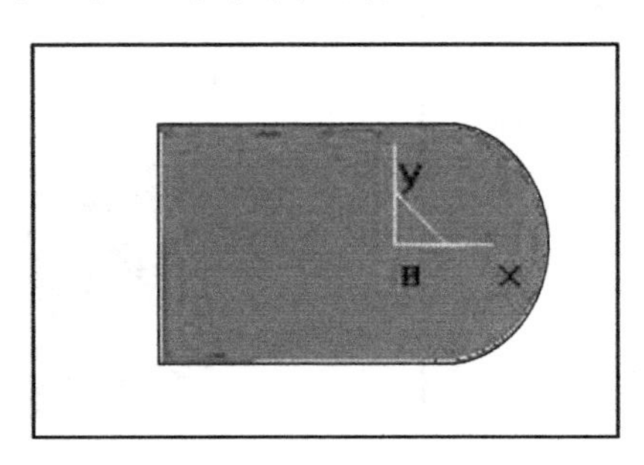

图3.18　绘制鼠标托板

④单击“绘制草图”按钮，退出草图状态。

⑤单击“拉伸增料”按钮，在对话框中输入深度“10”，选中“反向拉伸”复选框并确定。按F8键其轴侧图如图3.19所示。

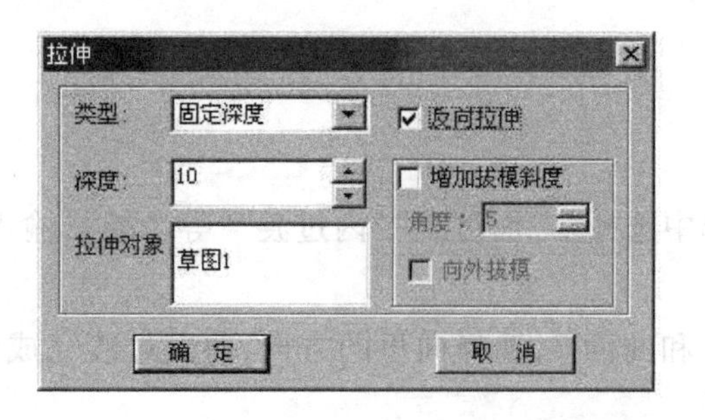


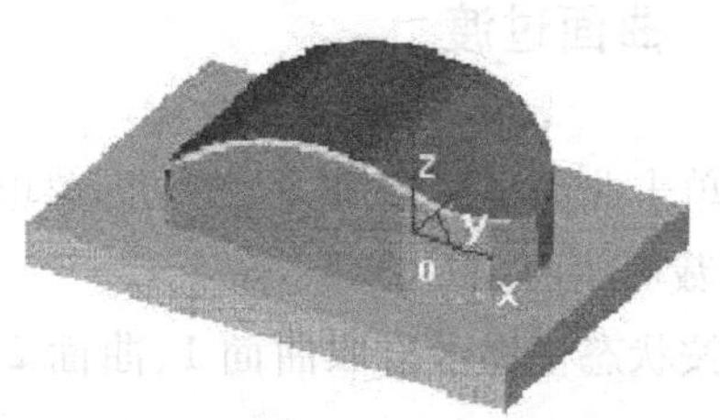

图 3.19　鼠标托板造型

# 任务 3.2　鼠标加工

**加工思路:等高粗加工、等高精加工**

鼠标电极的整体形状较为陡峭,整体加工选择等高粗加工,精加工采用等高精加工和补加工。局部精加工还可以使用平面区域、平面轮廓(拔模斜度)以及参数线加工。

## 3.2.1　加工前的准备工作

(1)定义毛坯

选择屏幕左侧的"加工管理"结构树,双击结构树中的"毛坯",弹出"毛坯"对话框。选择"参照模型"复选框,再单击"参照模型"按钮,系统按现有模型自动生成毛坯,将高度改为(45),如图 3.20 所示。

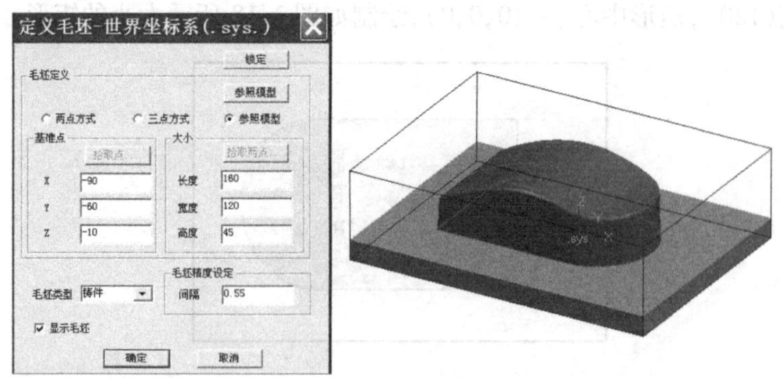


图 3.20　定义毛坯

(2)设定加工范围

单击曲线生成工具栏上的"矩形"按钮 □,拾取鼠标托板的两对角点,绘制如图 3.21 所示的矩形,作为加工区域。

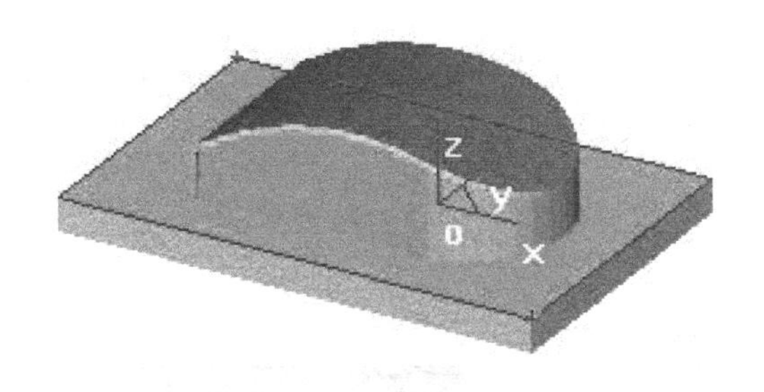


图3.21 绘制加工范围

## 3.2.2 等高粗加工

(1)设置“粗加工参数”

选择“加工”→“粗加工”→“等高粗加工”命令，在弹出的“粗加工参数表”中设置“粗加工参数”，如图3.22所示。切削用量参数如图3.23所示，刀具参数如图3.24所示。确认“进退刀方式”“下刀方式”“清根方式”系统默认值，单击“确定”按钮退出参数设置。

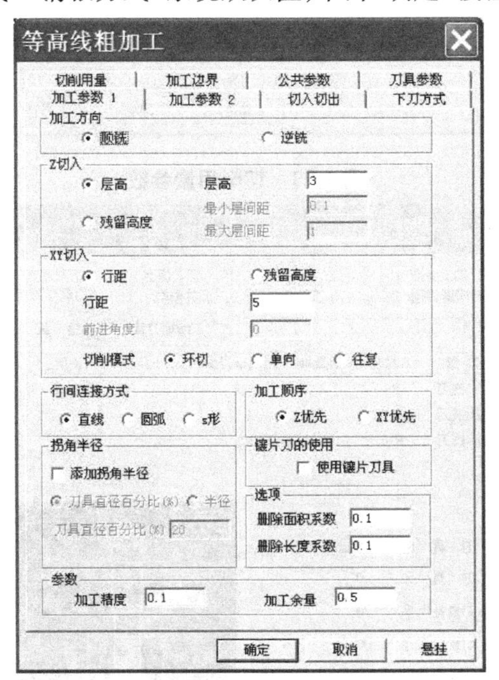


图3.22 粗加工参数

(2)按系统提示拾取加工对象

拾取组成鼠标的所有曲面和托板，右键确认。拾取托板的矩形为加工边界，单击链搜索箭头，选取矩形按右键确认，如图3.25所示。

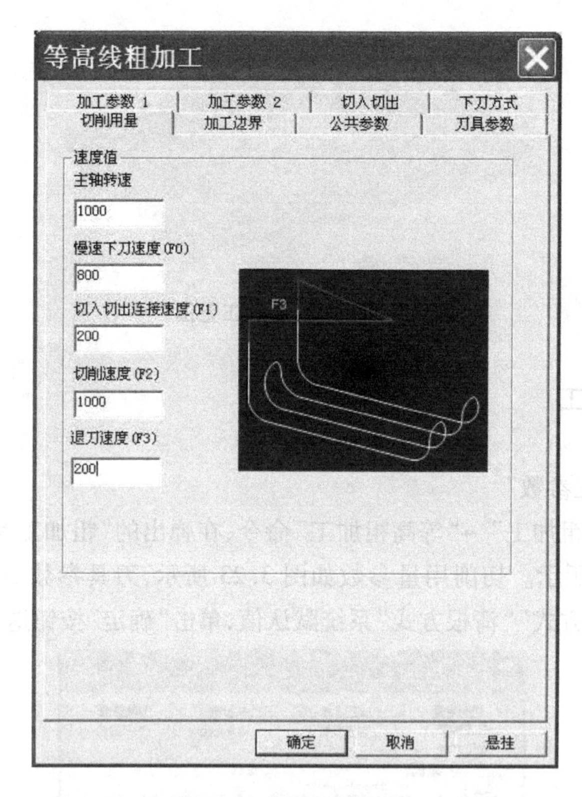


图 3.23 切削用量参数

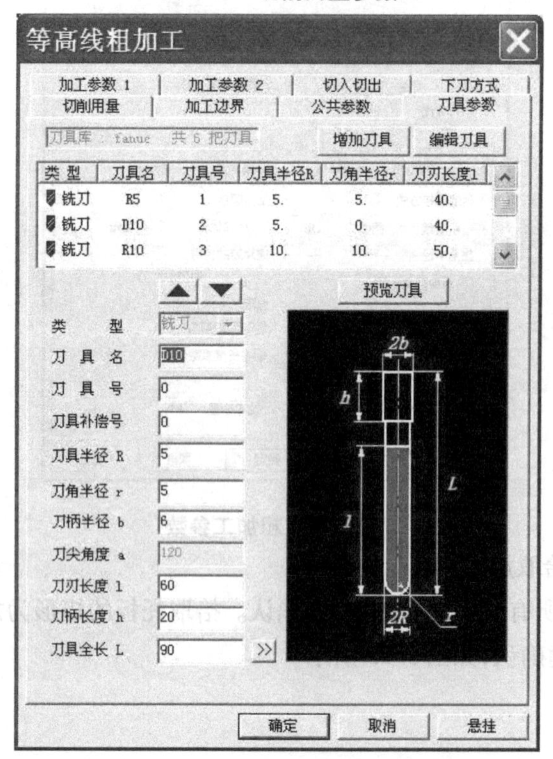


图 3.24 刀具参数

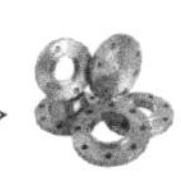

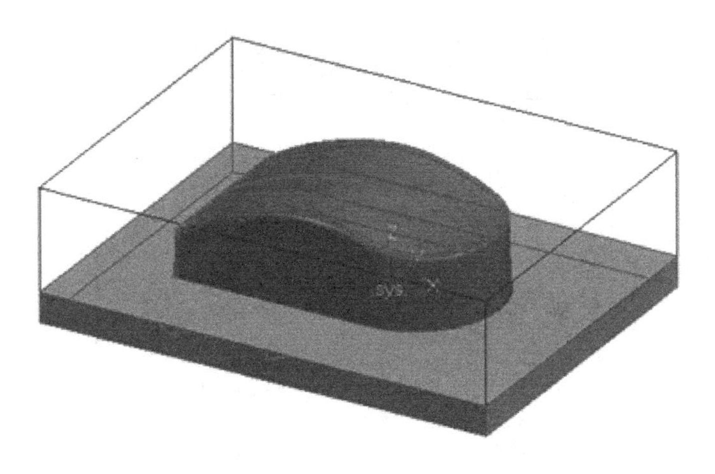

图 3.25 拾取加工对象和加工边界

(3)生成粗加工刀路轨迹

系统提示:“正在分析加工模型”“正在计算轨迹、请稍候……”,然后系统就会自动生成粗加工轨迹。结果如图 3.26 所示。

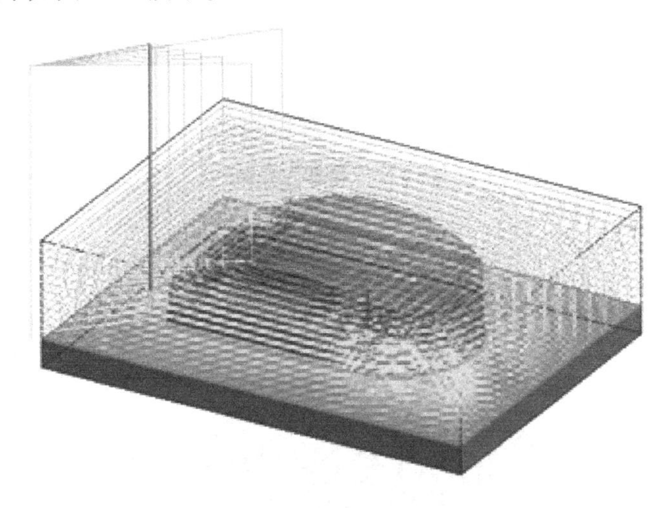

图 3.26 鼠标粗加工轨迹

(4)隐藏生成的粗加工轨迹

拾取轨迹,单击鼠标右键,在弹出菜单中选择“隐藏”命令,隐藏生成的粗加工轨迹,以便于下步操作。

## 3.2.3 等高精加工

①设置等高精加工参数。选择“加工”→“精加工”→“等高精加工”命令,在弹出的“等高精加工参数表”中设置加工参数,如图 3.27 所示。

②切削用量、进退刀方式和铣刀参数按照粗加工的参数来设定,完成后单击“确定”按钮。

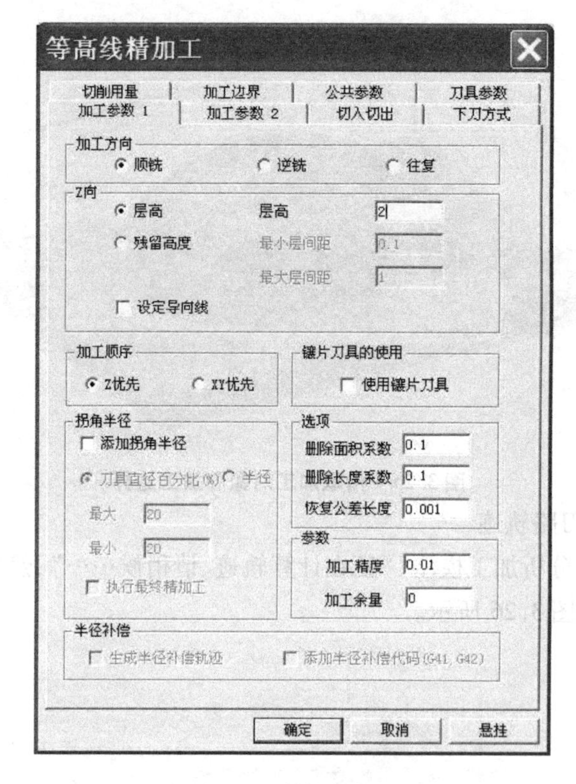


**图 3.27　精加工参数**

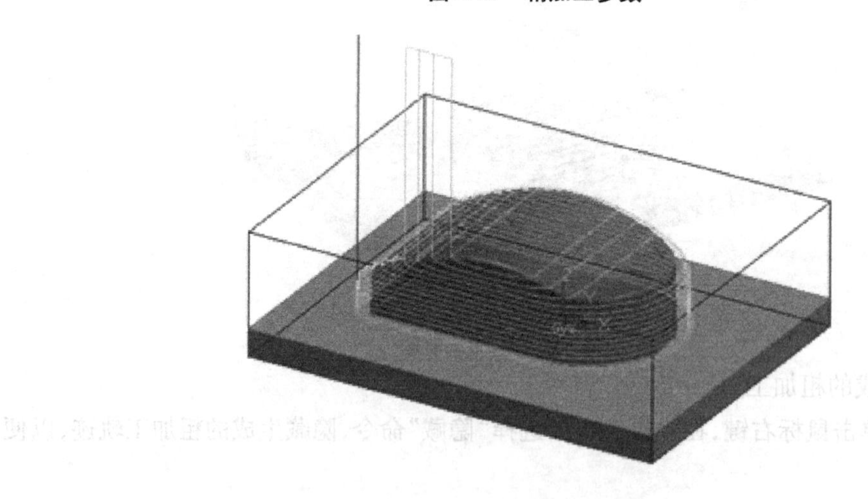

**图 3.28　鼠标精加工轨迹**

③按系统提示拾取整个零件表面为加工曲面，单击右键确定。

④生成精加工轨迹，如图 3.28 所示。

注意：精加工的加工余量 =0。

## 3.2.4 加工仿真

①单击“可见”按钮,显示所有已生成的粗/精加工轨迹。

②选择“加工”→“实体仿真”命令,选择屏幕左侧的“加工管理”结构树,选中所有加工轨迹,单击右键确认。系统自动启动 CAXA 轨迹仿真器,单击仿真图标,弹出仿真加工对话框;调整 I 100 下拉菜单中的值为“10”,如图 3.29 所示,单击按钮来运行仿真。

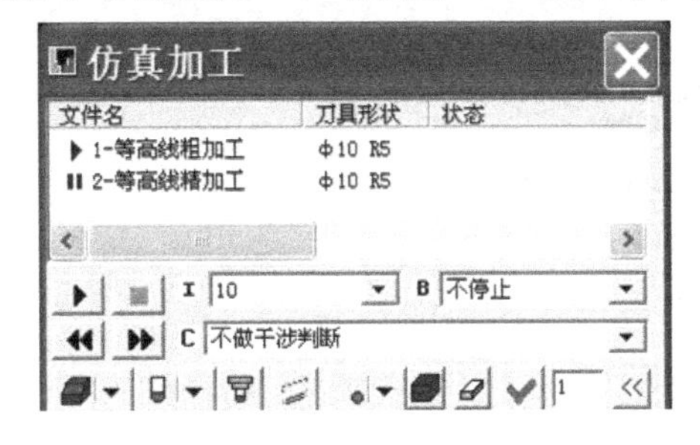


图 3.29 轨迹仿真

③调整 C 不做干涉判断 下拉菜单中的关于干涉选项的配置,例如调整为 C G00干涉+夹具干涉 ,可以帮助检查干涉情况,如有干涉,会自动报警。

④在仿真过程中,可以按住鼠标中键来拖动旋转被仿真件,可以滚动鼠标中键来缩放被仿真件。在立即菜单中选定选项,按系统提示同时拾取粗加工刀具轨迹与精加工轨迹,单击右键,系统将进行仿真加工,如图 3.30 所示。

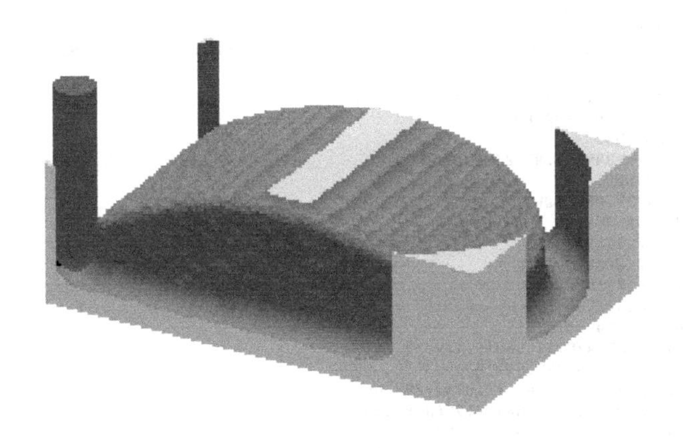

图 3.30 实体仿真加工

⑤观察仿真加工走刀路线,检验判断刀路是否正确、合理(有无过切等错误)。

⑥仿真检验无误后,可保存粗/精加工轨迹。

### 3.2.5 生成 G 代码

①执行“加工”→“后置处理”→“生成 G 代码”,在弹出的“选择后置文件”对话框中给定要生成的 NC 代码文件名(鼠标粗加工.cut)及其存储路径,单击“确定”按钮。

②按提示分别拾取粗加工轨迹,按右键确定,生成粗加工 G 代码,如图 3.31 所示。

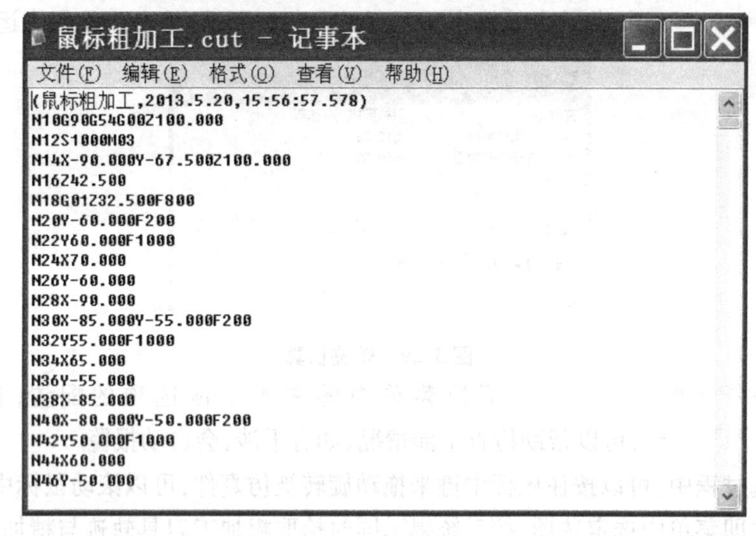


图 3.31　鼠标粗加工“G”代码

③同样方法生成精加工 G 代码,如图 3.32 所示。

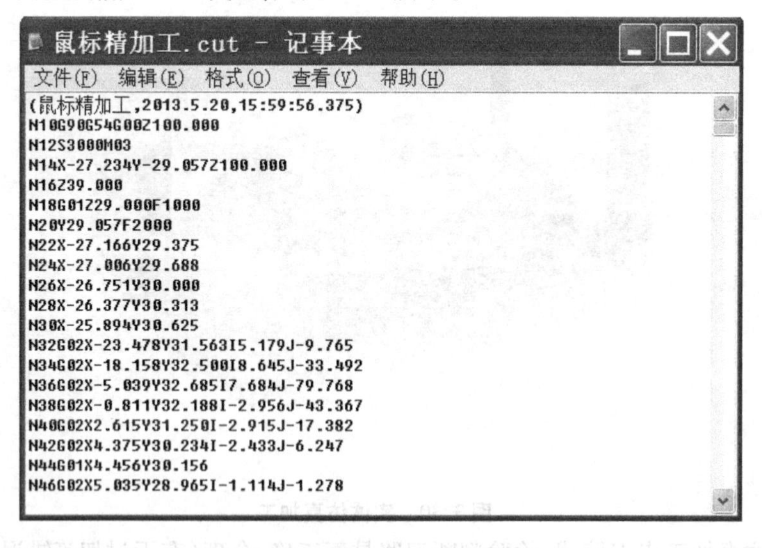


图 3.32　鼠标精加工“G”代码

## 3.2.6 生成加工工艺单

①选择“加工”→“工艺清单”命令,弹出工艺清单对话框,如图3.33所示。输入零件名等信息后,按拾取轨迹按钮,点中粗加工和精加工轨迹,右键确认后,单击生成清单按钮生成工艺清单,如图3.34所示。

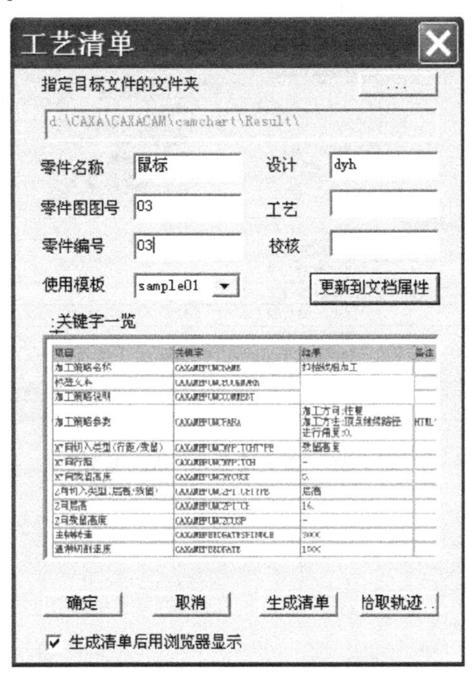


图3.33 “工艺清单”对话框

图3.34 工艺清单

②选择工艺清单输出结果中的各项,可以查看到毛坯、工艺参数、刀具等信息,如图3.35所示。

至此,鼠标的造型和加工的过程就结束了。

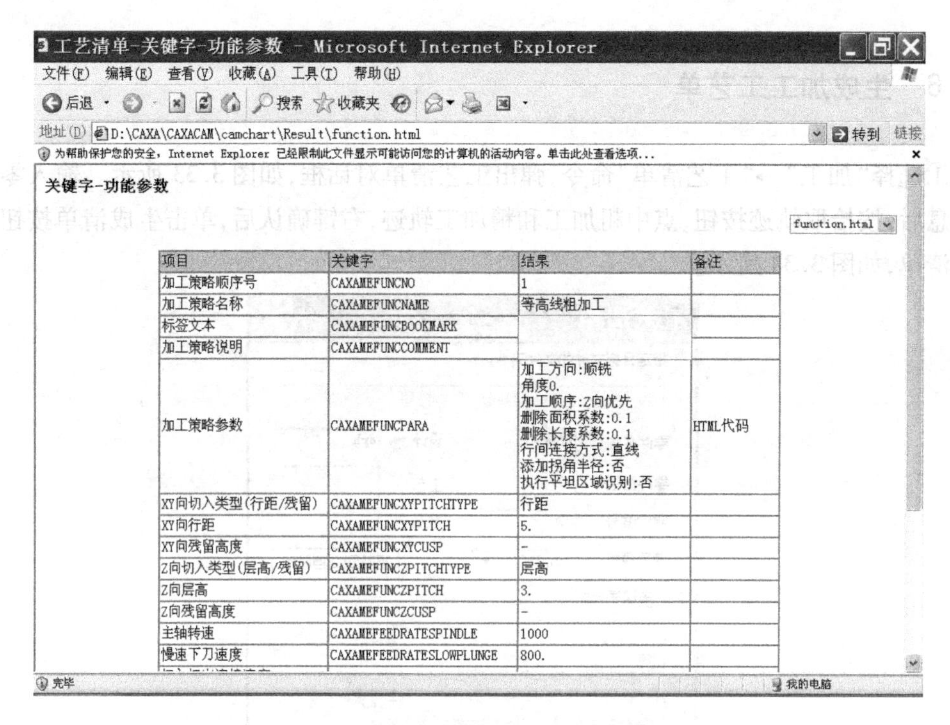


关键字-功能参数

| 项目 | 关键字 | 结果 | 备注 |
|---|---|---|---|
| 加工策略顺序号 | CAXAMEFUNCNO | 1 | |
| 加工策略名称 | CAXAMEFUNCNAME | 等高线粗加工 | |
| 标签文本 | CAXAMEFUNCBOOKMARK | | |
| 加工策略说明 | CAXAMEFUNCCOMMENT | | |
| 加工策略参数 | CAXAMEFUNCPARA | 加工方向:顺铣<br>角度0.<br>加工顺序:Z向优先<br>删除面积系数:0.1<br>删除长度系数:0.1<br>行间连接方式:直线<br>添加拐角半径:否<br>执行平坦区域识别:否 | HTML代码 |
| XY向切入类型(行距/残留) | CAXAMEFUNCXYPITCHTYPE | 行距 | |
| XY向行距 | CAXAMEFUNCXYPITCH | 5. | |
| XY向残留高度 | CAXAMEFUNCXYCUSP | - | |
| Z向切入类型(层高/残留) | CAXAMEFUNCZPITCHTYPE | 层高 | |
| Z向层高 | CAXAMEFUNCZPITCH | 3. | |
| Z向残留高度 | CAXAMEFUNCZCUSP | - | |
| 主轴转速 | CAXAMEFEEDRATESPINDLE | 1000 | |
| 慢速下刀速度 | CAXAMEFEEDRATESLOWPLUNGE | 800. | |

**图 3.35　工艺清单中“功能参数”**

# 项目 4

# 五角星的造型与加工

## 任务4.1　五角星的造型

造型思路:

由图纸可知五角星的造型特点主要是由多个空间面组成,因此在构造实体时首先应使用空间曲线构造实体的空间线架,然后利用直纹面生成曲面;也可以将生成的一个角的曲面进行圆形均步阵列,最终生成所有的曲面。最后使用曲面裁剪实体的方法生成实体,完成造型。五角星造型及二维图,如图4.1、图4.2所示。

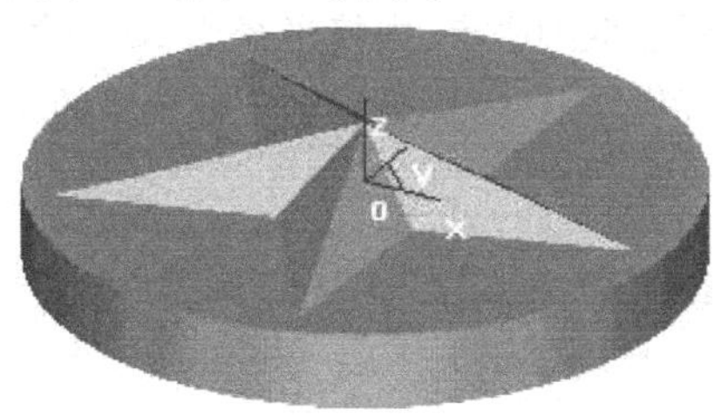


图4.1　五角星造型

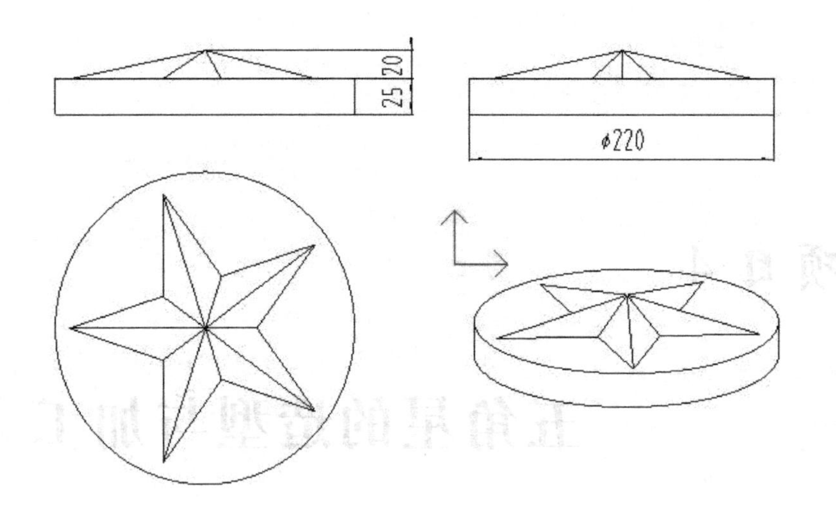


图 4.2　五角星二维图

### 4.1.1　绘制五角星的框架

(1)圆的绘制

单击曲线生成工具栏上的按钮,进入空间曲线绘制状态,在特征树下方的立即菜单中选择作圆方式“圆心点_半径”,然后按照提示用鼠标点取坐标系原点,也可以按回车键,在弹出的对话框内输入圆心点的坐标(0,0,0),设置半径 $R=100$ 并确认,然后单击鼠标右键结束该圆的绘制过程。

注意:在输入点坐标时,应该在英文输入法状态下输入,即标点符号是半角输入,否则会导致错误。

(2)五边形的绘制

单击曲线生成工具栏上的按钮,在特征树下方的立即菜单中选择“中心”定位,边数 5 条回车确认,内接。按照系统提示点取中心点,内接半径为 100(输入方法与圆的绘制相同)。然后单击鼠标右键结束该五边形的绘制。这样就得到了五角星的 5 个角点,如图 4.3 所示。

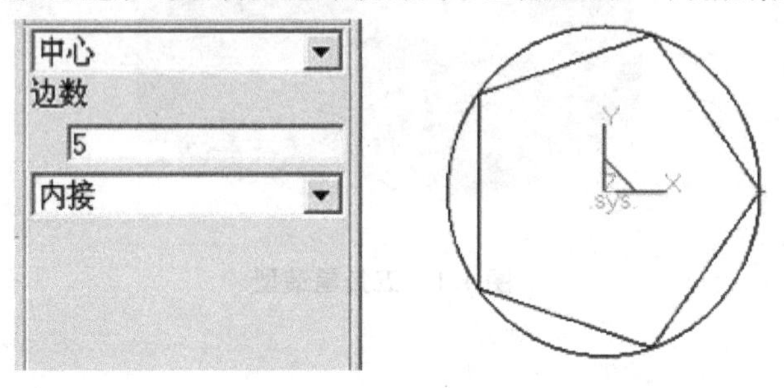


图 4.3　五边形的绘制

(3)构造五角星的轮廓线

通过上述操作便得到了五角星的五个角点,使用曲线生成工具栏上的直线按钮,在特

征树下方的立即菜单中选择“两点线”“连续”“非正交”，将五角星的各个角点连接，如图4.4所示。

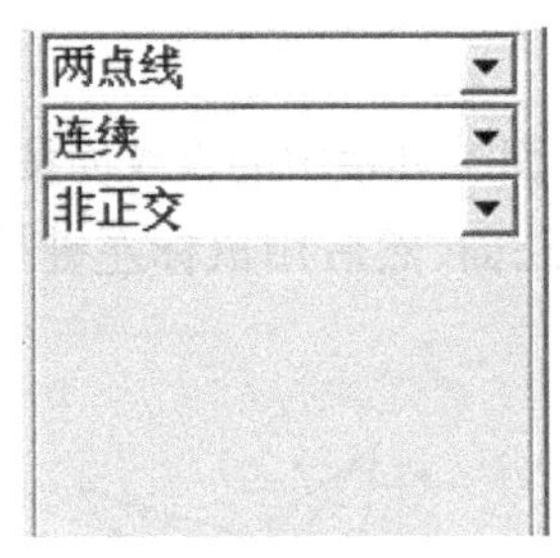

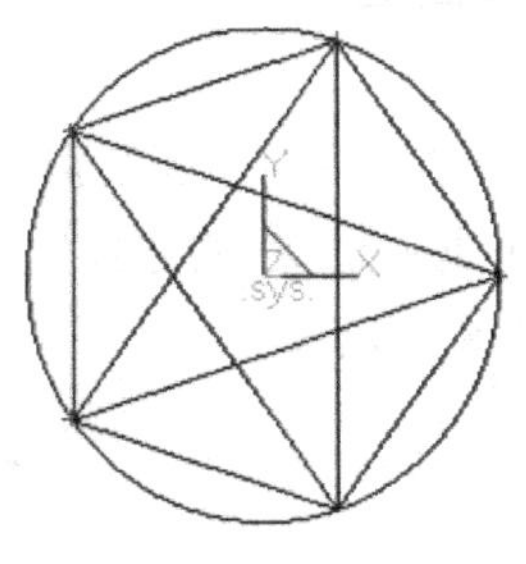

图4.4　连接五角星顶点线段

使用“删除”工具将多余的线段删除，单击按钮，用鼠标直接点取多余的线段，拾取的线段会变成红色，单击右键确认，如图4.5所示。

裁剪后图中还会剩余一些线段，单击线面编辑工具栏中“曲线裁剪”按钮，在特征树下方的立即菜单中选择“快速裁剪”“正常裁剪”方式，用鼠标点取剩余的线段就可以实现曲线裁剪。这样就得到了五角星的一个轮廓，如图4.6所示。

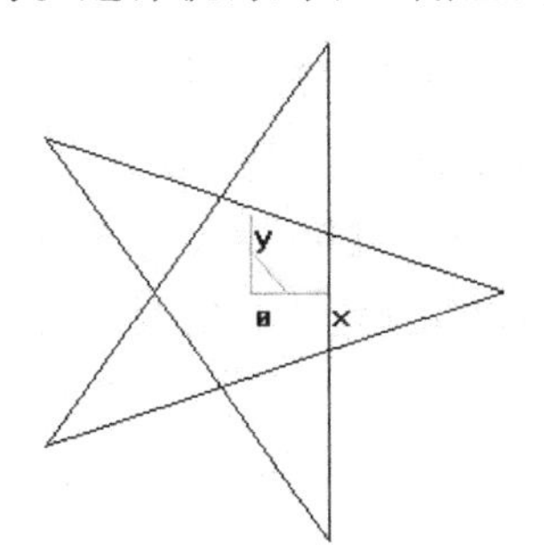

图4.5　“删除”多余线段

图4.6　“裁剪”线段

(4)构造五角星的空间线架

在构造空间线架时，我们还需要五角星的一个顶点，因此需要在五角星的高度方向上找到一点(0,0,20)，以便通过两点连线实现五角星的空间线架构造。

使用曲线生成工具栏上的直线按钮，在特征树下方的立即菜单中选择“两点线”“连续”“非正交”，用鼠标点取五角星的一个角点，然后单击回车键，输入顶点坐标(0,0,20)；同理，作五角星各个角点与顶点的连线，完成五角星的空间线架，如图4.7所示。

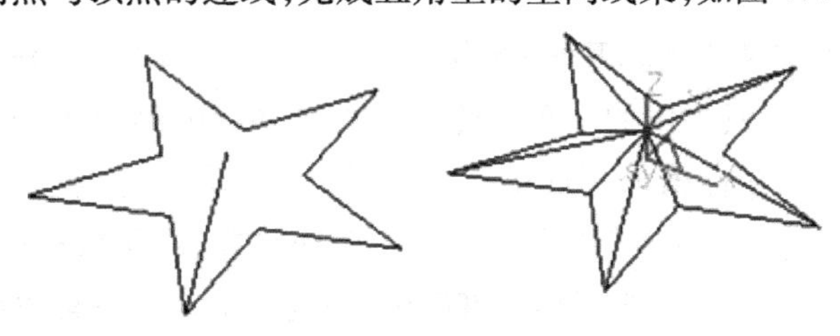

图4.7　绘制“五角星”各顶点连线

## 4.1.2 生成五角星曲面

①选择五角星的一个角为例,用鼠标单击曲面工具栏中的直纹面按钮,在特征树下方的立即菜单中选择“曲线＋曲线”的方式生成直纹面,然后用鼠标左键拾取该角相邻的两条直线完成曲面,如图4.8所示。

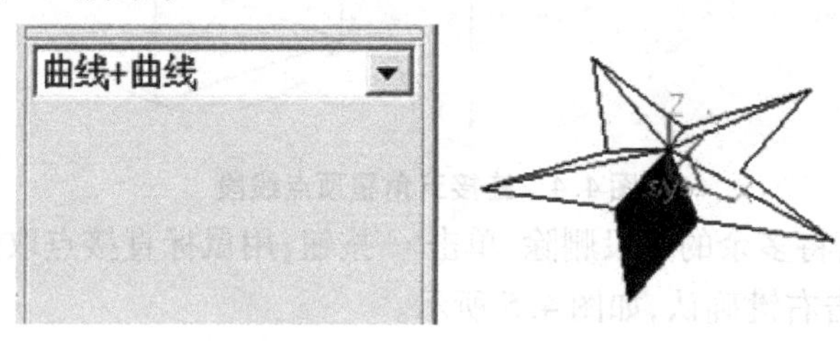


图4.8 生成“角”直纹面

注意:在拾取相邻直线时,鼠标的拾取位置应该尽量保持一致(相对应的位置),这样才能保证得到正确的直纹面。

②在生成其他曲面时,可以利用直纹面逐个生成曲面,也可以使用旋转功能对已有一个角的曲面进行旋转来实现五角星的曲面构成。单击几何变换工具栏中的按钮,在特征树下方的立即菜单中选择“拷贝”方式,份数“4”,角度“72”,用鼠标左键拾取(0,0,20)的点,也可以直接用鼠标拾取坐标原点;后再拾取两个曲面,单击鼠标右键确认,系统会自动生成各角的曲面。结果如图4.9所示。

③生成五角星的加工轮廓平面。先以原点为圆心点作圆,半径为“110”,结果如图4.10所示。

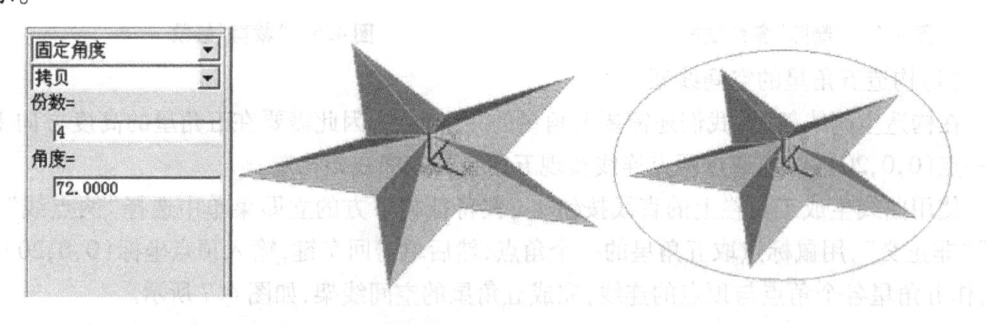


图4.9 “旋转”生成其余各角面　　　　图4.10 绘R110的圆

④用鼠标单击曲面工具栏中的平面工具按钮,并在特征树下方的立即菜单中选择“裁剪平面”。用鼠标拾取平面的外轮廓线,然后确定链搜索方向(用鼠标点取箭头),如图4.11中(a)所示。系统会提示拾取第一个内轮廓线,用鼠标依次拾取五角星底边的各条线,如图4.11(b)所示;单击鼠标右键确定,完成加工轮廓平面,如图4.11(c)所示。

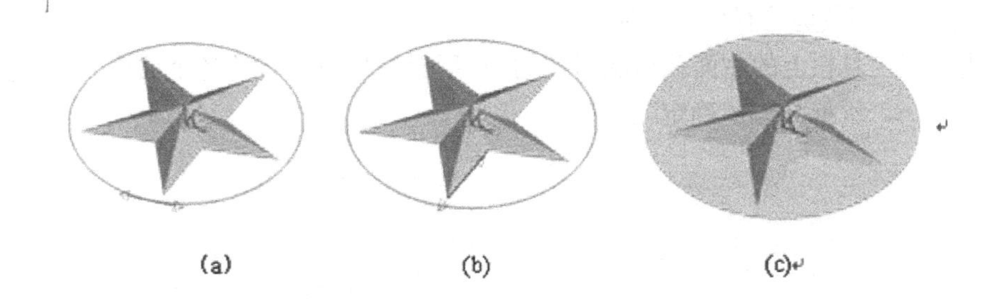


**图 4.11　绘制“裁剪平面”**

### 4.1.3　生成加工实体

(1)生成基本体

选中特征树中的 *XOY* 平面,单击鼠标右键,选择“创建草图”,如图4.12所示。或者直接单击创建草图按钮(按快捷键F2),进入草图绘制状态。

单击曲线生成工具栏上的曲线投影按钮,用鼠标拾取已有的外轮廓圆,将圆投影到草图上,如图 4.13 所示。

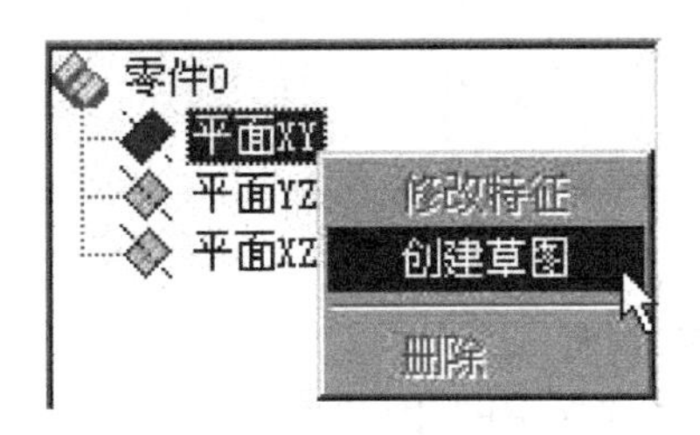


**图 4.12　“创建草图”**

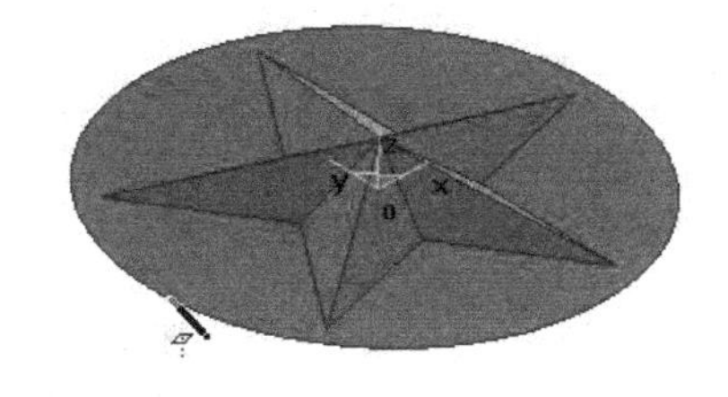

**图 4.13　“曲线投影”生成外轮廓圆**

单击特征工具栏上的拉伸增料按钮,在拉伸对话框中选择相应的选项,如图 4.14 所示,单击“确定”按钮。

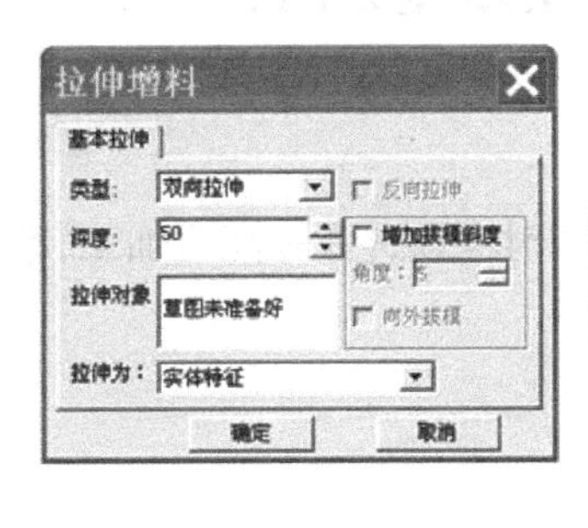


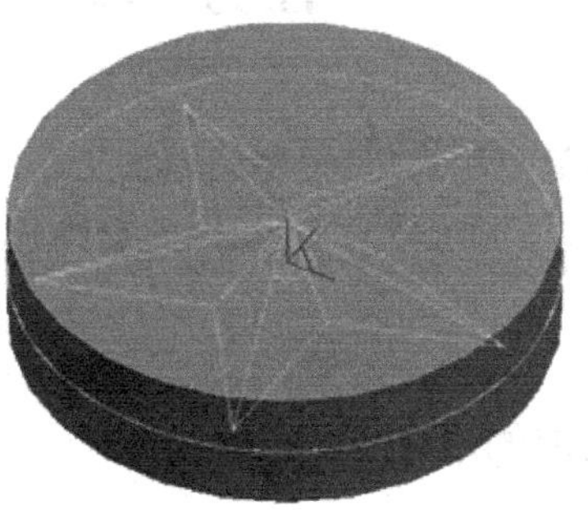

**图 4.14　生成圆柱**

(2)利用曲面裁剪除料生成实体

单击特征工具栏上的曲面裁剪除料按钮，用鼠标拾取已有的各个曲面，并且选择除料方向，如图 4.15 所示，单击“确定”按钮。

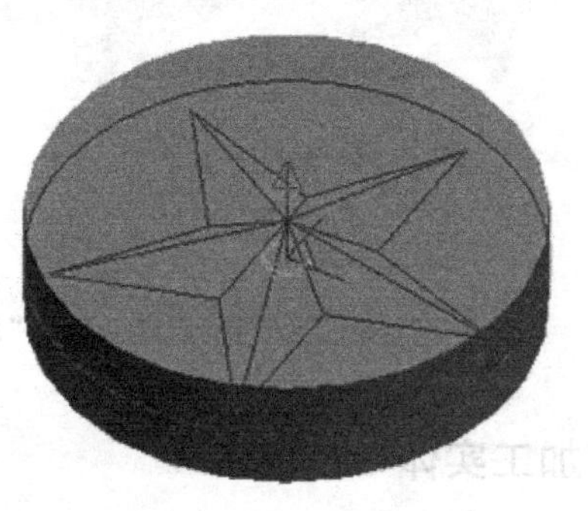

图 4.15　曲面裁剪除料

(3)利用“隐藏”功能将曲面隐藏

选择“编辑”→“隐藏”命令，用鼠标从右向左框选实体(用鼠标单个拾取曲面)，单击右键确认，实体上的曲面就被隐藏了，如图 4.16 所示。

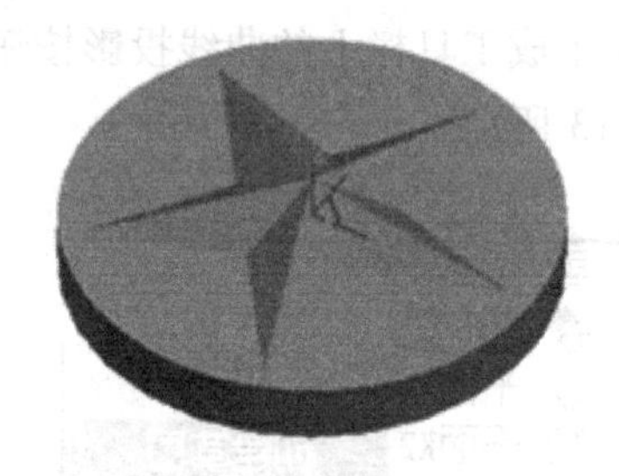

图 4.16　“隐藏”曲面

注意：由于在实体加工中，有些图线和曲面是需要保留的，因此不能随便删除。

# 任务 4.2　五角星加工

**加工思路：等高粗加工、投影线精加工**

五角星的整体形状较为平坦，因此整体加工时应该选择等高粗加工，精加工时应采用投影线精加工。

## 4.2.1　加工前的准备工作

(1)毛坯设定

在“加工管理”中双击“毛坯”，弹出定义毛坯对话框。选取“参照模型”，单击“参照模型”按钮，系统自动根据模型计算毛坯，修改毛坯尺寸如图 4.17 所示。

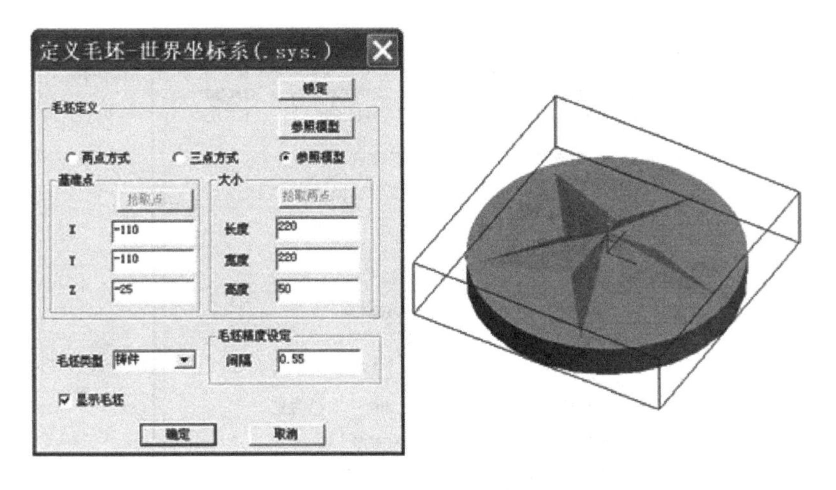


图4.17　毛坯设定

(2)设定加工边界

单击“相关线”按钮 ，立即菜单选取“实体边界”。拾取造型边界即可投影出边界线(黄线)，如图4.18所示。

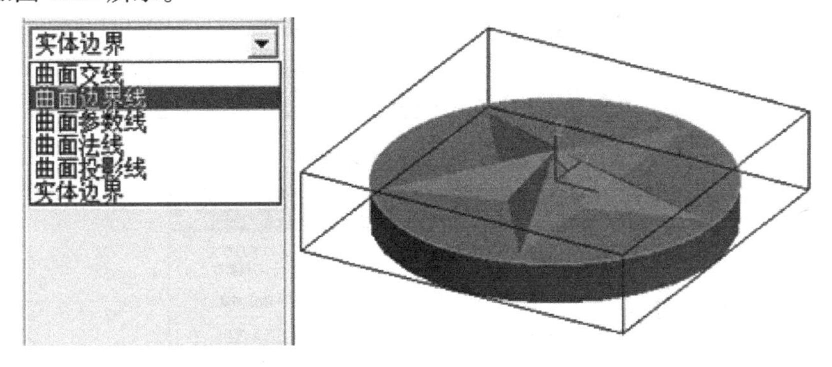


图4.18　设定加工边界

### 4.2.2　等高粗加工刀具轨迹

①设置“粗加工参数”，选择击“加工”→“粗加工”→“等高线粗加工”命令，在弹出的“粗加工参数表”中设置“加工参数1”，如图4.19所示。

②设置粗加工“刀具参数”，如图4.20所示。

③设置粗加工“切削用量”参数，如图4.21所示。

④确认“切入切出”“下刀方式”“加工边界”系统默认值，按“确定”按钮退出参数设置。

⑤按系统提示拾取实体造型为加工对象，右键确认；拾取圆柱上表面的“实体边界”线为加工边界，设定加工范围的圆形后单击链搜索箭头，右键确认；系统提示：“正在计算轨迹，请稍候……”，系统就会自动生成粗加工轨迹。如图4.22所示。

⑥隐藏生成的粗加工轨迹。拾取轨迹，单击鼠标右键，在弹出菜单中选择“隐藏”命令，隐藏生成的粗加工轨迹，以便于下步操作。

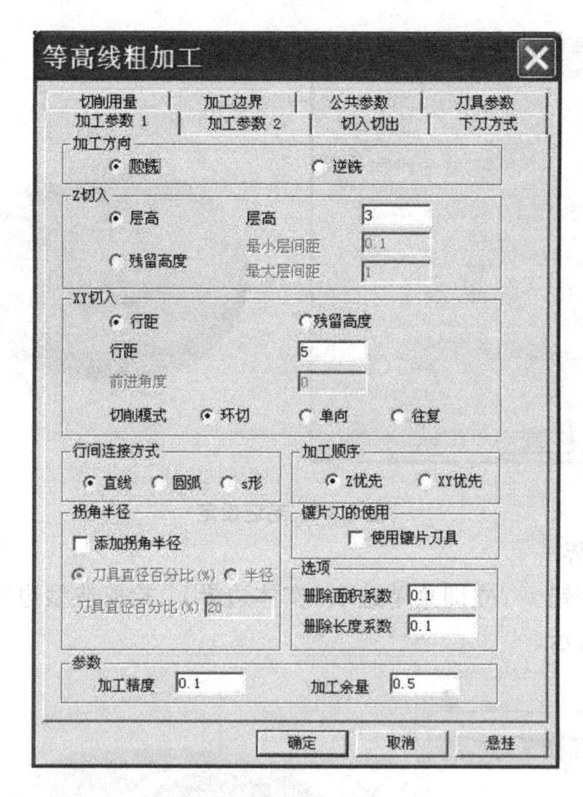


图 4.19　粗加工参数 1

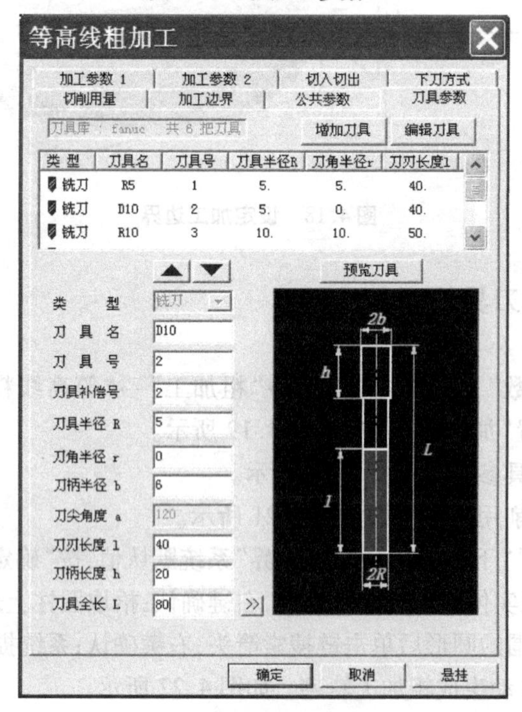


图 4.20　粗加工刀具参数

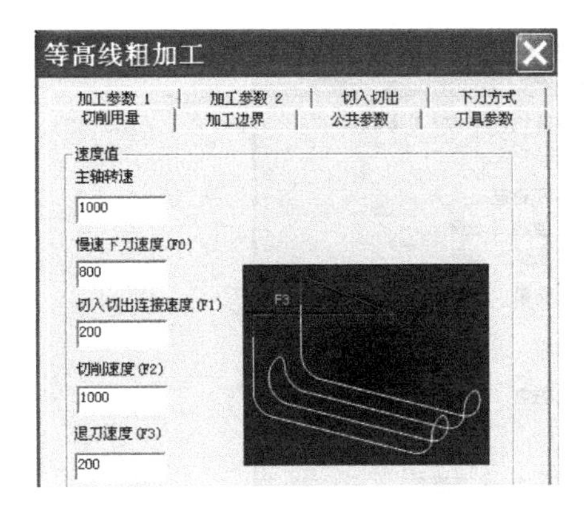


图 4.21　切削用量参数

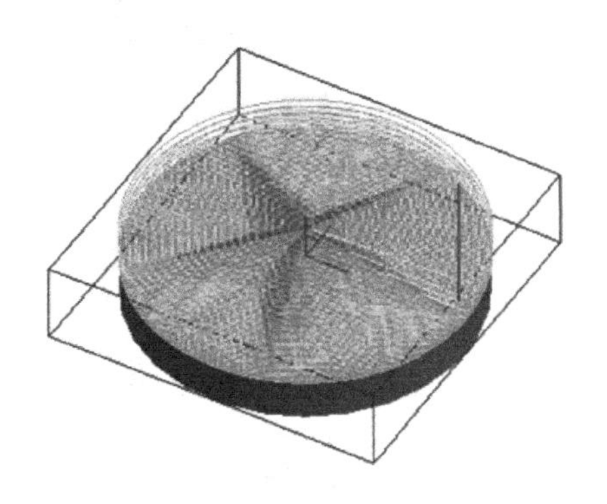

图 4.22　粗加工轨迹

## 4.2.3　投影线精加工

(1)制作用于投影的加工轨迹线(参数线精加工)

①单击整圆绘制按钮，设置圆心为“0,0,30”，半径为110。单击曲面工具栏中的直纹面按钮，在特征树下方的立即菜单中选择“点 + 曲线”的方式生成直纹面，“点”选取圆心，“曲线”选择圆，生成“参数线精加工”的平面，如图 4.23 所示。

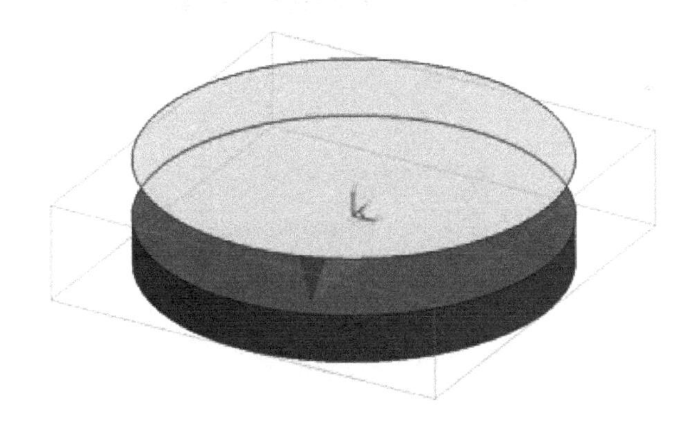

图 4.23　“参数线精加工”平面

②设置“参数线精加工参数”。选择“加工”→“精加工”→“参数线精加工”命令，在弹出的“参数线精加工参数表”中设置“加工参数”，如图 4.24 所示。

③系统提示“拾取加工对象……”：拾取“点 + 曲线”绘制的平面为加工对象，右键确认；系统提示“拾取进刀点”：在圆心上方点击确定；系统提示“切换加工方向(左键切换，右键确定)”：加工方向的箭头由圆心指向外，右键确定；系统提示“改变曲面方向(在选定曲面上点取)”：曲面方向箭头向上，右键确认；系统提示“拾取干涉面”：无干涉面右键确认；系统提示：“正在计算轨迹，请稍候……”，系统就会自动生成参数线精加工轨迹，如图 4.25 所示。

(2)制作投影线精加工轨迹线

①设置“参数线精加工参数”。选择“加工”→“精加工”→“投影线精加工”命令，在弹

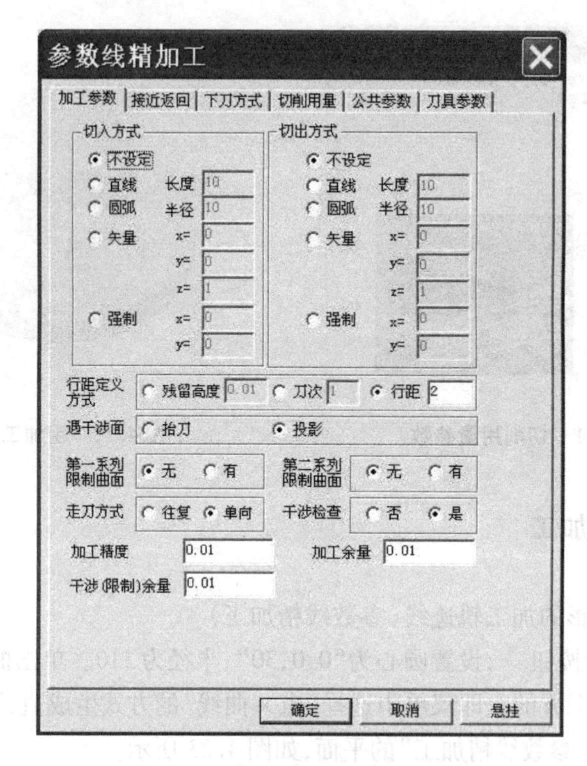


图4.24 “参数线精加工”加工参数

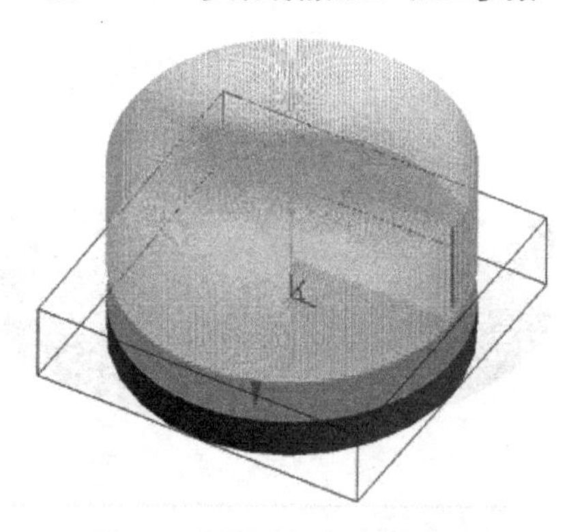

图4.25 参数线精加工轨迹线

出的“投影线精加工参数表”中设置“加工参数”，如图4.26所示。其余选择系统默认，单击“确认”按钮。

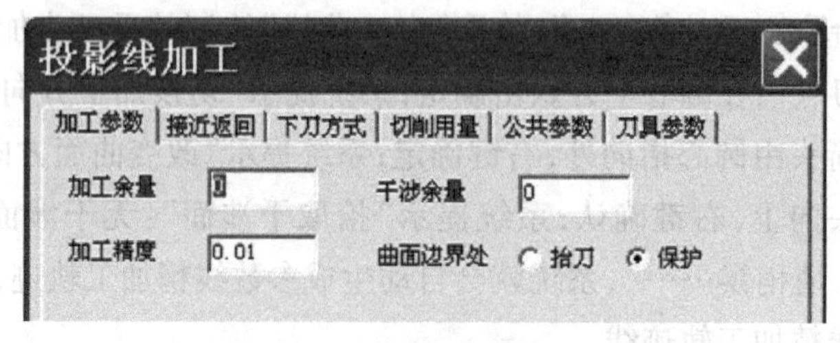


图4.26 投影线加工参数

②系统提示“拾取刀具轨迹”：拾取参数线精加工轨迹线；“拾取加工对象”：拾取五角星实体；“拾取干涉曲面”：右键确认；生成“投影线精加工”轨迹线，“隐藏”参数线加工轨迹。结果如图4.27所示。

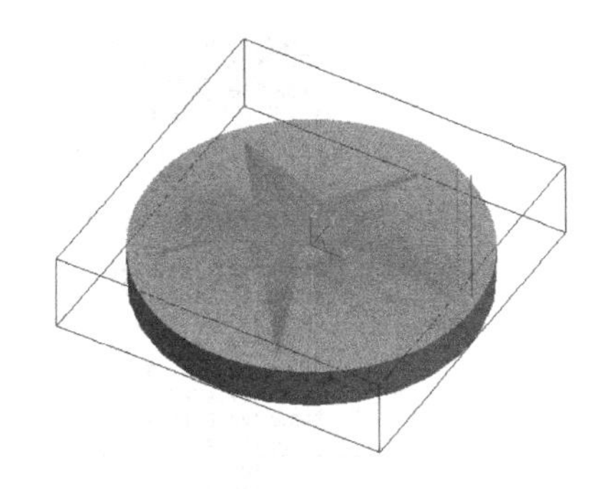

图4.27　投影线精加工轨迹

## 4.2.4　加工仿真、刀路检验与修改

①单击“可见”按钮，显示所有已生成的粗/精加工轨迹。

②选择“加工”→“实体仿真”命令，按系统提示同时拾取粗加工刀具轨迹与精加工轨迹，单击右键；系统将进行仿真加工，单击“播放”按钮即可，如图4.28所示。

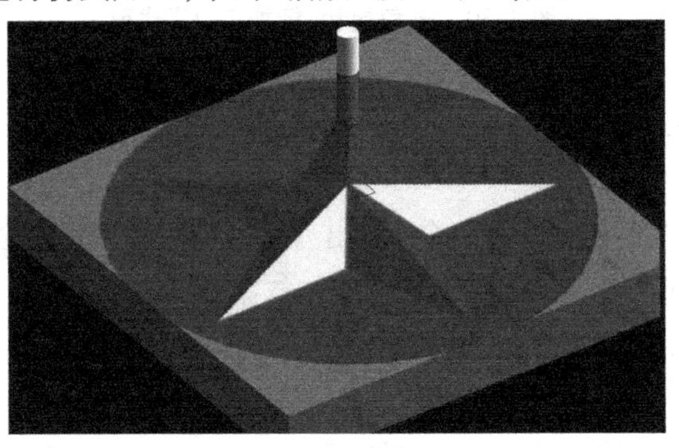

图4.28　实体仿真加工

③在仿真过程中，系统显示走刀方式。观察仿真加工走刀路线，检验判断刀路是否正确、合理（有无过切等错误）。

④刀具路径的修改：双击相应加工轨迹树中的“加工参数”，修改相应参数。修改后，重新生成加工轨迹即可。

⑤仿真检验无误后，可保存粗、精加工轨迹。

## 4.2.5　生成G代码

①选择“加工”→“后置处理”→“生成G代码”命令，在弹出的“选择后置文件”对话框中给定要生成的NC代码文件名（五角星粗、精加工.cut）及其存储路径，如图4.29所示，单击“保存”按钮。

②分别拾取粗加工轨迹与精加工轨迹，单击右键确定，生成加工G代码，如图4.30所示。

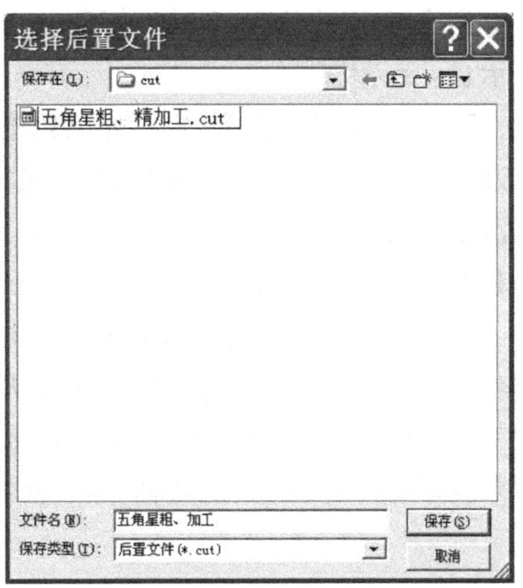


图4.29　“选择后置文件”对话框

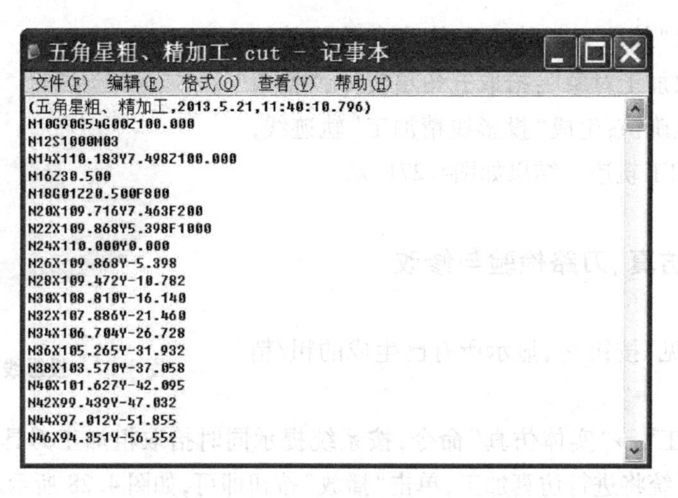


图 4.30　五角星粗、精加工“G”代码

### 4.2.6　生成加工工艺单

①选择“加工”→“工艺清单”命令,弹出“工艺清单”对话框,如图 4.31 所示。输入各参数后按“拾取轨迹”后拾取相应轨迹,单击右键,单击“生成清单”按钮。

②输入各参数后按“拾取轨迹”后拾取相应轨迹,单击右键,单击“生成清单”按钮。立即生成加工工艺清单。生成的结果如图 4.32 所示。

③选择工艺清单输出结果中的各项,可以查看到毛坯、工艺参数、刀具等信息,如图 4.33 所示。

至此,五角星的造型、生成加工轨迹、加工轨迹仿真检查、生成 G 代码程序、生成加工工艺清单的工作已经全部做完,可以把加工工艺单和 G 代码程序通过工厂的局域网送到车间去了。车间在加工之前还可以通过校核 G 代码功能,再看一下加工代码的轨迹形状,做到加工之前胸中有数。把工件打表找正,按加工工艺单的要求找好工件零点,再按工序单中的要求装好刀具找好刀具的 $Z$ 轴零点,就可以开始加工了。

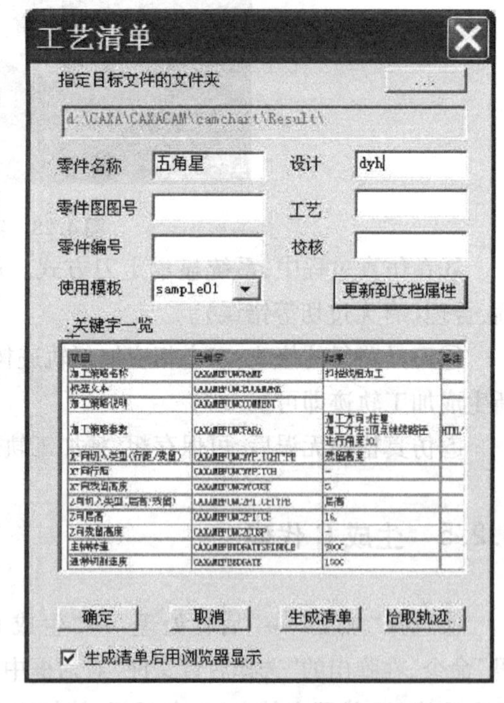


图 4.31　“工艺清单”对话框

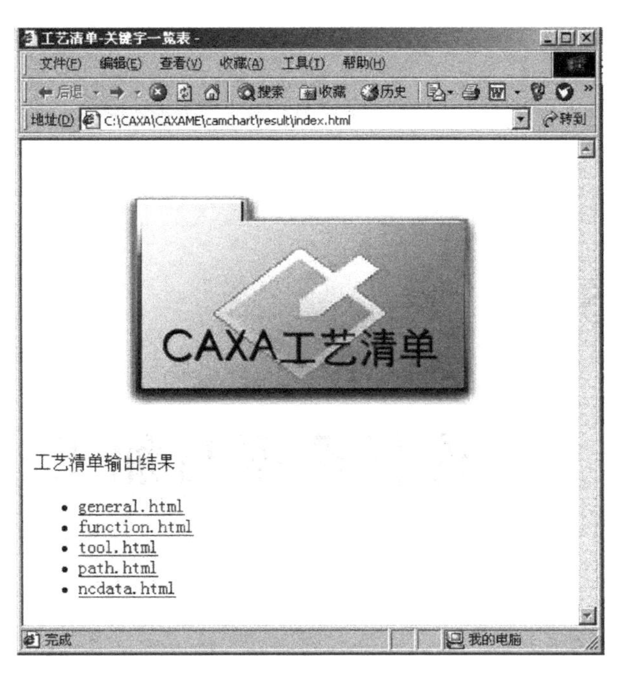


图 4.32　工艺清单

关键字-明细表、机床、起始点、模型、毛坯

general.html

| 项目 | 关键字 | 结果 | 备注 |
|---|---|---|---|
| 零件名称 | CAXAMEDETAILPARTNAME | 五角星 | |
| 零件图图号 | CAXAMEDETAILPARTID | | |
| 零件编号 | CAXAMEDETAILDRAWINGID | | |
| 生成日期 | CAXAMEDETAILDATE | 2013.5.21 | |
| 设计人员 | CAXAMEDETAILDESIGNER | dyh | |
| 工艺人员 | CAXAMEDETAILPROCESSMAN | - | |
| 校核人员 | CAXAMEDETAILCHECKMAN | - | |
| | | | |
| 机床名称 | CAXAMEMACHINENAME | fanuc | |
| 全局刀具起始点X | CAXAMEMACHHOMEPOSX | 0. | |
| 全局刀具起始点Y | CAXAMEMACHHOMEPOSY | 0. | |
| 全局刀具起始点Z | CAXAMEMACHHOMEPOSZ | 100. | |
| 全局刀具起始点 | CAXAMEMACHHOMEPOS | (0.,0.,100.) | |
| | | | |
| | | | |

图 4.33　清单中的“general. html”

# 项目5

# 连杆造型与加工

## 任务5.1　连杆件的实体造型

造型思路：

根据图5.1和图5.2所示的连杆造型及其三视图可以分析出连杆主要包括底部的托板、基本拉伸体、两个凸台、凸台上的凹坑和基本拉伸体上表面的凹坑。底部的托板、基本拉伸体和两个凸台可通过拉伸草图来得到，凸台上的凹坑使用旋转除料来生成。基本拉伸体上表面的凹坑先使用等距实体边界线得到草图轮廓，然后使用带有拔模斜度的拉伸减料来生成。

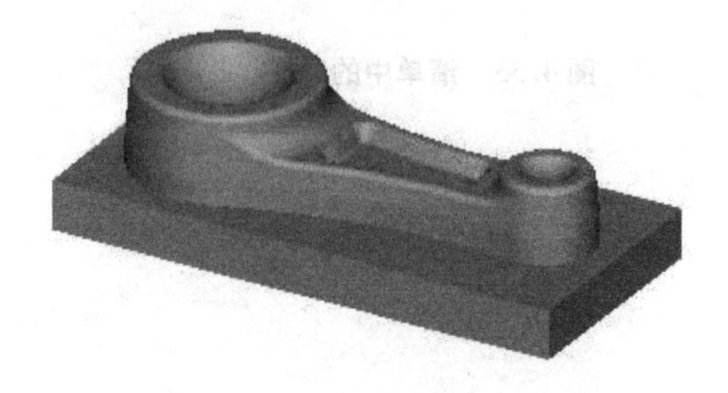

图5.1　连杆造型

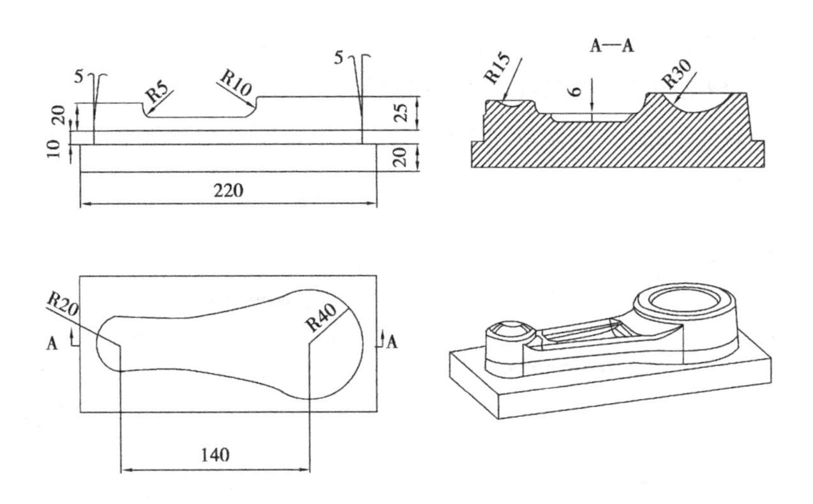


图5.2　连杆造型的三视图

## 5.1.1　作基本拉伸体的草图

①单击零件特征树的“平面 *XOY*”，选择 *XOY* 面为绘图基准面。

②单击“绘制草图”按钮，进入草图绘制状态。

③绘制整圆。单击曲线生成工具栏上的“整圆”按钮，在立即菜单中选择作圆方式为“圆心_半径”，按回车键，在弹出的对话框中先后输入圆心(70,0,0)，半径设置为 $R=20$ 并确认，然后单击鼠标右键结束该圆的绘制。同样方法输入圆心(−70,0,0)，半径设置为 $R=40$ 绘制另一圆，并连续单击鼠标右键两次退出圆的绘制。结果如图5.3所示。

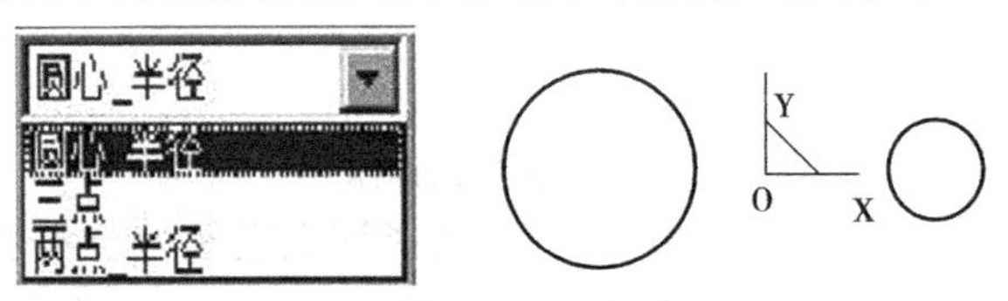


图5.3　绘制圆

④绘制相切圆弧。单击曲线生成工具栏上的“圆弧”按钮，在特征树下的立即菜单中选择作圆弧方式为“两点_半径”，然后按回车键，在弹出的点工具菜单中选择“切点”命令，拾取两圆上方的任意位置，按回车键，输入半径 $R=250$ 并确认完成第一条相切线。接着拾取两圆下方的任意位置，同样输入半径 $R=250$。结果如图5.4所示。

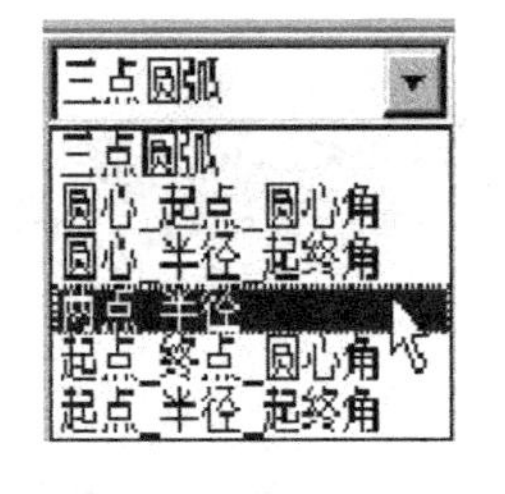


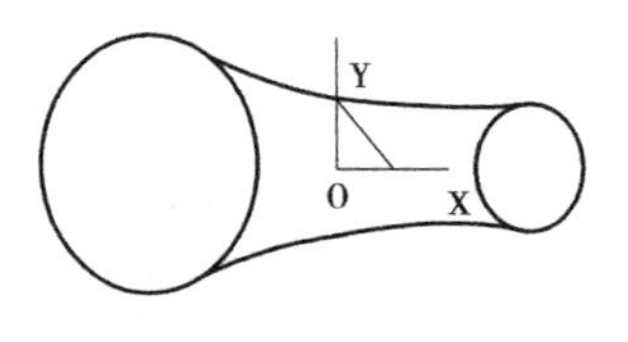


图5.4　绘圆弧

⑤裁剪多余的线段。单击线面编辑工具栏上的“曲线裁剪”按钮，在默认立即菜单选项下，拾取需要裁剪的圆弧上的线段。结果如图 5.5 所示。

⑥退出草图状态。单击“绘制草图”按钮，退出草图绘制状态。按F8键观察草图轴侧图，如图 5.6 所示。

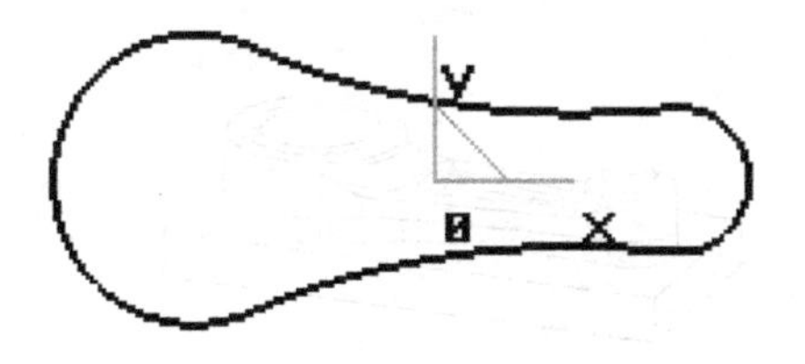


图 5.5 “曲线裁剪”

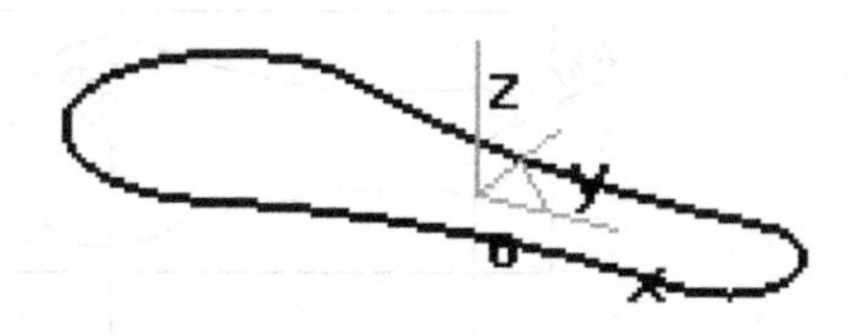


图 5.6 轴侧显示

## 5.1.2 利用拉伸增料生成拉伸体

①单击特征工具栏上的“拉伸增料”按钮，在对话框中输入深度“10”，选中“增加拔模斜度”复选框，输入拔模角度“5”，并确定。结果如图 5.7 所示。

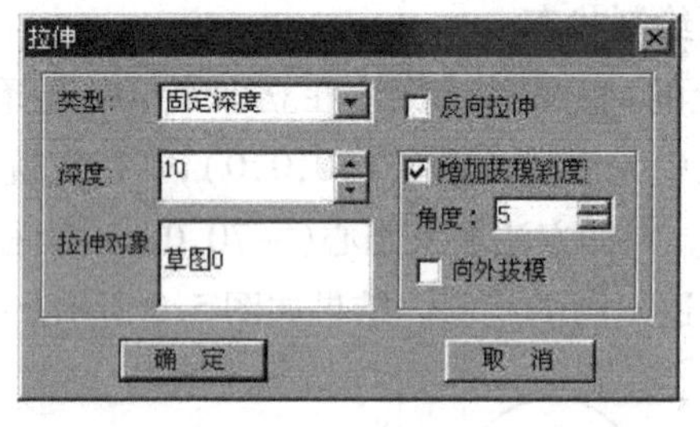


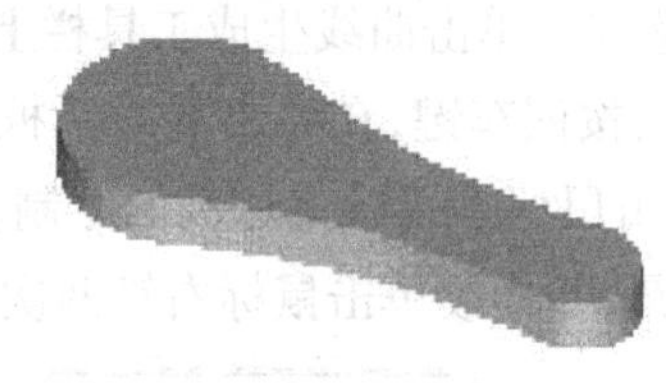

图 5.7 基本拉伸体

②拉伸小凸台。单击基本拉伸体的上表面，选择该上表面为绘图基准面，然后单击“绘制草图”按钮，进入草图绘制状态。单击“整圆”按钮，按空格键选择“圆心”命令，单击上表面小圆的边，拾取到小圆的圆心，再次按空格键选择“端点”命令，单击上表面小圆的边，拾取到小圆的端点，单击右键完成草图的绘制，如图 5.8 所示。

③单击“绘制草图”按钮，退出草图状态。然后单击“拉伸增料”按钮，在对话框中输入深度“10”，选中“增加拔模斜度”复选框，输入拔模角度“5”并确定。结果如图 5.9 所示。

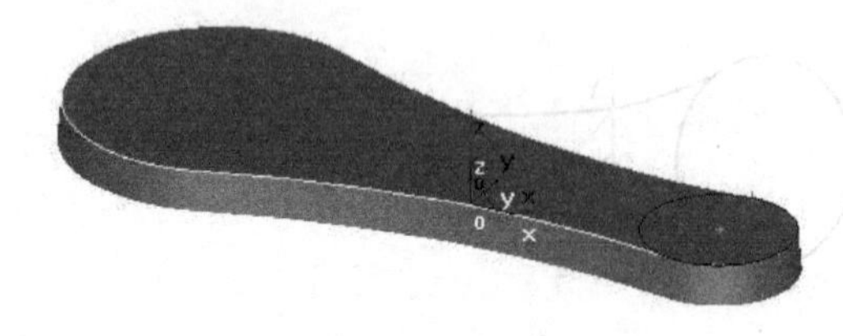

图 5.8 小圆草图

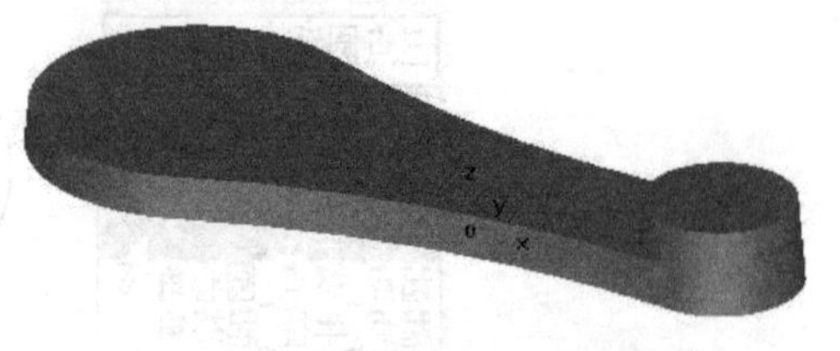

图 5.9 生成小凸台

④拉伸大凸台。绘制大凸台草图采用与绘制小凸台草图相同步骤，拾取上表面大圆的圆心和端点，完成大凸台草图的绘制。

⑤其拉伸也与拉伸小凸台有相同步骤，输入深度“15”，拔模角度“5”，生成大凸台，结果如图5.10所示。

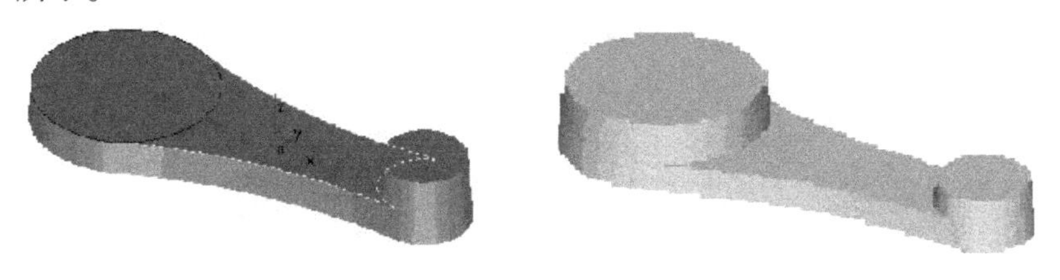

**图5.10　生成大凸台**

### 5.1.3　利用旋转减料生成小凸台凹坑

①单击零件特征树的“平面 *XOZ*”，选择平面 *XOZ* 为绘图基准面，然后单击“绘制草图”按钮，进入草图绘制状态。

②作直线1。单击“直线”按钮，按空格键选择“端点”命令，拾取小凸台上表面圆的端点为直线的第1点，按空格键选择“中点”命令，拾取小凸台上表面圆的中点为直线的第2点。

③单击曲线生成工具栏的“等距线”按钮，在立即菜单中输入距离“10”，拾取直线1，选择等距方向为向上，将其向上等距“10”，得到直线2，如图5.11所示。

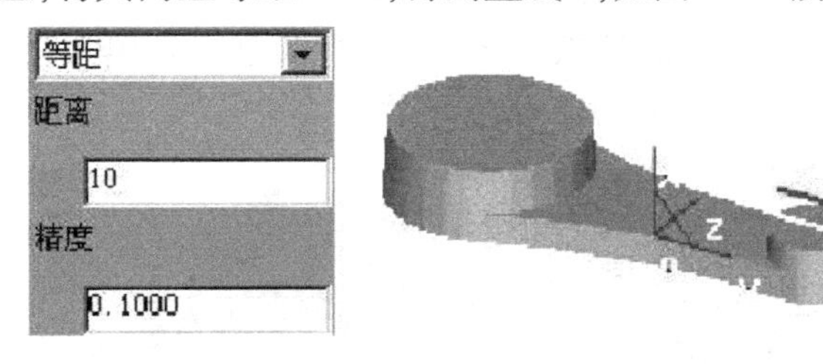


**图5.11　作等距线**

④绘制用于旋转减料的圆。单击“整圆”按钮，按空格键选择“中点”命令，单击直线2，拾取其中点为圆心，按回车键输入半径“15”，单击鼠标右键结束圆的绘制，如图5.12所示。

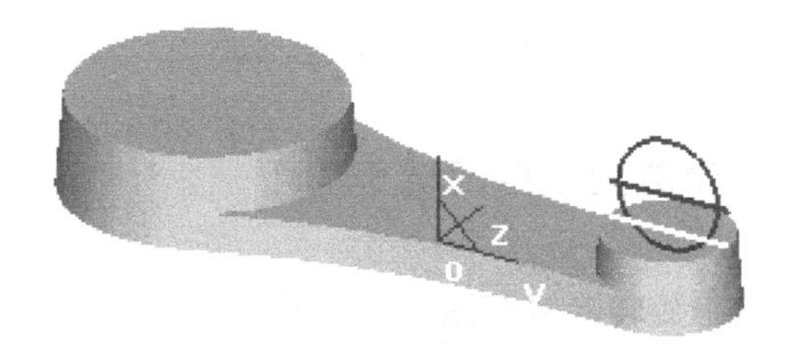

**图5.12　绘R15圆**

⑤删除和裁剪多余的线段。拾取直线 1,单击鼠标右键,在弹出的菜单中选择“删除”命令,将直线 1 删除。单击“曲线裁剪”按钮,裁剪掉直线 2 的两端和圆的上半部分,如图5.13所示。

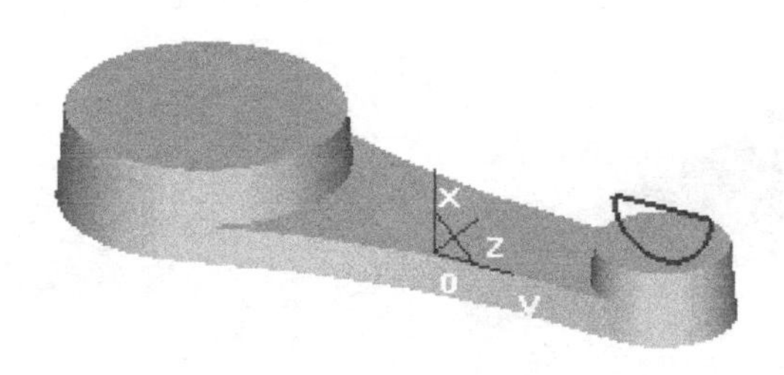


图 5.13 裁减后的效果

⑥绘制用于旋转轴的空间直线。单击“绘制草图”按钮,退出草图状态。单击“直线”按钮,按空格键选择“端点”命令,拾取半圆直径的两端,绘制与半圆直径完全重合的空间直线,如图 5.14 所示。

图 5.14 绘旋转轴线

⑦单击特征工具栏的“旋转除料”按钮,拾取半圆草图和作为旋转轴的空间直线,并确定,然后删除空间直线,结果如图 5.15 所示。

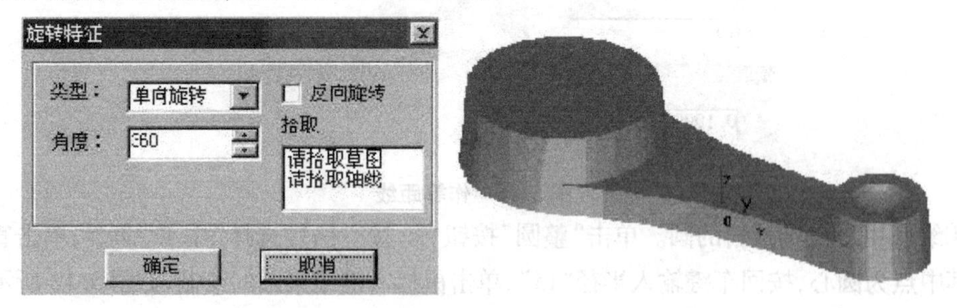


图 5.15 小圆台凹坑

### 5.1.4 利用旋转减料生成大凸台凹坑

①采用与绘制小凸台上旋转除料草图和旋转轴空间直线完全相同的方法,绘制大凸台上旋转除料的半圆和空间直线。具体参数:直线等距的距离为“20”,圆的半径 $R=30$。结果如图5.16所示。

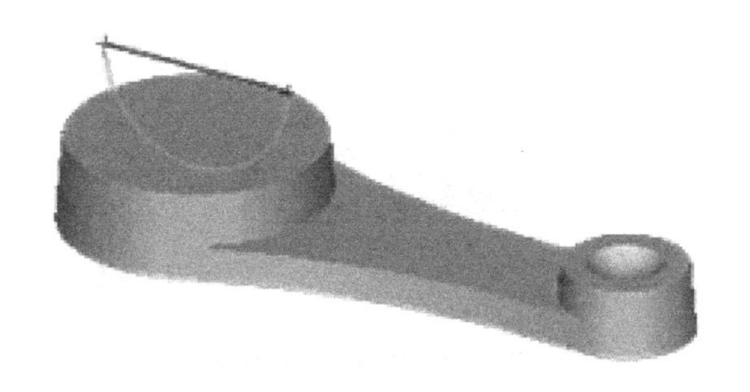

图 5.16　绘 R30 圆

②单击“旋转除料”按钮，拾取大凸台上半圆草图和作为旋转轴的空间直线并确定，然后删除空间直线，结果如图 5.17 所示。

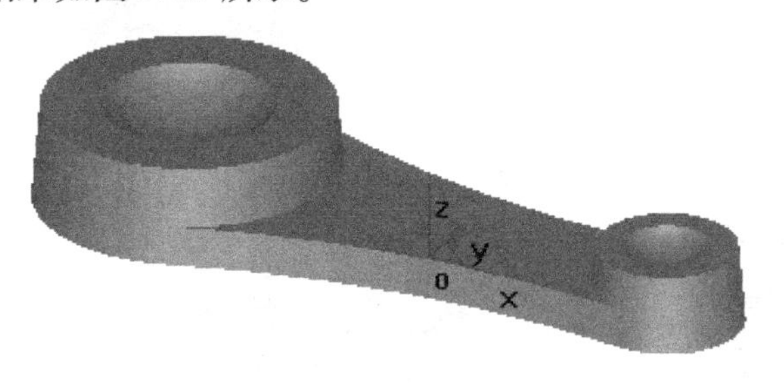


图 5.17　大圆台凹坑

## 5.1.5　利用拉伸减料生成基本体上表面的凹坑

①单击基本拉伸体的上表面，选择拉伸体上表面为绘图基准面，然后单击“绘制草图”按钮，进入草图状态。

②单击曲线生成工具栏的“相关线”按钮，选择立即菜单中的“实体边界”，拾取如图 5.18 所示的四条边界线。

图 5.18　绘边界线

③生成等距线。单击 “等距线”按钮，以等距距离 10 和 6 分别作刚生成的边界线的等距线，如图 5.19 所示。

④曲线过渡。单击线面编辑工具栏的“曲线过渡”按钮，在立即菜单处输入半径“6”，对等矩生成的曲线作过渡，结果如图 5.20 所示。

⑤删除多余的线段。单击线面编辑工具栏的“删除”按钮，拾取 4 条边界线，然后单击鼠标右键将各边界线删除，结果如图 5.21 所示。

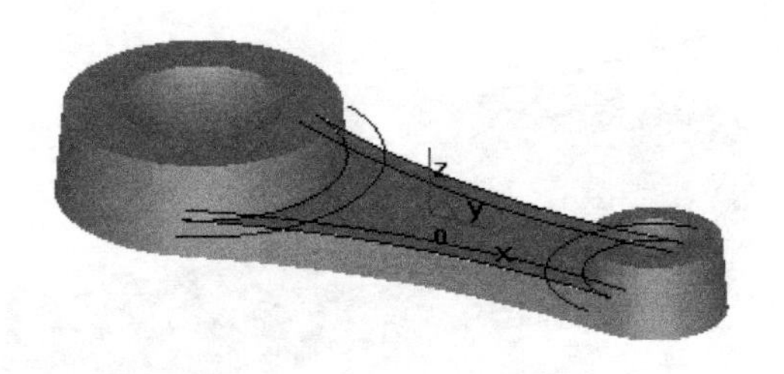

图 5.19　边界线的等距线

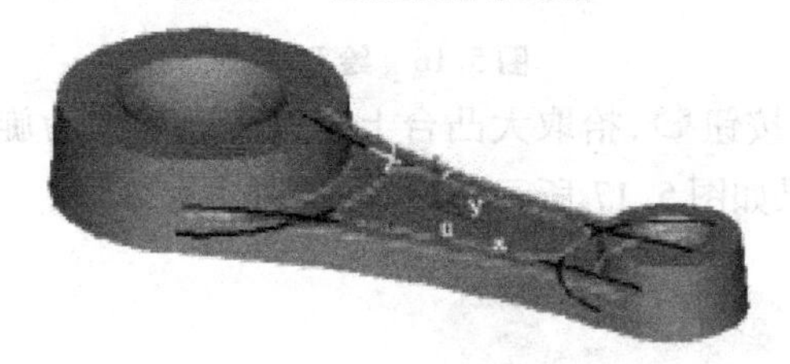

图 5.20　圆弧过渡

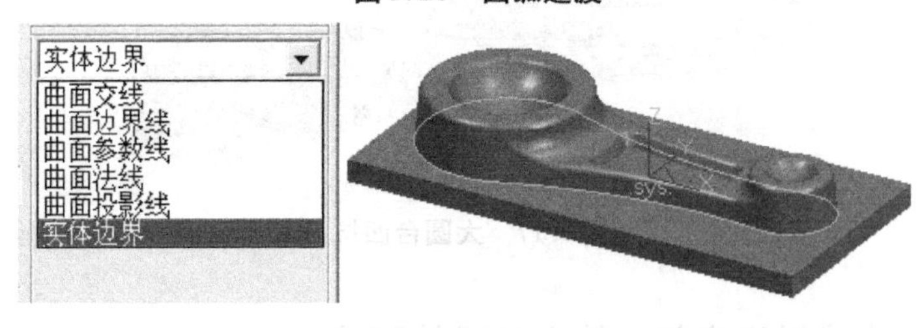


图 5.21　凹坑草图

⑥拉伸除料生成凹坑。单击“绘制草图”按钮，退出草图状态。单击特征工具栏的“拉伸除料”按钮，在对话框中设置深度为“6”，角度为“30”，结果如图 5.22 所示。

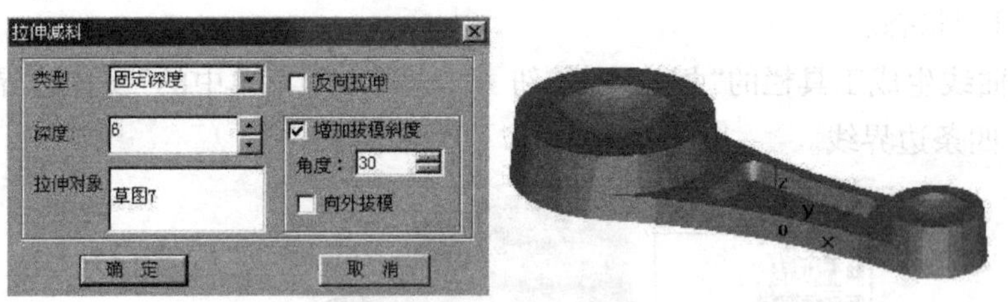


图 5.22　生成凹坑

## 5.1.6　过渡零件上表面的棱边

①单击特征工具栏的“过渡”按钮，在对话框中输入半径为“10”，拾取大凸台和基本拉伸体的交线并确定，结果如图 5.23 所示。

②单击 “过渡”按钮，在对话框中输入半径为“5”，拾取小凸台和基本拉伸体的交线并确定。

③单击 “过渡”按钮，在对话框中输入半径为“3”，拾取上表面的所有棱边并确定，结

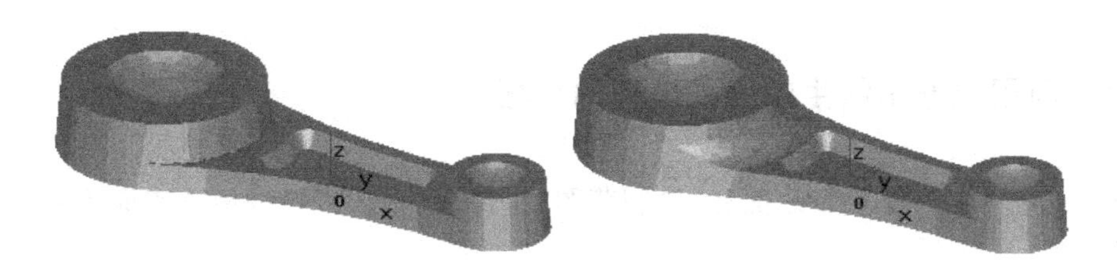


图 5.23 圆弧过渡

果如图 5.24 所示。

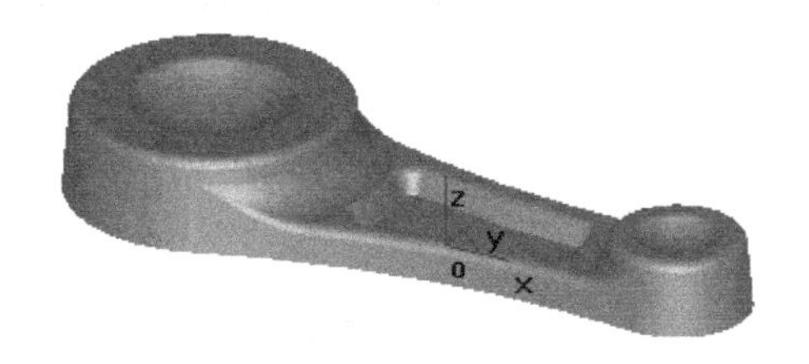


图 5.24 棱边过渡

## 5.1.7 利用拉伸增料延伸基本体

①单击基本拉伸体的下表面,选择该拉伸体下表面为绘图基准面,然后单击“绘制草图”按钮,进入草图状态。

②单击曲线生成工具栏上的“曲线投影”按钮,拾取拉伸体下表面的所有边将其投影得到草图,如图 5.25 所示。

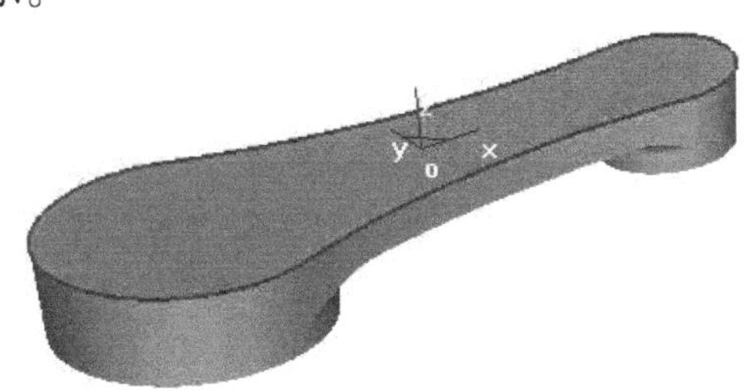


图 5.25 基本体草图

③单击“绘制草图”按钮,退出草图状态。单击“拉伸增料”按钮, 在对话框中输入深度“10”,取消“增加拔模斜度”复选框并确定,结果如图 5.26 所示。

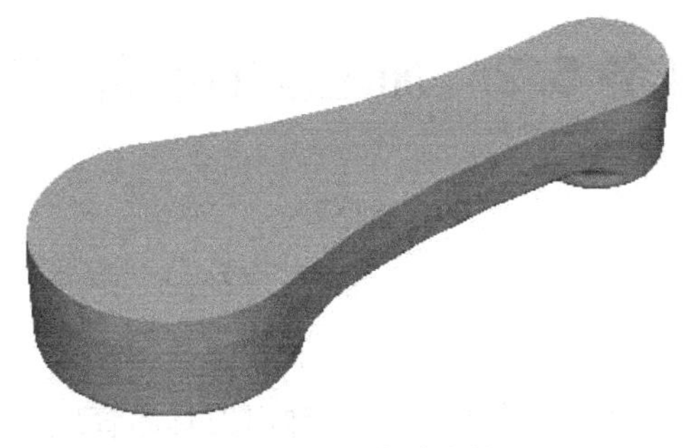

图 5.26 生成基本体

### 5.1.8 利用拉伸增料生成连杆电极的托板

①单击基本拉伸体的下表面和“绘制草图”按钮，进入以拉伸体下表面为基准面的草图状态。

②按F5键切换显示平面为*XY*面，然后单击曲线生成工具栏上的“矩形”按钮，选取“中心—长—宽”方式，长为“220”，宽为“100”，中心坐标“-10,0,0”。绘制如图5.27所示的矩形。

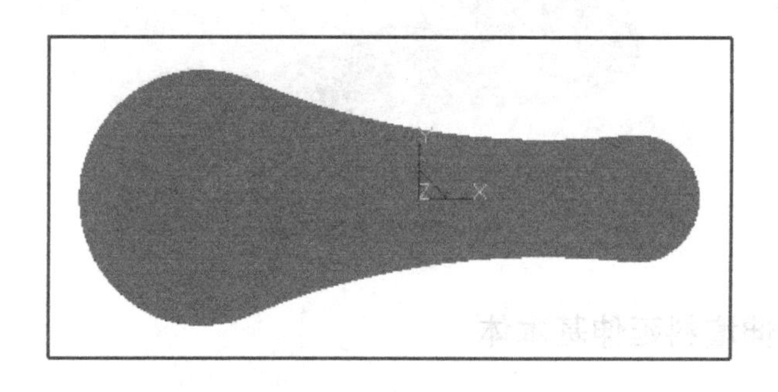

图5.27 托板草图

③单击“绘制草图”按钮，退出草图状态。单击“拉伸增料”按钮，在对话框中输入深度(10)，取消“增加拔模斜度”复选框并确定。按F8键，其轴侧图如图5.28所示。

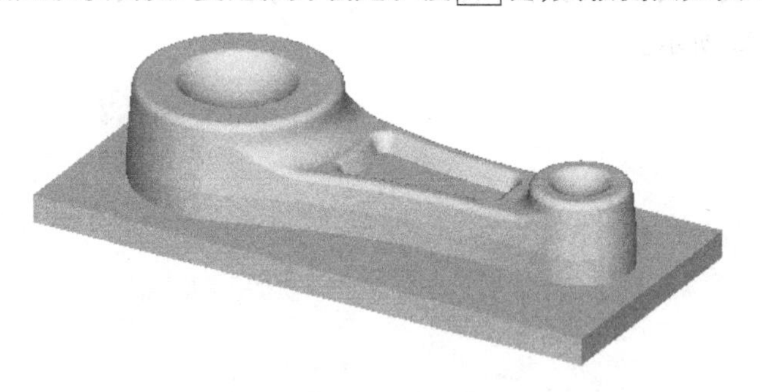

图5.28 生成托板

## 任务5.2 加工前的准备工作

### 5.2.1 设定加工刀具

①选择“加工管理”→“刀具库管理”命令，弹出刀具库管理对话框，如图5.29所示。

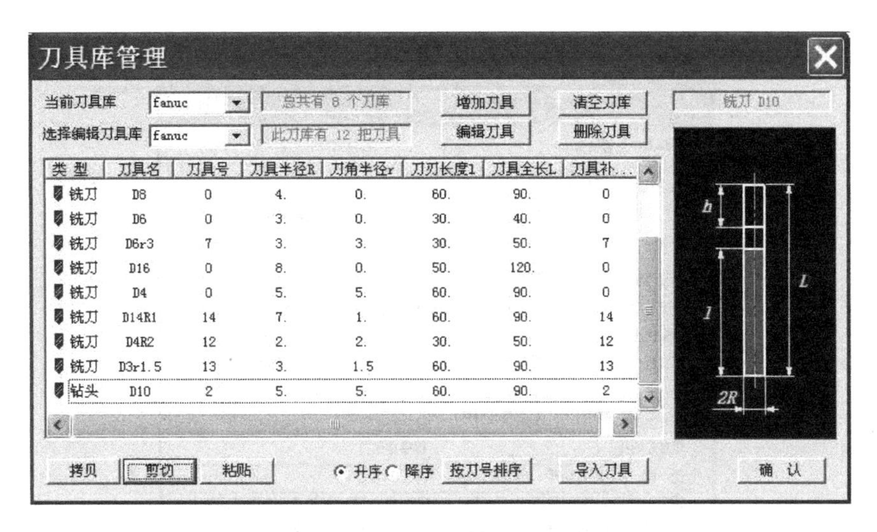


**图 5.29 “刀具库管理”对话框**

②增加铣刀。单击“增加铣刀”按钮，在对话框中输入铣刀名称，如图 5.30 所示。

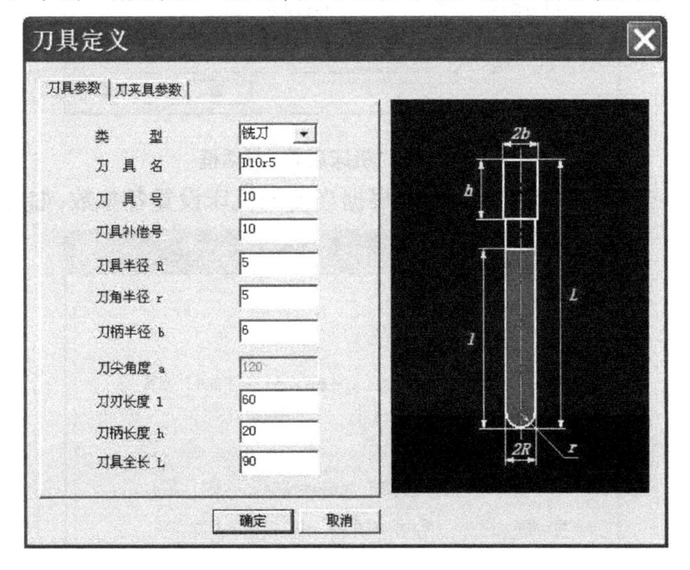


**图 5.30 “刀具定义”对话框**

③设定增加的铣刀的参数。在刀具库管理对话框中键入正确的数值，刀具定义即可完成。其中，刀刃长度和刃杆长度与仿真有关而与实际加工无关，在实际加工中要正确选择吃刀量和吃刀深度，以免刀具损坏。

## 5.2.2 后置设置

用户可以增加当前使用的机床，给出机床名，定义适合自己机床的后置格式。系统默认的格式为 FANUC 系统的格式。

①选择“加工”→“后置处理”→“机床后置”命令，弹出“机床后置”对话框。

②增加机床设置。选择当前机床类型，如图 5.31 所示。

机床后置
机床信息 后置设置
当前机床 fanuc
增加机床 删除当前机床
行号地址 N 行结束符 速度指令 F
快速移动 G00 直线插补 G01 顺时针圆弧插补 G02 逆时针圆弧插补 G03
主轴转速 S 主轴正转 M03 主轴反转 M04 主轴停 M05
冷却液开 M08 冷却液关 M09 绝对指令 G90 相对指令 G91
半径左补偿 G41 半径右补偿 G42 半径补偿关闭 G40 长度补偿 G43
坐标系设置 G54 程序停止 M30
程序起始符 程序结束符
说 明 ( $POST_NAME , $POST_DATE , $POST_TIME )
程序头 $G90 $WCOORD@$G91 G28 Z0@ T $TOOL_NO M06 @$G90 $G0 $COORD_Z@$SP
换 刀 $G91 G28 Z0@$SPN_OFF@T $TOOL_NO M06 @G90 @$SPN_F $SPN_SPEED $SP
程序尾 $SPN_OFF@$PRO_STOP
快速移动速度(G00) 3000 快速移动的加速度 0.3
最大移动速度 3000 通常切削的加速度 0.5
确定 取消

图 5.31 “机床后置”对话框

③后置设置。选择“后置设置”标签，根据当前的机床设置各参数，如图 5.32 所示。

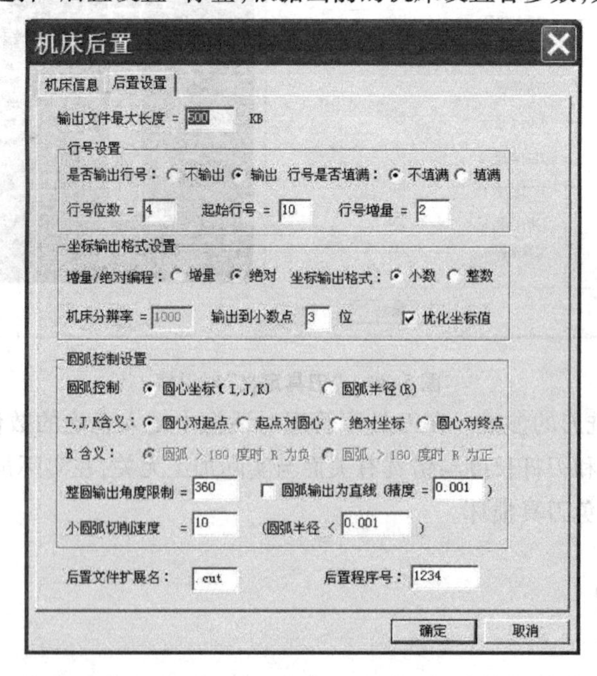


图 5.32 “后置设置”对话框

### 5.2.3 设定加工范围

单击曲线生成工具栏上的“矩形”按钮□,拾取连杆托板的两对角点,绘制如图5.33所示的矩形,作为加工区域。

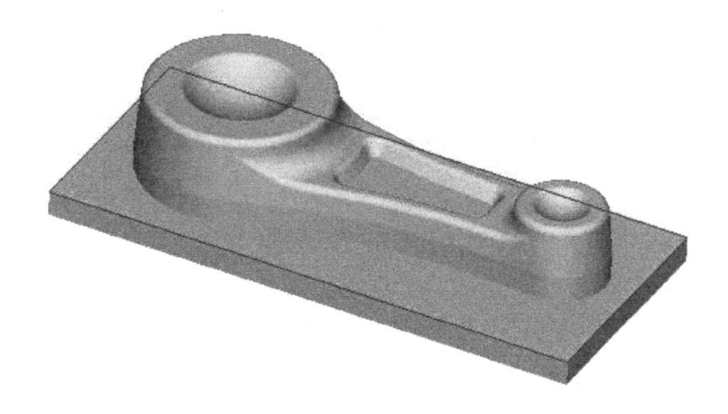

图5.33 设定加工范围

## 任务5.3 连杆件加工

**加工思路:等高粗加工、等高精加工、曲面区域加工**

连杆件电极的整体形状较为陡峭,整体加工选择等高粗加工,精加工采用等高精加工。对于凹坑的部分,根据加工需要还可以应用曲面区域加工方式进行局部加工。

### 5.3.1 等高线粗加工刀具轨迹

①定义毛坯。双击“加工管理”特征树的“毛坯”,在“定义毛坯”对话框中选取“参照模型”,单击“参照模型”按钮,设定高度为“36”。毛坯参数如图5.34所示,单击“确定”按钮。

②设置粗加工参数。选择“加工”→“粗加工”→“等高粗加工”命令,在弹出的粗加工参数表中设置如图5.35所示粗加工的参数。根据使用的刀具,设置切削用量参数,如图5.36所示,并确定。

③选择“下刀方式”选项标签,设定下刀切入方式,如图5.37所示。

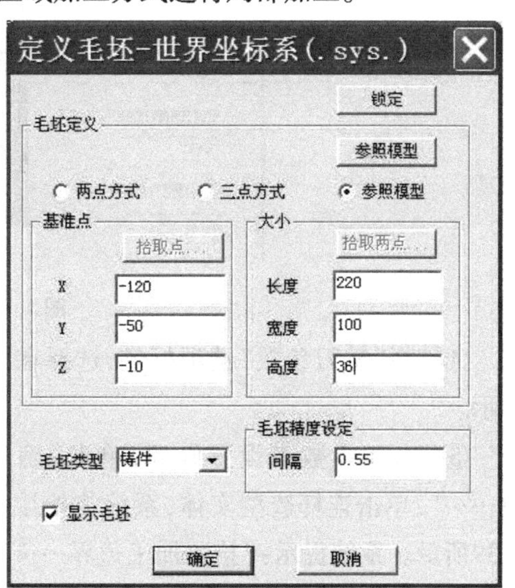


图5.34 定义毛坯

等高线粗加工

切削用量 | 加工边界 | 公共参数 | 刀具参数

加工参数 1 | 加工参数 2 | 切入切出 | 下刀方式

加工方向

顺铣　逆铣

Z切入

层高　层高 2

最小层间距 0.1

残留高度　最大层间距 1

XY切入

行距　残留高度

行距 5

前进角度 0

切削模式　环切　单向　往复

行间连接方式

直线　圆弧　s形

加工顺序

Z优先　XY优先

拐角半径

添加拐角半径

刀具直径百分比(%)　半径

刀具直径百分比(%) 20

镶片刀的使用

使用镶片刀具

选项

删除面积系数 0.1

删除长度系数 0.1

参数

加工精度 1　加工余量 1

确定　取消　悬挂

图 5.35　加工参数

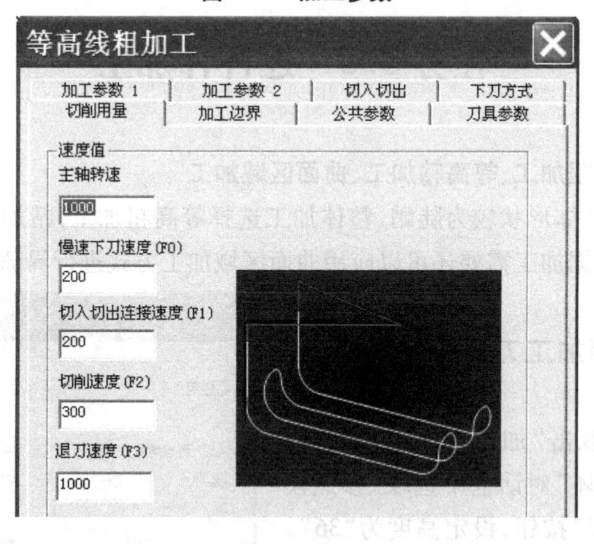


图 5.36　切削速度

④选择“铣刀参数”选项标签，选择在刀具库中已经定义好的 D10r5 球铣刀，如图 5.38 所示。

⑤粗加工参数表设置好后，单击“确定”按钮，屏幕左下角状态栏提示“拾取加工对象……”；单击连杆造型实体，系统将拾取到的所有曲面变红，按鼠标右键确认，结果如图 5.39所示。系统提示：“拾取加工边界……”，设定加工范围的矩形并单击链搜索箭头即可。

⑥生成加工轨迹。系统提示：“正在分析加工模型”“正在计算轨迹”，然后系统就会自动生成粗加工轨迹，如图 5.40 所示。

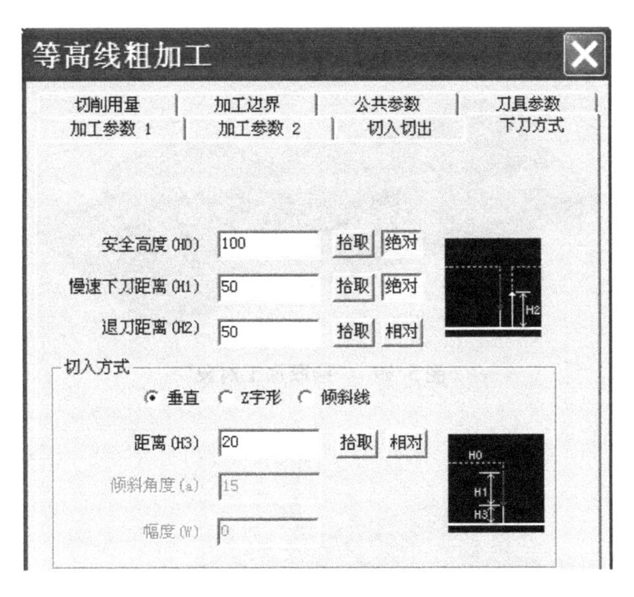


图 5.37　下刀方式

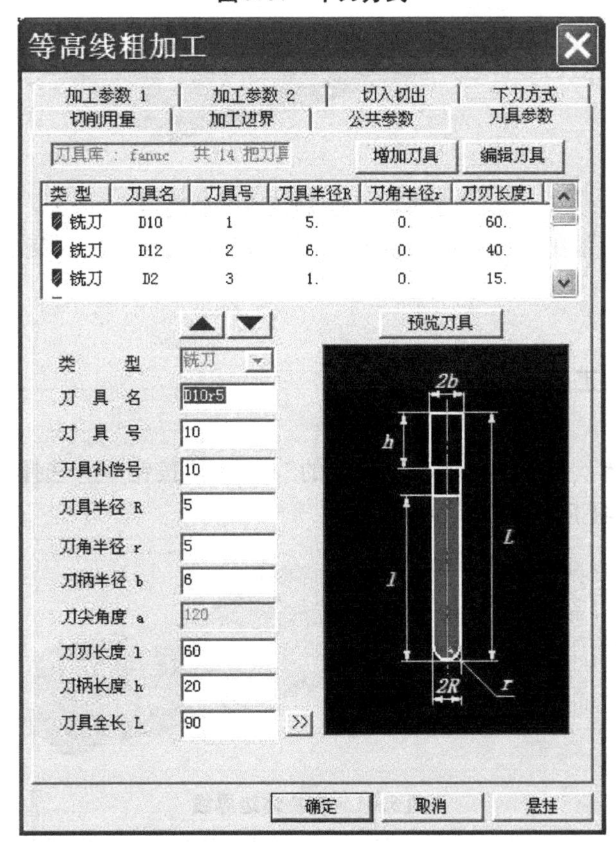


图 5.38　粗加工刀具 D10r5 球铣刀

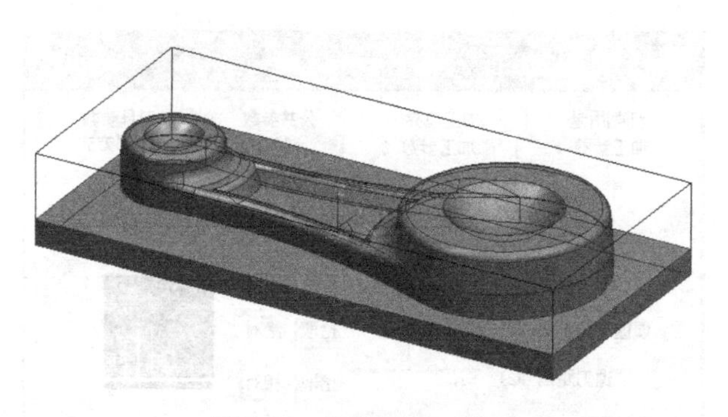

图 5.39 “拾取加工对象”

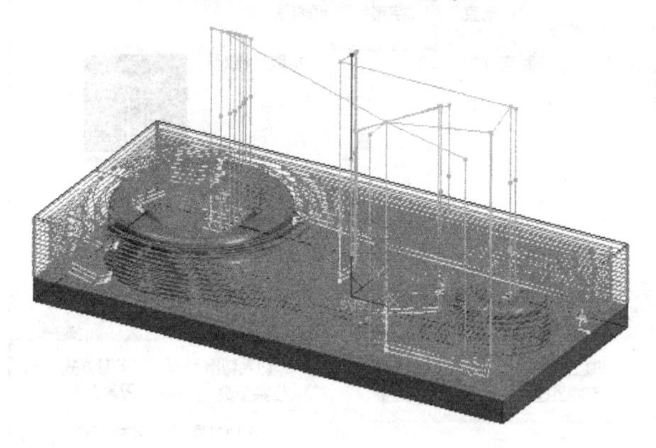

图 5.40 连杆体粗加工轨迹

⑦隐藏生成的粗加工轨迹。拾取轨迹,单击鼠标右键,在弹出的菜单中选择“隐藏”命令即可。

### 5.3.2 等高精加工刀具轨迹

①设置加工边界。单击曲线生成工具栏的“相关线”按钮,选择立即菜单中的“实体边界”,拾取如图 5.41 所示的 4 条边界线。

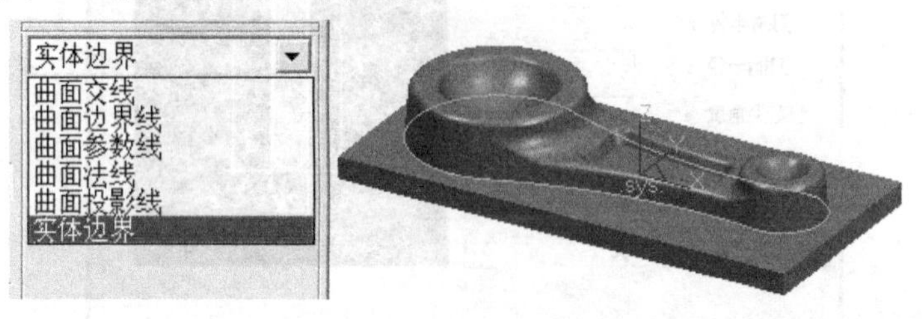


图 5.41 连杆体边界线

②生成等距线。单击 “等距线”按钮,以等距距离 3 作刚生成的边界线的等距线,如图 5.42 所示。

③设置精加工的等高线加工参数。选择“加工”→“精加工”→“等高线精加工”命令,在弹出加工参数表中设置精加工参数 1,如图 5.43 所示;设置加工参数 2,如图 5.44 所示。

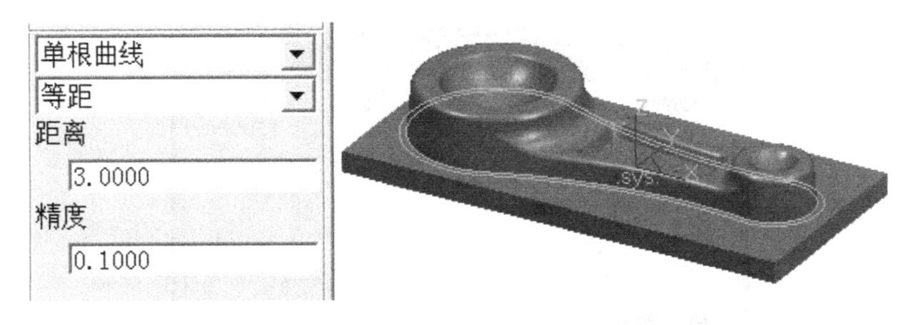


图 5.42 连杆体加工边界

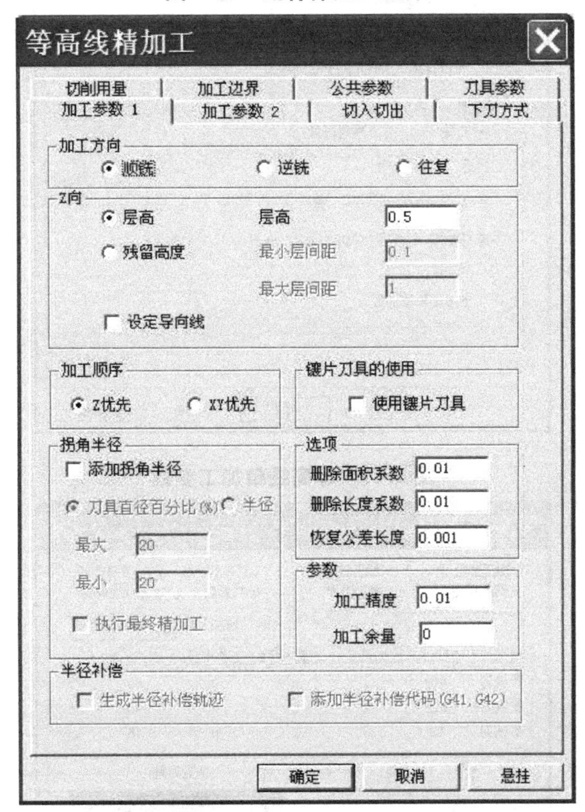


图 5.43 等高线精加工参数 1

④选取“D6r3”球铣刀作精加工刀具,如图 5.45 所示。

⑤切削用量参数、进退刀方式的设置与粗加工的相同,单击“确定”按钮。

⑥拾取加工对象。单击连杆实体造型,按右键确定。

⑦拾取加工边界。拾取等距线,如图 5.46 所示,按右键确定。确定链搜索方向,选取左向箭头,单击右键确定。

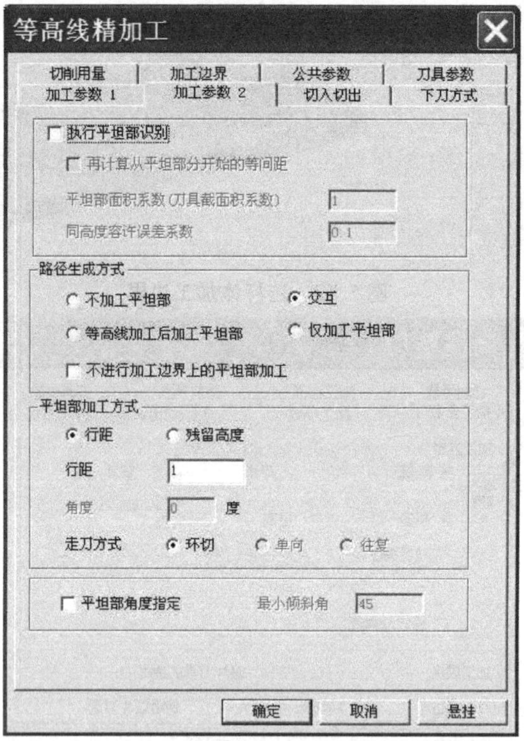

等高线精加工
切削用量
加工边界
公共参数
刀具参数
加工参数 1
加工参数 2
切入切出
下刀方式
执行平坦部识别
再计算从平坦部分开始的等间距
平坦部面积系数(刀具截面积系数)
1
同高度容许误差系数
0.1
路径生成方式
不加工平坦部
交互
等高线加工后加工平坦部
仅加工平坦部
不进行加工边界上的平坦部加工
平坦部加工方式
行距
残留高度
行距
1
角度
0
度
走刀方式
环切
单向
往复
平坦部角度指定
最小倾斜角
45
确定
取消
悬挂

图 5.44　等高线精加工参数

等高线精加工
加工参数 1
加工参数 2
切入切出
下刀方式
切削用量
加工边界
公共参数
刀具参数
刀具库：fanuc　共 14 把刀具
增加刀具
编辑刀具
类型
刀具名
刀具号
刀具半径R
刀角半径r
刀刃长度l
铣刀　D10　1　5.　0.　60.
铣刀　D12　2　6.　0.　40.
铣刀　D2　3　1.　0.　15.
预览刀具
类　　型
铣刀
刀　具　名
D6r3
刀　具　号
7
刀具补偿号
7
刀具半径 R
3
刀角半径 r
3
刀柄半径 b
3
刀尖角度 a
120
刀刃长度 l
30
刀柄长度 h
20
刀具全长 L
50
L
l
2R
r
确定
取消
悬挂

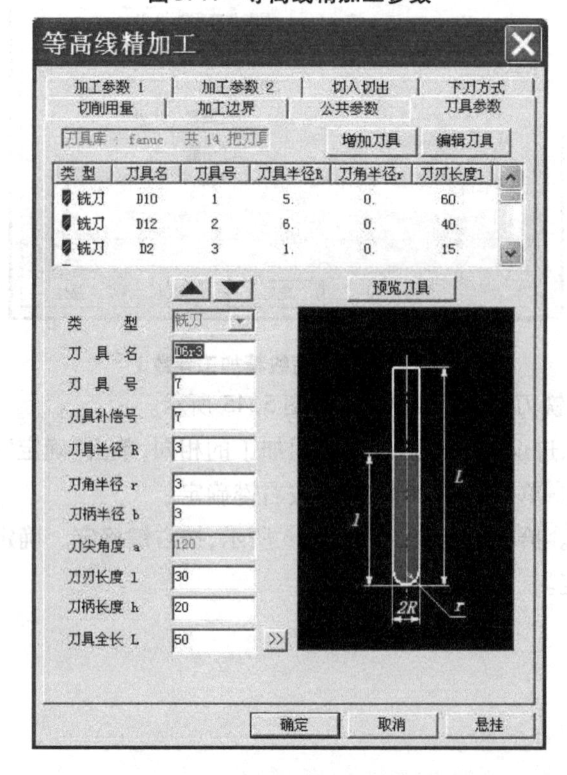

图 5.45　精加工刀具

⑧系统开始计算刀具轨迹,几分钟后生成精加工的轨迹,如图5.47所示。

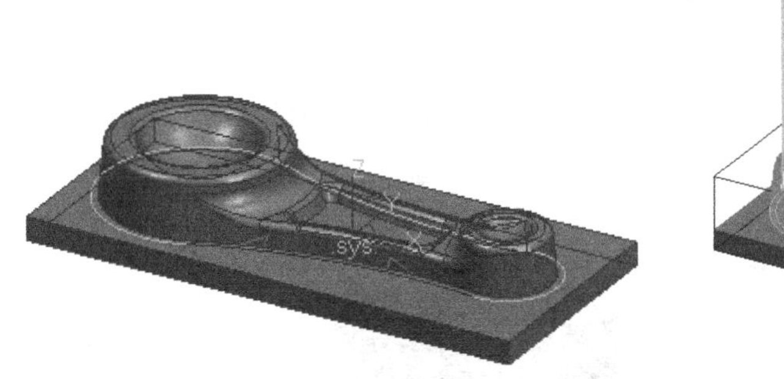

图5.46　加工边界　　　　图5.47　等高线精加工轨迹

注意:精加工的加工余量=0。

## 5.3.3　精加工托板上表面

①选择"加工"→"粗加工"→"平面区域粗加工"命令,在弹出的粗加工参数表中设置如图5.48所示粗加工的参数。使用的加工刀具,如图5.49所示。

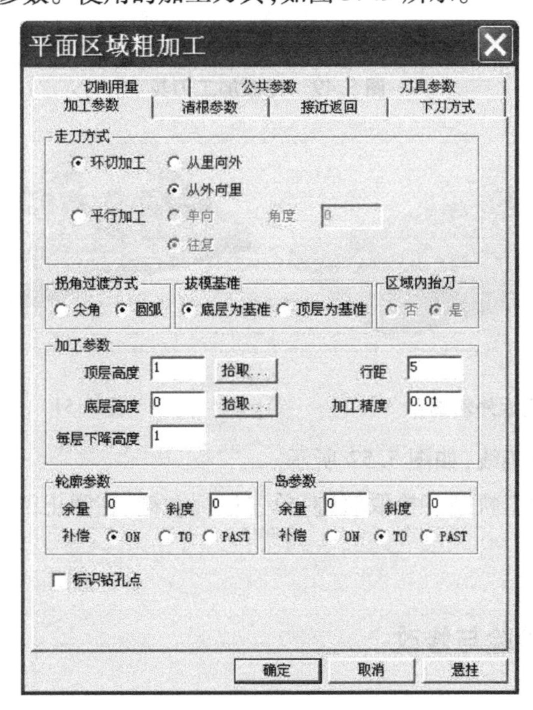


图5.48　托板区域加工参数

②选择托板加工轮廓,如图5.50所示。

③选择托板岛屿轮廓,如图5.51所示。

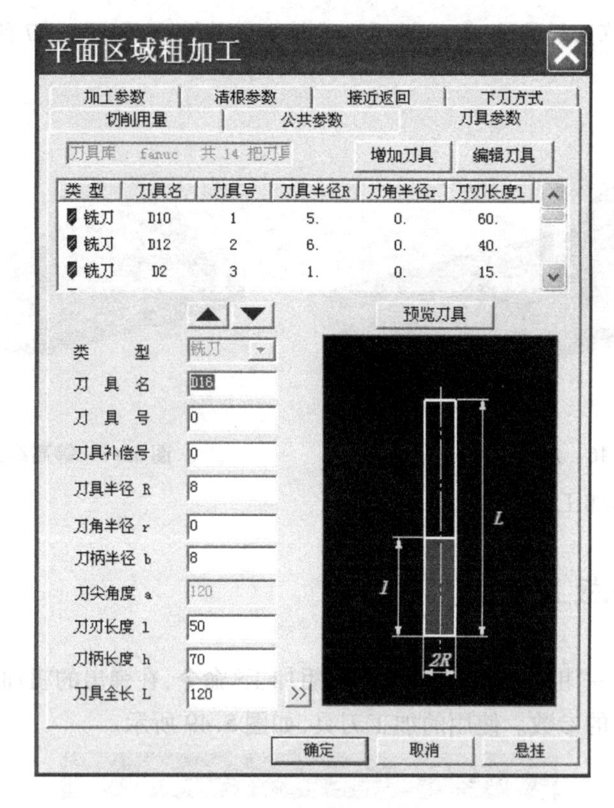


图 5.49　托板加工刀具

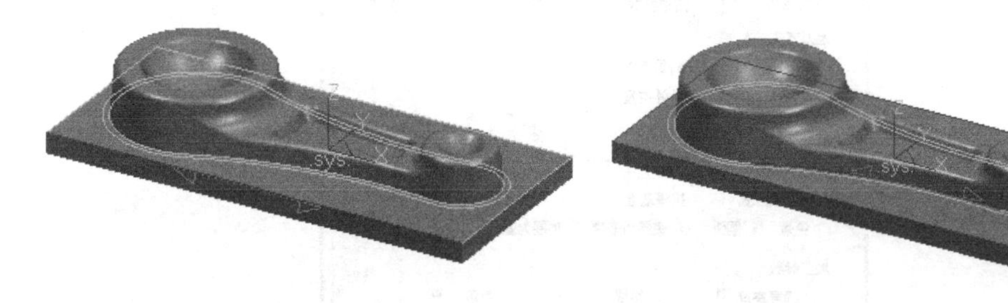

图 5.50　托板外轮廓　　　　图 5.51　托板岛屿轮廓

④生成托板加工轨迹线，如图 5.52 所示。

⑤隐藏生成的精加工轨迹。拾取轨迹，单击鼠标右键，在弹出的菜单中选择“隐藏”命令即可。

## 5.3.4 轨迹仿真、检验与修改

①单击“可见”按钮，显示所有已生成的粗/精加工轨迹。

②选择“加工”→“实体仿真”命令，按系统提示同时拾取粗加工刀具轨迹与精加工轨迹，再单击右键；系统将进行仿真加工，单击“播放”按钮即可，如图 5.53 所示。

③在仿真过程中，系统显示走刀方式。观察仿真加工走刀路线，检验判断刀路是否正

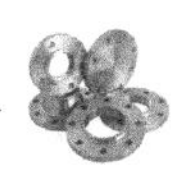

图 5.52 托板平面区域加工轨迹

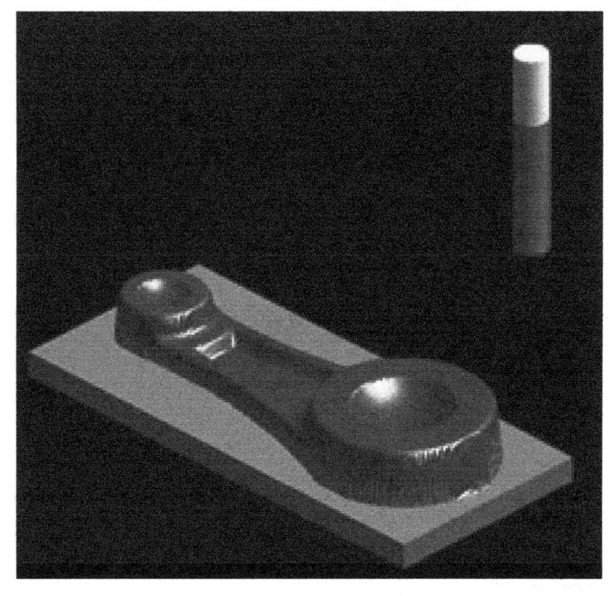

图 5.53 实体仿真效果

确、合理(有无过切等错误)。

④刀具路径的修改:双击相应加工轨迹树中的"加工参数"即可修改相应参数。修改后,重新生成加工轨迹。

⑤仿真检验无误后,可保存粗、精加工轨迹。

## 5.3.5 生成 G 代码

①选择"加工"→"后置处理"→"生成 G 代码"命令,在弹出的"选择后置文件"对话框中给定要生成的 NC 代码文件名(连杆粗、精加工. cut)及其存储路径,单击"保存"按钮,如图 5.54 所示。

②分别拾取粗加工轨迹与精加工轨迹,按右键确定,生成加工 G 代码,如图 5.55 所示。

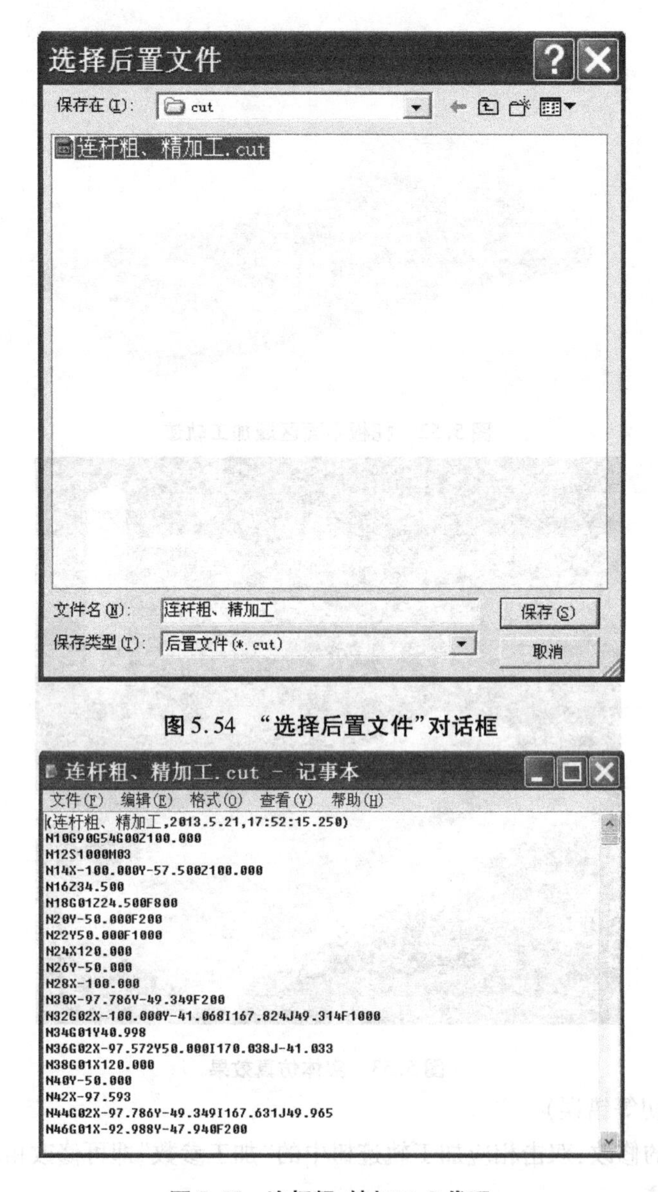


图 5.54 “选择后置文件”对话框

图 5.55 连杆粗、精加工 G 代码

### 5.3.6 生成加工工艺单

①选择“加工”→“工艺清单”命令,弹出“工艺清单”对话框,如图 5.56 所示。输入各参数后,单击“拾取轨迹”按钮拾取相应轨迹,再单击右键,选择“生成清单”。生成结果如图 5.57所示。

②选择工艺清单输出结果中的各项,可以查看到毛坯、工艺参数、刀具等信息,如图5.58 所示。

至此,连杆的造型、生成加工轨迹、加工轨迹仿真检查、生成 G 代码程序、生成加工工艺

工艺清单

指定目标文件的文件夹 ...

d:\CAXA\CAXACAM\camchart\Result\

零件名称 连杆 设计 dyh

零件图图号 工艺

零件编号 校核

使用模板 sample01 更新到文档属性

关键字一览

| 项目 | 关键字 | 结果 | 备注 |
|---|---|---|---|
| 加工策略名称 | [illegible] | 扫描线粗加工 | |
| [illegible] | [illegible] | | |
| 加工策略说明 | [illegible] | | |
| 加工策略参数 | [illegible] | 加工方向:往复<br>加工方法:顶点继续路径<br>进行角度:0. | HTML' |
| XY向切入类型(行距/残留) | [illegible] | 残留高度 | |
| XY向行距 | [illegible] | - | |
| XY向残留高度 | [illegible] | [illegible] | |
| Z向切入类型(层高/残留) | [illegible] | 层高 | |
| Z向层高 | [illegible] | [illegible] | |
| Z向残留高度 | [illegible] | - | |
| 主轴转速 | [illegible] | [illegible] | |
| [illegible]切削速度 | [illegible] | [illegible] | |

确定 取消 生成清单 拾取轨迹...

☑ 生成清单后用浏览器显示

**图 5.56 “工艺清单”对话框**

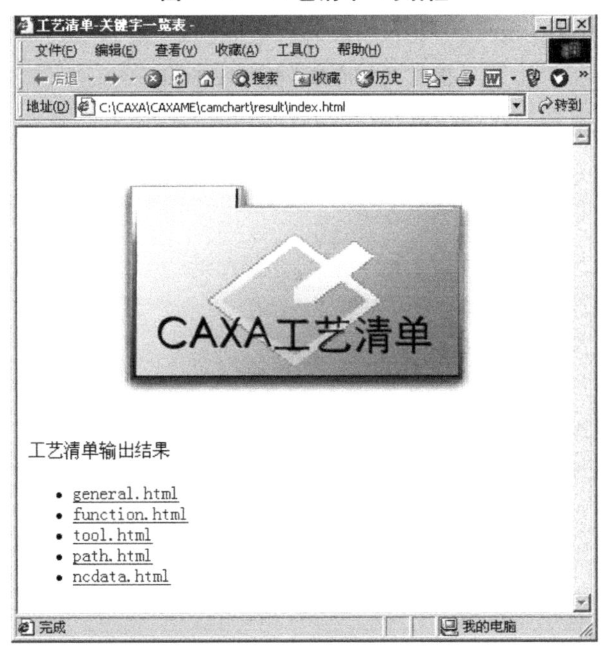


**图 5.57 工艺清单**

清单的工作已经全部做完，可以把加工工艺单和G代码程序通过工厂的局域网送到车间去了。车间在加工之前还可以通过校核G代码功能，再看一下加工代码的轨迹形状，做到加工之前胸中有数。把工件打表找正，按加工工艺单的要求找好工件零点，再按工序单中的要求装好刀具找好刀具的 $Z$ 轴零点，就可以开始加工了。

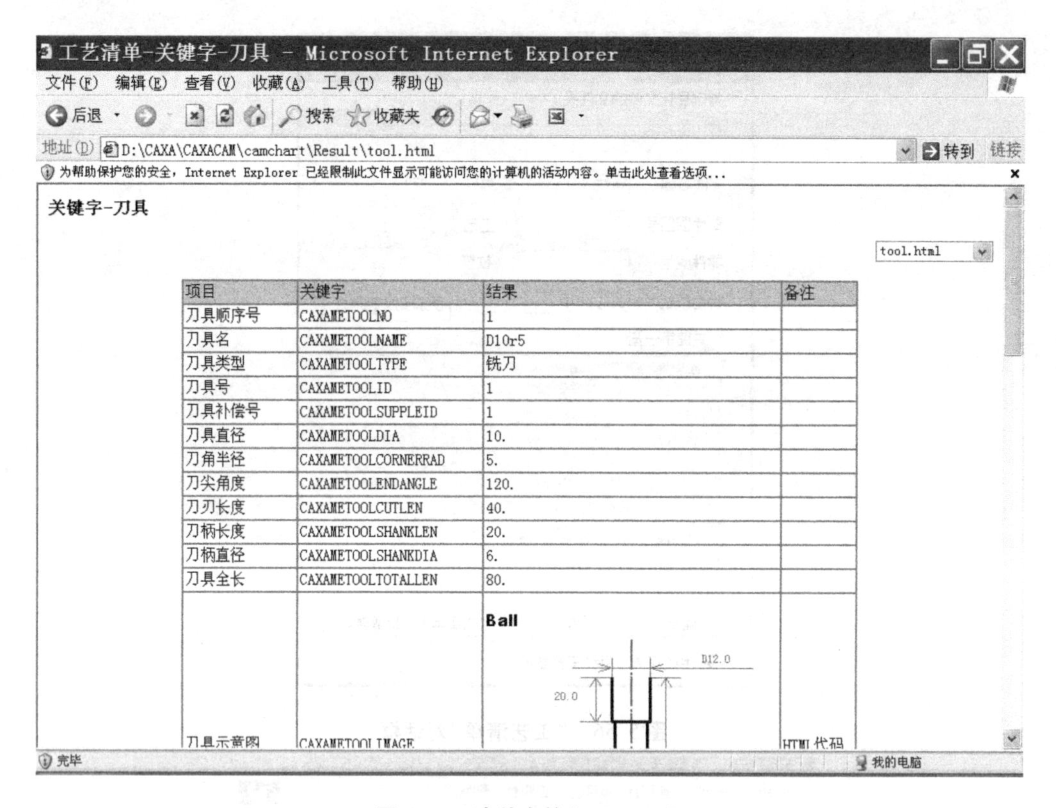


| 项目 | 关键字 | 结果 | 备注 |
|---|---|---|---|
| 刀具顺序号 | CAXAMETOOLNO | 1 | |
| 刀具名 | CAXAMETOOLNAME | D10r5 | |
| 刀具类型 | CAXAMETOOLTYPE | 铣刀 | |
| 刀具号 | CAXAMETOOLID | 1 | |
| 刀具补偿号 | CAXAMETOOLSUPPLEID | 1 | |
| 刀具直径 | CAXAMETOOLDIA | 10. | |
| 刀角半径 | CAXAMETOOLCORNERRAD | 5. | |
| 刀尖角度 | CAXAMETOOLENDANGLE | 120. | |
| 刀刃长度 | CAXAMETOOLCUTLEN | 40. | |
| 刀柄长度 | CAXAMETOOLSHANKLEN | 20. | |
| 刀柄直径 | CAXAMETOOLSHANKDIA | 6. | |
| 刀具全长 | CAXAMETOOLTOTALLEN | 80. | |
| 刀具示意图 | CAXAMETOOLIMAGE | | HTML代码 |

图 5.58　清单中的“tool. html”

# 项目 6

# 磨擦楔块锻模造型与加工

造型思路：

三维空间造型，目前大多数都是根据二维图纸来做的。所以很好地理解二维三视图是做出实体造型的第一步。俗话说“胸有成竹”，这和绘画、雕塑等进行形象思维工作的特点是一样的，就是要根据二维图纸首先在脑子里建立起要做的造型的空间形状，然后根据脑中建立的模型、二维图纸提供的数据和软件提供的造型功能，确定用什么样的造型方法来造型。这是做三维造型时的一般思维规律。如果在图纸都没有理解的情况下着急去做造型，只能事倍功半。如果能够更进一步地了解要做的零件的用途、使用方法等方面的情况，也会对正确理解图纸、造型，避免错误的产生有很大的益处。

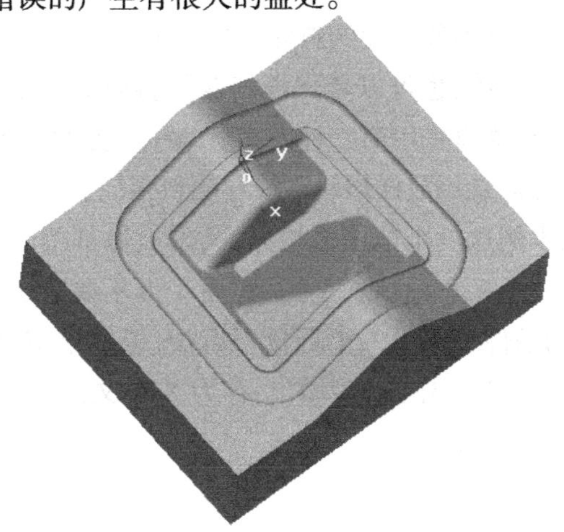


图 6.1　磨擦楔块锻模造型

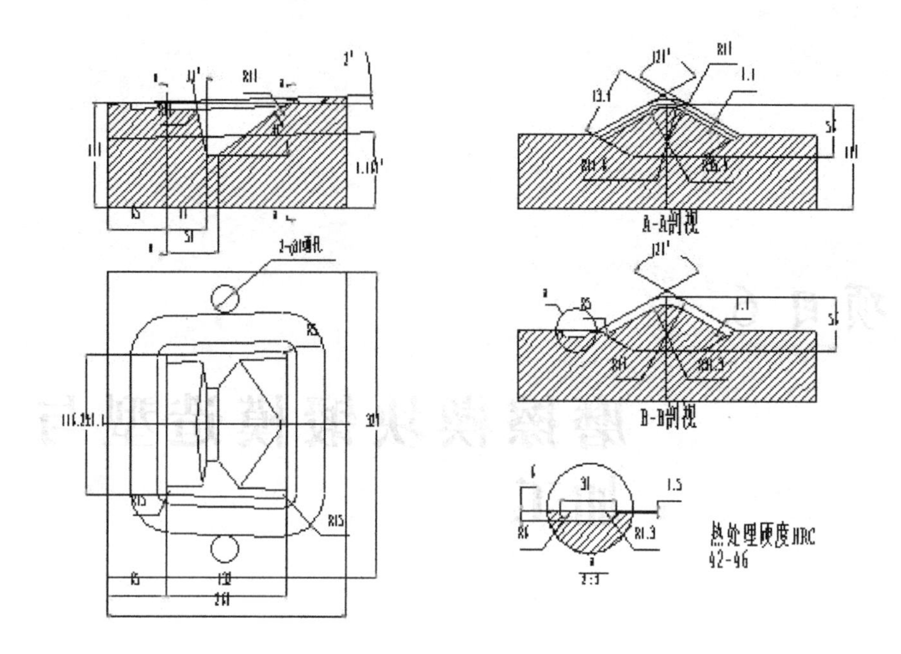


**图 6.2 磨擦楔块锻模造型三视图**

［分析图纸］

根据图 6.1 所示磨擦楔块锻模造型和图 6.2 所示磨擦楔块锻模造型三视图提供的 5 个视图,可以想象出这个零件是一个什么样的空间形状。它的中间凹陷,二边有台,而且是一个 1 度多的斜台,四周有一圈槽。根据图纸提供的零件名称“锻模”,可以分析出,这一圈槽是飞边(跑料)槽,真正的型腔是中间凹下去的部分,也是这个零件最核心的部分。图纸中确定零件形状的关键截面有四个:主视图的左端面、右端面和中间的 *B—B*、*A—A* 截面。图纸中提供的最关键的尺寸是 *B—B* 截面尺寸和 2 度尺寸,根据这些数据可以推算出其余三个截面。造型的主要工作就是根据这四个截面来造型。利用给定的截面来做造型,首选的功能就是放样增料、放样除料。中间 Z-56 最深处的形状是一个矩形,根据图纸给的条件是可以做出的。它的四周是 4 个三种不同角度的斜面。这三个面也是可以做出的。对于这一部分的形状,可以考虑多曲面裁实体,也可以考虑根据四周斜面的斜度求出上端的矩形,利用上下二个矩形作拉伸除料。在这里采用第二种方案。第一种方案大家可以试着自己去做。这样,这个造型的最主要部分都是用放样增料和放样除料来完成的。四周 6 mm 深的槽在本例中可能是一个难点,只在本例这一个范围内想办法,怎么做都很麻烦,因为这个槽的底面坐落在多个面上,而且还有一个 1.5 mm 的尺寸。这时千万不要忘了实体的布尔运算,它可以化难为易。根据图纸给的条件直接做一个凹槽很麻烦,但如果按照图纸给的条件做一个跟凹槽形状一样的凸型却很容易。先把凸型做出,存为 X_T 文件,然后再与已经做好的模型进行布尔运算中差运算,问题就解决了。

# 任务6.1　锻模造型

造型思路：

①做出4个截面。

②根据左右两端的截面线进行拉伸增料，得到整个造型主体。

③根据中间两个截面进行拉伸除料，做出型腔中8.7 mm部分。

④根据Z-56深处的长方形和四周的斜度求出延伸到上面的截面，进行拉伸除料，得到Z-56坑。

⑤做出6 mm深槽的凸形，与已经做好的模型进行布尔运算。

⑥按图倒各圆角。

根据以上确定的方案，整个加工过程可分为六大步骤来进行。

## 6.1.1　做出4个截面

①确定坐标原点。确定了造型的坐标零点，也就确定了工件加工时的坐标零点。确定坐标零点没有一成不变的原则，主要根据二维图上标注的基点来设定。任意确定坐标零点会产生过多的数据换算，容易产生不必要的错误。本例坐标零点定在*B*—*B*截面*R*40圆弧的中点，如图6.3所示。

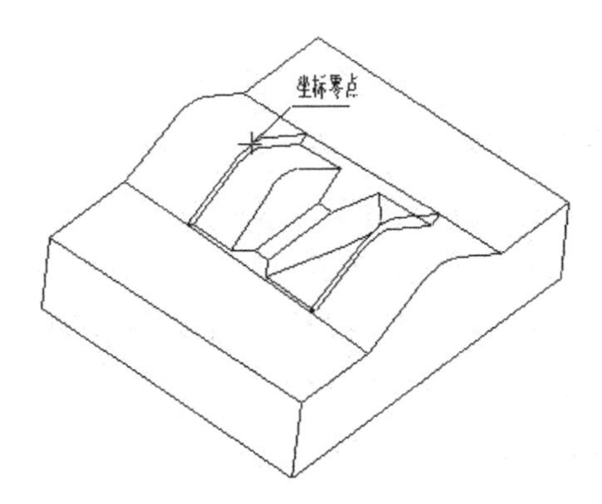


图6.3　磨擦楔块锻模的坐标零点

②启动“CAXA制造工程师2013”软件，进入初始画面。

③作出工件底部的260×320矩形。用鼠标单击曲线生成工具栏中的“矩形”按钮□，屏幕左侧出现矩形对话框。选“中心_长_宽”，并输入长(260)、宽(320)。用鼠标点一下坐标原点或者输入数值(0,0,0)，这时260×320的矩形以中心为基点被定位在坐标原点上，如图6.4所示。

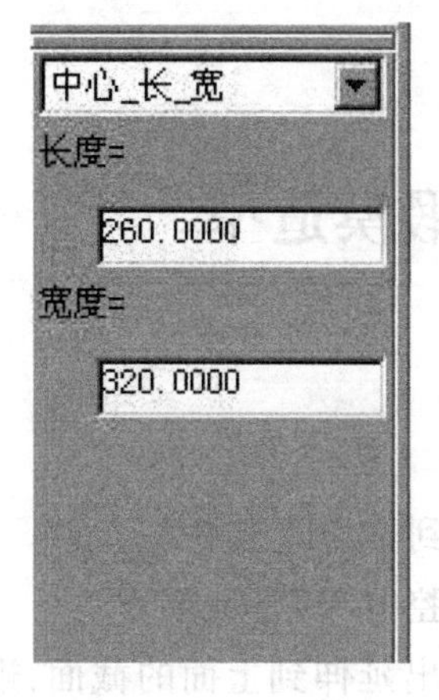

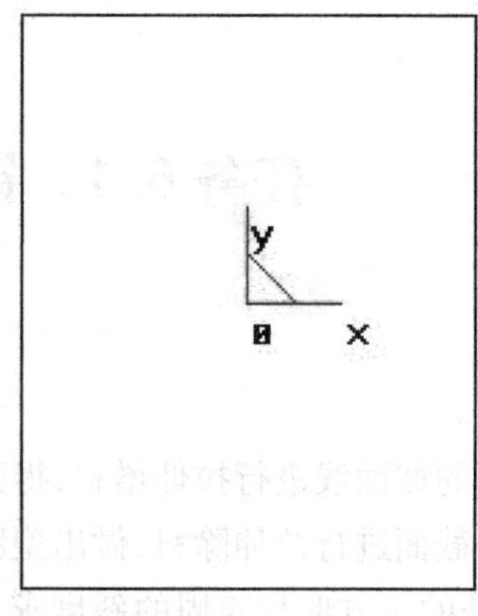


图 6.4　绘制基体矩形

④平移矩形到图纸所要求的位置上。用鼠标单击几何变换工具栏中的“平移” 按钮，屏幕左边出现对话框，用鼠标在第一项选“偏移量”，第二项选“移动”，输入 $X$、$Y$、$Z$ 三个方向的偏移量：$DX=65$、$DY=0$、$DZ=-110$，完成后按鼠标右键确认，矩形立即被移动到相应的位置上，如图 6.5 所示。

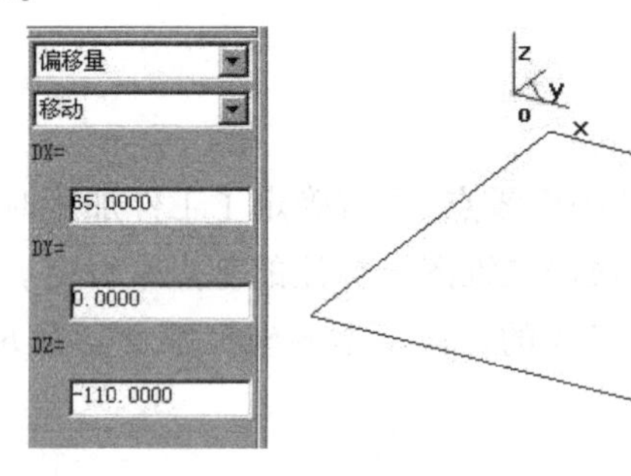


图 6.5　偏移矩形

⑤根据图纸作出 $B$—$B$ 截面内的图形。$B$—$B$ 截面就是坐标系中的 $YOZ$ 截面。按 F9 键切换到 $YOZ$ 平面中作两条互相垂直的直线，长度任意，为下一步作其他线作准备。单击曲线生成工具栏中的“直线”按钮，屏幕左侧出现对话框，第一项选“水平/铅垂线”，第二项选“水平＋铅垂”，第二项“长度＝”取默认值 100。把这两条线拖到坐标系的零点，单击零点一下，十字线被定位到坐标原点，如图 6.6 所示。

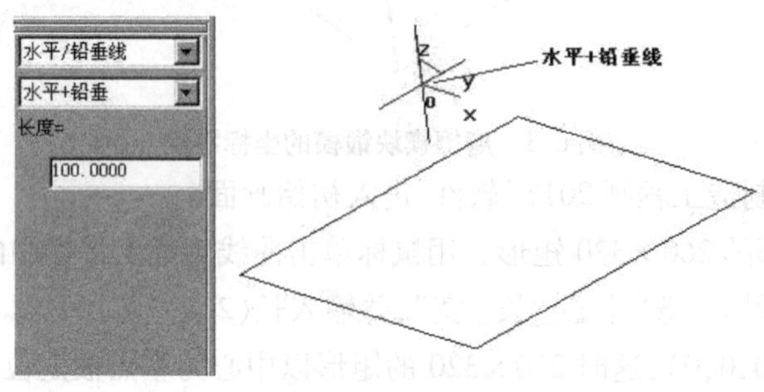


图 6.6　绘基准线

⑥作出 *R*40 圆弧的中心和 Z-56 直线。为了方便作图，请按 F6 键切换到 *YOZ* 面显示同时作图平面仍然是 *YOZ* 面。单击曲线生成工具栏中的“等距线”按钮，屏幕左面弹出对话框，在“距离”中键入“40”，根据屏幕左下部的提示拾取过零点的水平线，出现双向箭头，选择等距的方向，拾取向下的箭头。这时第一条等距线作出，这条等距线和铅垂线的交点，就是 *R*40 圆弧的中心。同样方法再作出另一条等距离为 56 的等线，如图 6.7 所示。

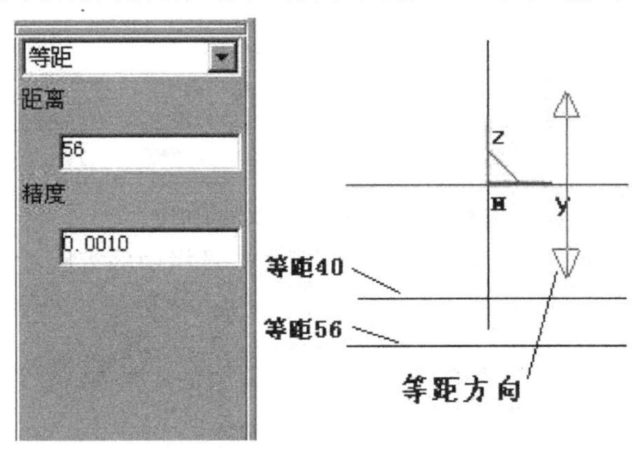


**图 6.7　绘等距线**

⑦作 *R*40 圆。单击曲线生成工具栏中的画圆按钮，在屏幕左边的对话框中选“圆心_半径”，根据屏幕左下部提示输入“圆心点”，把鼠标移到等距 40 和铅垂线交点处。当这一点被点亮时，用鼠标点取这一点，这就是 *R*40 圆的圆心点。拖动鼠标，可以看到屏幕上有一个可以动态变化的圆，这时可以把鼠标拖动到 *YOZ* 坐标零点。当这一点被点亮时，用鼠标点取这一点，或根据下部的提示输入半径值“40”，*R*40 圆完成，如图 6.8 所示。

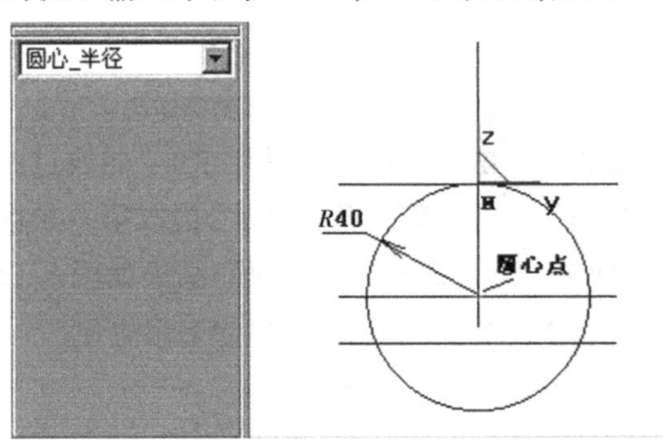


**图 6.8　绘 *R*40 的圆**

⑧作 *R*40 圆的两条切线。两条切线与坐标轴的夹角分别为 30°和 -30°。单击曲线生成工具栏中的“直线”按钮，屏幕左面出现对话框。第一项选“角度线”，第二项选“*X* 轴夹角”，在“角度 =”中键入 30。根据屏幕左下部提示输入“第一点”，或者按键盘中的字母“T”（切点），根据屏幕下部的提示“拾取曲线”拾取 *R*40 圆，并移动鼠标，可以看到有一条与 *X* 轴夹角为 30°的直线在屏幕上被拖动，长度发生着变化，屏幕左下部提示输入第二点或长度。这时要注意当前点的状态为 T（切点），一定要切换点的状态为 S（缺省点），否则在屏幕上点

取任意点时，就做不出结果来。这一步也可以输入长度值。用同样方法可以作出另一条与 $X$ 轴夹角为 $-30°$ 的切线，如图 6.9 所示。

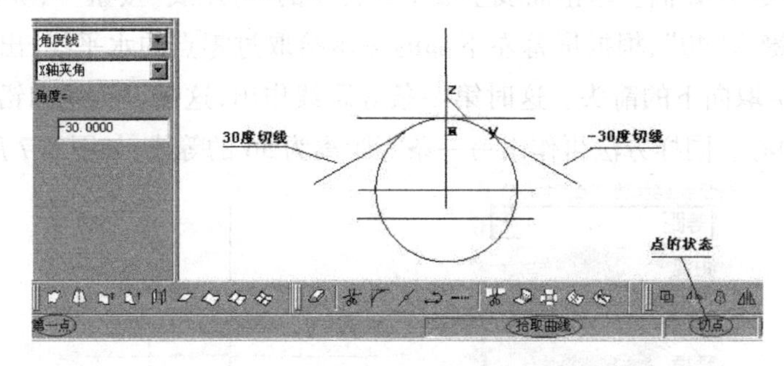


图 6.9　绘制 30°和 -30°的切线

⑨作两条切线的等距线。用鼠标单击曲线生成工具栏中的等距线按钮，屏幕左边出现对话框，在“距离”中键入“73.1”。根据左下部提示“拾取曲线”“选择等距方向”，如图 6.10所示。

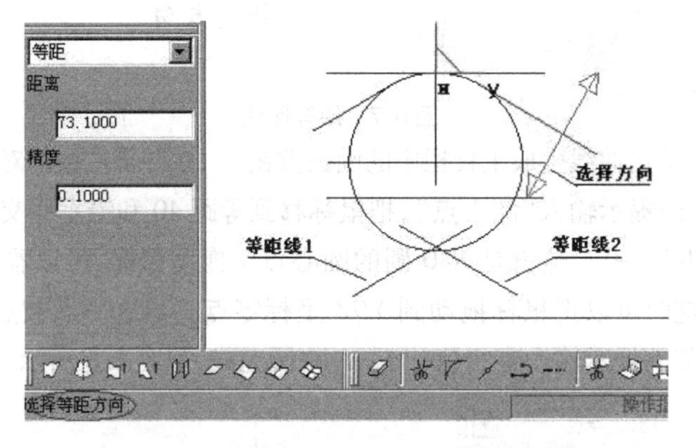


图 6.10　绘制 30°和 -30°切线的等距线

⑩对已经作完的线进行裁剪。单击曲线编辑工具栏中的“曲线过渡”按钮，屏幕左侧出现对话框，在第一项中选“尖角”。根据左下部的提示“拾取第一条曲线”，按图中所示的顺序和位置，依次拾取，两线之间的多余部分将被裁剪掉，结果如图 6.11 所示。圆角过渡功能中的尖角过渡可以用来作两线之间的互相裁剪，使用起来很方便。

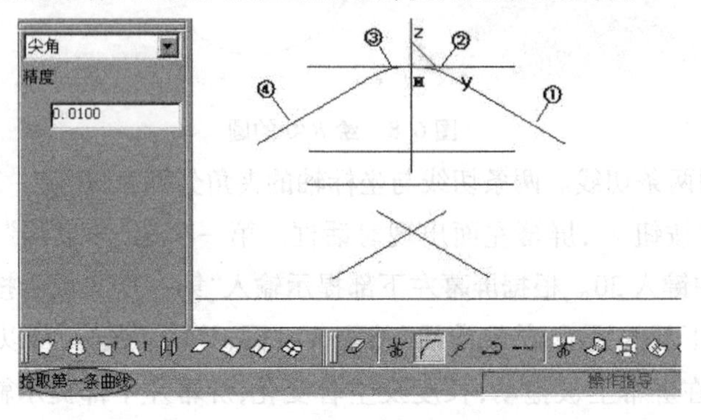


图 6.11　“尖角”过渡

⑪继续进行尖角过渡。按图 6. 12 和图 6. 13 所示的顺序和拾取位置，继续裁剪其他曲线。

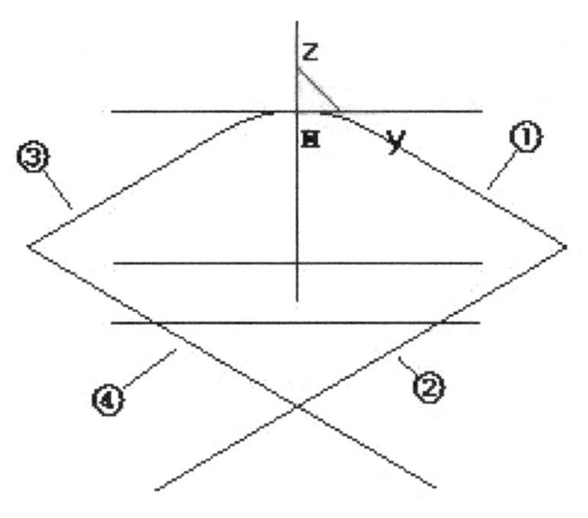


图 6. 12　“尖角”过渡

⑫单击线面编辑工具栏中的“删除”按钮，用鼠标拾取图 6. 13 所示要删除的线段（作 $R40$ 时的辅助线），被拾取到的线变红，按鼠标右键确认，这条线立即被删除。至此，$B$—$B$ 截面的曲线完成。

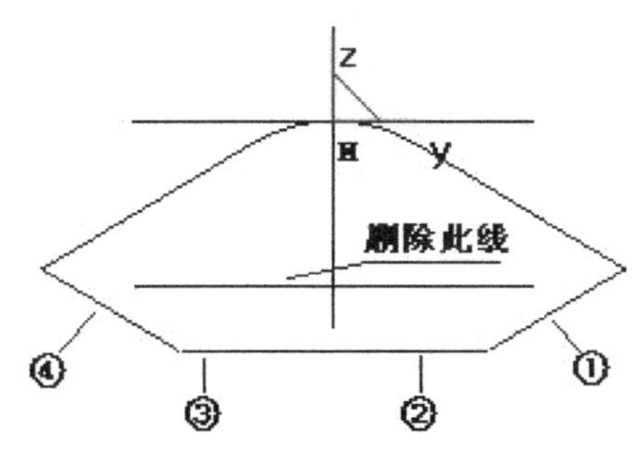


图 6. 13　删除作 $R40$ 时的辅助线

⑬把已经作好的 $B$—$B$ 截面线平移到 $X-65$、$X132$、$X195$ 三个截面上。按 F8 键切换到轴测视图，单击几何变换工具栏中的“平移”按钮，屏幕左边出现平移对话框。选第一项为“偏移量”，第二项选“拷贝”，$DX=-65$、$DY=0$、$DZ=0$。屏幕左下部提示拾取图形元素，这时可以用两种方法来拾取。

第一种方法：一个图素一个图素地拾取。拾单个和比较散乱的图素时，常常采用这种方法，但在拾取多个元素时效率比较低。

第二种方法：窗口拾取。当拾取多个元素时，这是一种高效的用法。窗口拾取在“CAXA 制造工程师”V2 版中有两种用法，这也是本系统中的一个最基本的操作。

a. 当窗口从左上角拉到右下角和从左下角拉到右上角时，完全包含在窗口内的图形元素才会被拾取，而部分包含在窗口内的图形元素（也就是与窗口相交的图形元素）将不会被拾取到。

b. 当窗口从右上角拉到左下角和从右下角拉到左上角时，完全包含窗口内的图形元素和部分包含在窗口内的图形元素（也就是与窗口相交的图形元素）将都会被拾取到。

这里采用窗口拾取。拾取的情况如图 6.14 所示。拾取结束后按鼠标右键确认，平移结果如图 6.15 所示。用同样的方法把 *B—B* 截面的图形平移到 $DX=132$、$DX=195$ 两个位置。平移结果如图 6.16 所示。

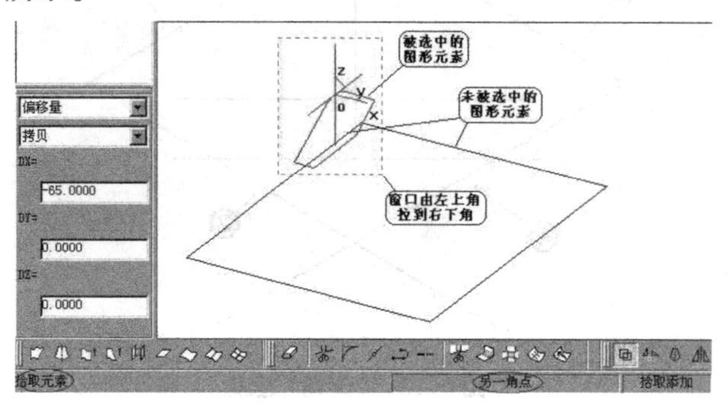


图 6.14 窗口拾取

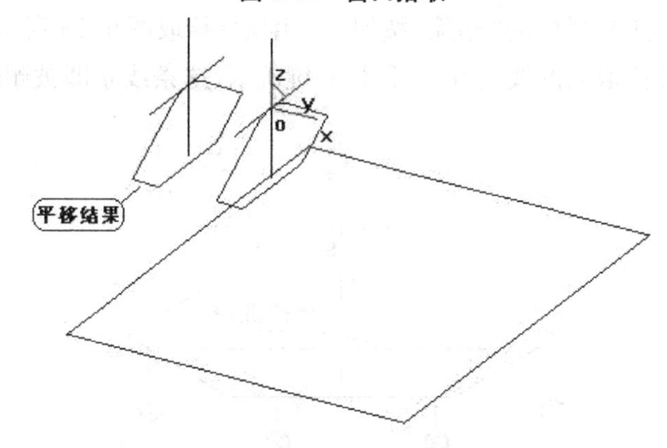


图 6.15 平移结果

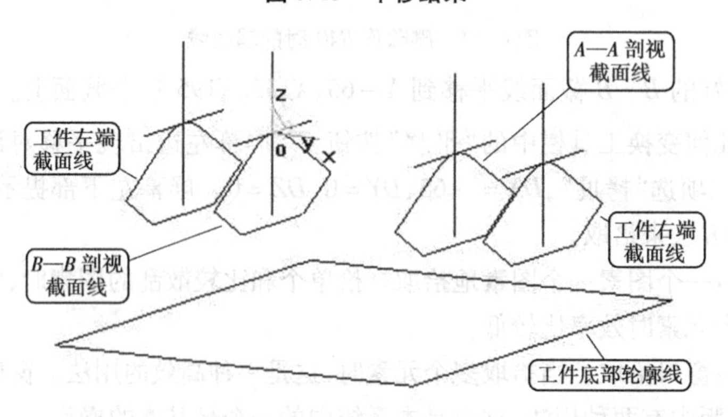


图 6.16 平移右端两截面

⑭至此 4 个截面已经做完，但没有最后完成。根据图纸，4 个截面 Z-56 的尺寸是一样的。夹角为 120°的两条切线和 *R*40 圆弧是不一样的，它是根据 2°这个条件在变化，相当于

是以 *B—B* 截面为基准的横贯两端的一个锥面。*B—B* 截面已经符合图纸的要求,其余 3 个截面还需要继续制作。方法如下:

a. 单击曲线生成工具栏中的“直线”按钮 ,屏幕左边对话框中第一项选“二点线”,过左端 *R*40 中点和右端 *R*40 中点作直线,这是一条过“0,0,0”点的水平线。

b. 按 F9 键切换作图平面到 *XOZ* 面。单击曲线生成工具栏中的直线按钮 ,屏幕左边对话框中第一项选“角度线”,第二项中选“X 轴夹角”,“角度 =”中键入“2”。用鼠标点取 *XOZ* 平面的坐标零点(注意屏幕下部点的状态应为缺省点,否则要按键盘上的“S”键),向左拖会有一条绿色的与 *X* 轴夹角为 2°的线在随着鼠标的移动而移动,点屏幕上任意点,2°线完成,如图 6.17 所示。

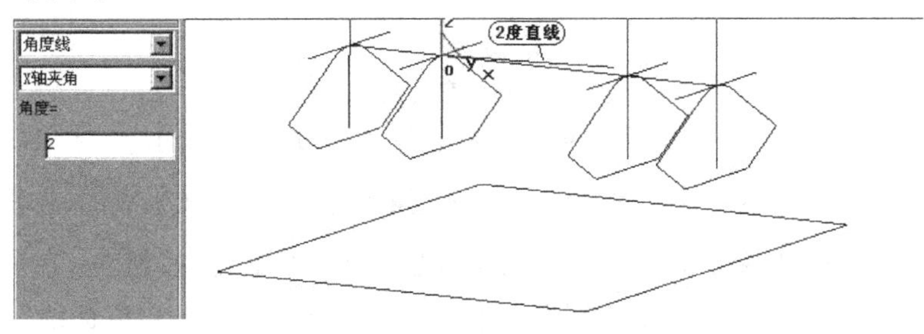


**图 6.17　绘 2°直线**

现在要把 2°直线延伸到左右两个端面。用鼠标单击曲线生成工具栏中的“裁剪”按钮 ,屏幕左面出现对话框。在第一项中选“线裁剪”,第二项中选“正常裁剪”。屏幕下部提示拾取剪刀线,用鼠标拾取工件左端的铅垂线,被拾取到的线变红。屏幕左下部提示“拾取被裁剪的线(选取保留的段)”,用鼠标点取 2°线,2°线被延伸到左端的铅垂线,按鼠标右键确认。接着拾取右端的铅垂线,点取 2°线,同样被延伸到右端的铅垂线。结果如图 6.18 所示。

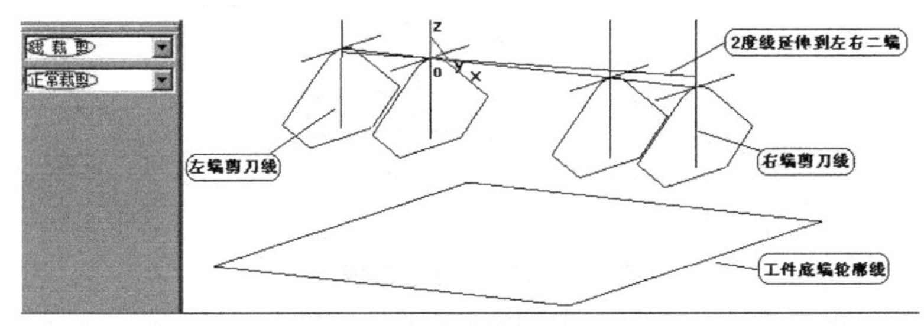


**图 6.18　“线裁剪”2°直线**

⑮作左端面的等距线。等距的距离需要用查询的方法来得到。为了作图方便,需要把左端面的图形放大。单击显示状态工具栏中的显示窗口按钮 ,用窗口选择左端面需要放大的图形区域,图形被放大。选择屏幕最上面菜单条中的“工具”→“查询”→“距离”命令,屏幕左下部提示“拾取第一点”,这时用鼠标拾取 *R*40 圆弧的中点和 2°直线的端点(鼠标移到点附近,点均会被点亮),查询结果立即出现在屏幕上,显示“两点距离 = 2.269 850”,如图 6.19所示。

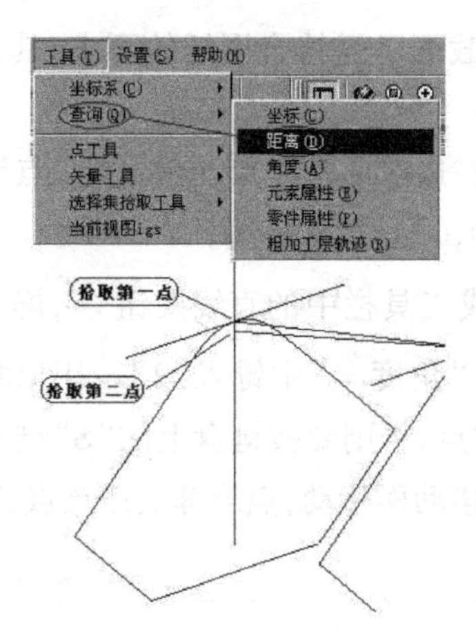


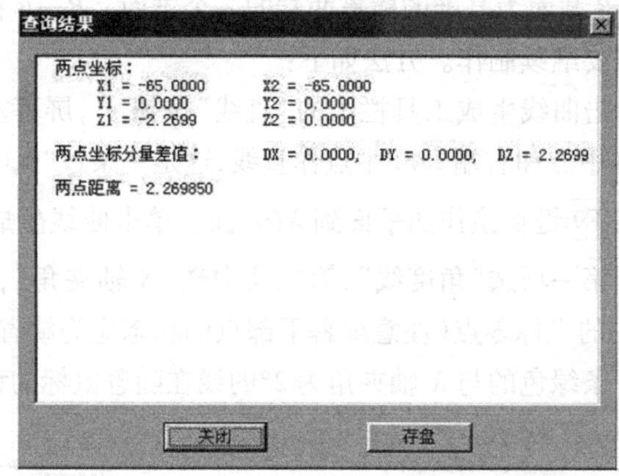


图 6.19 查询结果

记住两点距离数据后关闭查询结果对话框。注意现在作图平面应该在 *YOZ* 面，如果不是，那么就要按F9键进行切换。等距线是按照当前的作图平面来生成的，作图平面选得不对，将不能得到正确的结果。单击曲线生成工具栏中的"等距线"按钮，在屏幕左边等距线对话框"距离"一项中输入"2.269 85"，根据屏幕左下部的提示"拾取曲线"，这时可以分别拾取 *R*40 圆弧和它的两条切线，等距方向选指向轮廓内部的箭头。生成的结果如图 6.20 所示。

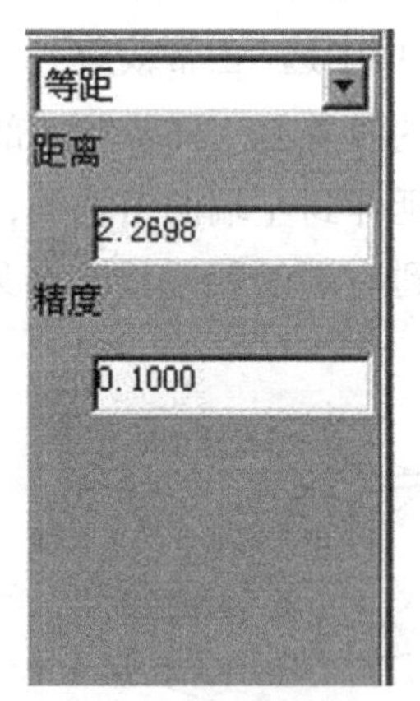


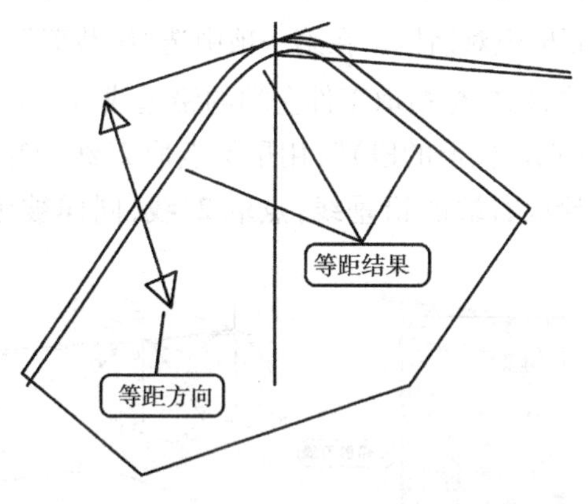


图 6.20 等距生成左端截面图

下面要进行曲线的裁剪，仍然使用尖角过渡工具。单击曲线编辑工具栏中的"曲线过渡"按钮，在屏幕左面的对话框中，第一项选"尖角"，根据屏幕左下部的提示"拾取第一条曲线"。根据图 6.21 拾取要作尖角过渡的曲线，图中有两处要作尖角过渡。尖角过渡完成后，单击曲线编辑工具栏中的删除按钮，还要把不需要的线删除，作图提示和生成结果如图 6.21 所示。

然后要作两条水平线和两条垂直线，最后完成左端面的轮廓线。单击显示变换工具栏中的"显示旋转"按钮，旋转图形到如图 6.22 所示位置。单击曲线生成工具栏中的"直线"按钮，立即菜单设置如图所示。根据下部的提示拾取第一点，用鼠标点取左端截面线

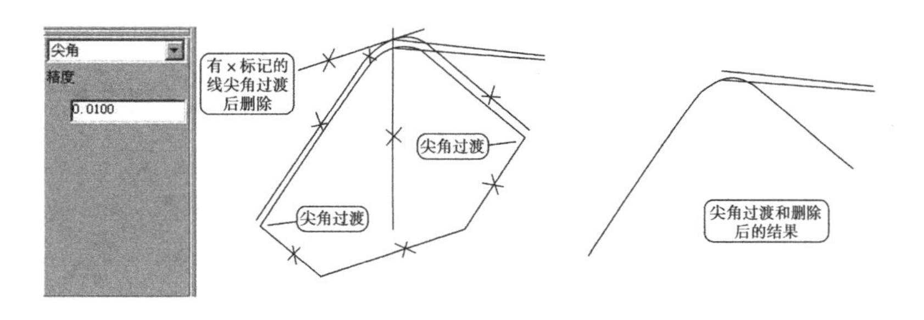


图 6.21 编辑左端截面图

*R*40 右面(从屏幕上看)那条切线的端点,向右拖动,可以看到一条绿色的线在随着鼠标移动,当向下拖时是铅垂线,当向右拖动时是水平线。当直线处于水平状态时,继续拖,用鼠标点取工件底部矩形在屏幕上最右边一点,这时一条水平线完成;继续向下拖,让直线处于铅垂状态,然后用鼠标点取工件底部矩形在屏幕上最下边一点,铅垂线作完,单击鼠标右键确认。下面作截面线左边的水平线和铅垂线。点取 *R*40 左面切线的端点向左拖动绿色直线为水平状态,点取工件底部矩形在屏幕上最左边一点,水平线完成;向下拖动鼠标绿色直线变为铅垂状态,仍然点取工件底部矩形在屏幕上最左边一点,铅垂线完成,至此,工件左端截面线完成,结果如图 6.22 所示。

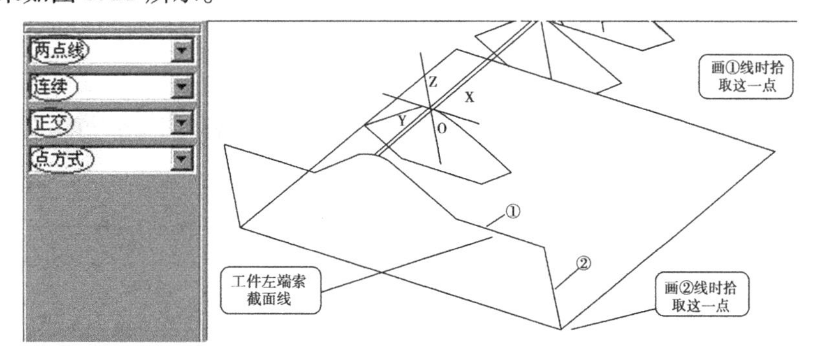


图 6.22 完成左端截面图

⑯这一步作工件右端面线。作右端面线的方法和作左端面线的方法相同,可以参照上一步把右端面线完成。注意等距的方向是指向轮廓的外面。完成后把对应的端点连上直线,共 4 条直线。现在工件的主体线框造型就已经有了,如图 6.23 所示。

⑰作 *A*—*A* 剖视图中的截面图和宽度尺寸为"8.7"的部分。按显示变换工具条中的显示窗口按钮,选取适当大小窗口,放大图中的 *A*—*A* 截面部分。查询图 6.24 所示二点距离,结果为"4.609 542"。

按上述查询的结果作等距线,等距距离为"4.609 542",方向向外。等距后进行曲线裁剪,并把 *R*40 圆弧和它的两条切线删除。结果如图 6.25 所示。

然后根据图纸 8.7 尺寸作等距线。做等距线时要注意绘图平面的应为 *YZ* 平面,否则将不能够得到正确结果。等距结果如图 6.26 所示。

⑱继续作 *B*—*B* 截面。只须把 *B*—*B* 截面中的 *R*40 和它的两条切线等距 8.7 后进行快速裁剪并删除不需要的 2°线,结果图 6.27 所示。

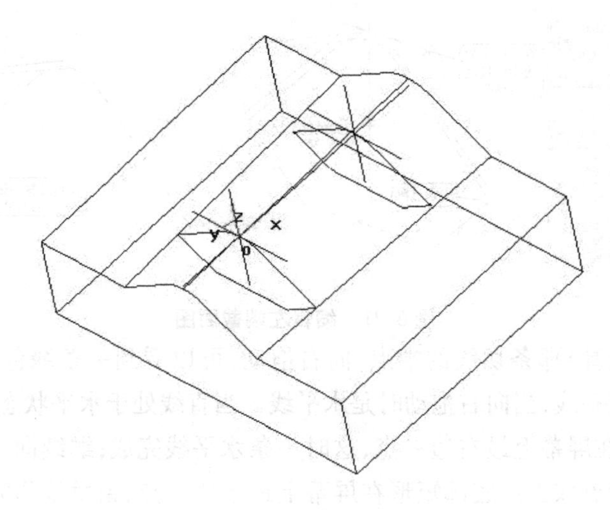


图 6.23　主体线框造型

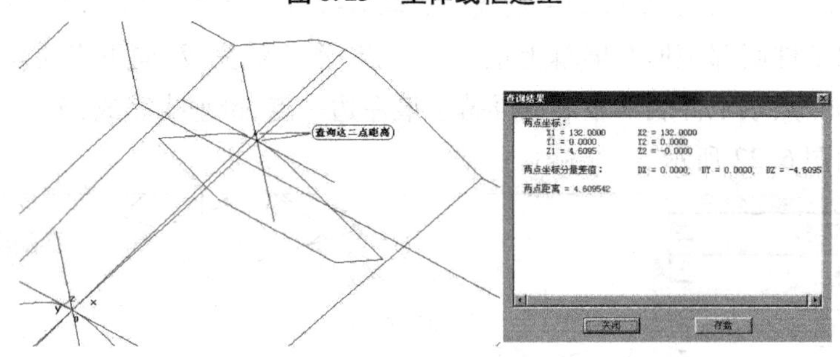


图 6.24　*A—A* 截面图

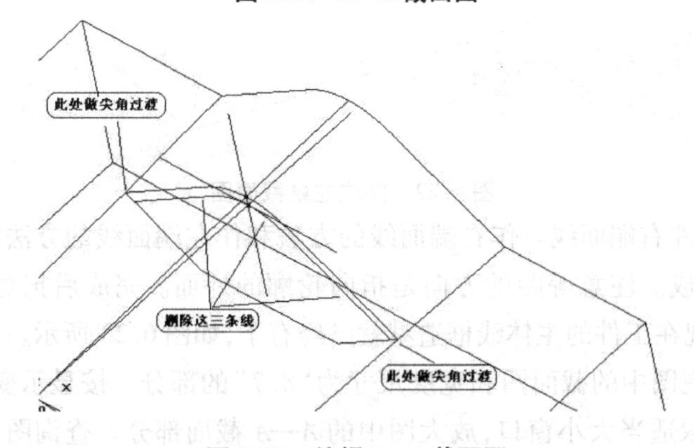


图 6.25　编辑 *A—A* 截面图

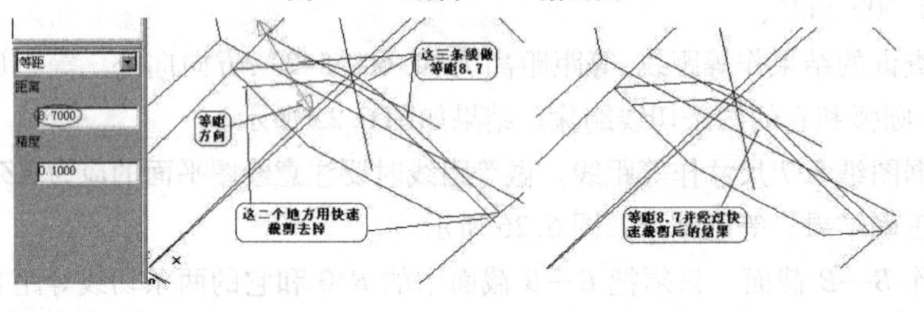


图 6.26　*A—A* 截面 8.7 轮廓线

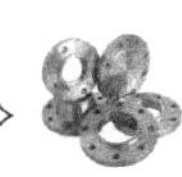

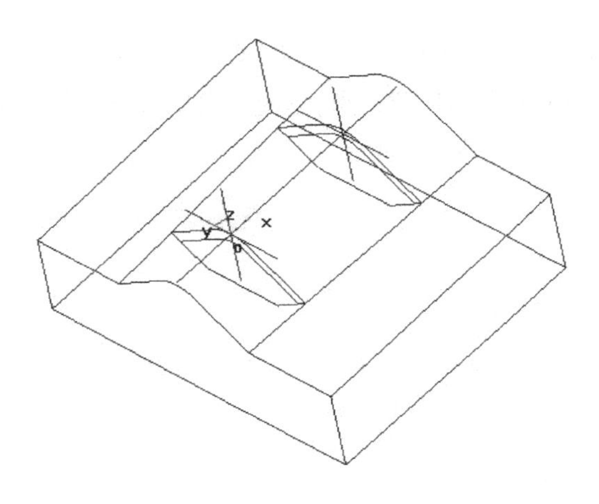

图 6.27 *B—B* 截面 8.7 轮廓线

## 6.1.2 拉伸增料得到整个造型的主体

①作 4 个截面的任务已经完成,也就是造型方案中确定的第一项任务已经完成。现在要把工件主体的实体造型作出来。前面已经分析过了,要用放样拉伸增料来造实体,但不能把左两个端面的轮廓线直接拉伸来造实体。作实体必须要用到草图线。什么是草图线?可以这样简单理解:能够用来做实体的平面曲线就叫草图线,它和上面我们作过的线是性质完全不同的两类曲线。草图线不能用来作曲面,更不能用来加工,只能用来做实体,这个概念一定要很清楚。要想绘制草图,首先要确定绘制草图的平面,只有确定了草图平面才能进入草图状态画草图。系统里提供了 3 种建立草图平面的方式:

a. 利用坐标系中最基本的 3 个平面:*XOY* 平面、*YOZ* 平面、*ZOX* 平面。可以通过拾取屏幕左边特征树中的 平面XY 、 平面YZ 和 平面XZ 来实现。被拾取到的平面,在屏幕上将有一个红色的正方形虚线框来表示。

b. 用拾取已经作好的实体的某一个平面(曲面不行)来确定草图平面。

c. 特征工具条中的"构造基准面"。它提供了 7 种建立草图平面的方法。

建立好草图平面就可以进入草图状态了。进入草图状态可以通过单击状态控制工具栏中"草图"按钮来实现。

工件左端的截面是在平行于 *YOZ* 平面并且过这个平面内的任意一点的平面上。那么左端面的草图平面可以这样来做:用鼠标单击特征生成工栏中的基准平面按钮,屏幕上出现基准平面对话窗口;用鼠标选取左下边的"过点且平行平面确定基准平面",左下边的图标出现黑色方框并在下面出现一段简短的说明,如图 6.28 所示。

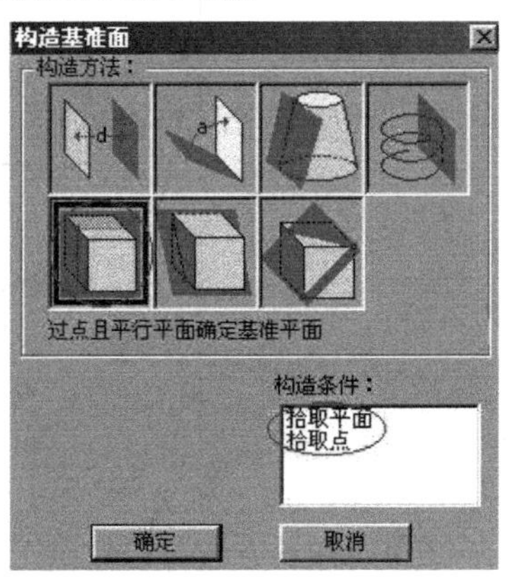


图 6.28 "构造基准面"对话框

根据对话中的提示拾取平面。用鼠标拾取屏幕左边的特征树的◈ 平面YZ，这时屏幕上出现一个红色的虚线正方形方框，以表示所拾取到的平面。根据提示，拾取工件左端平面上的任意一点，这时红色的虚线方框就移到工件的左端面上去了。基准面建立成功。结果如图6.29所示。

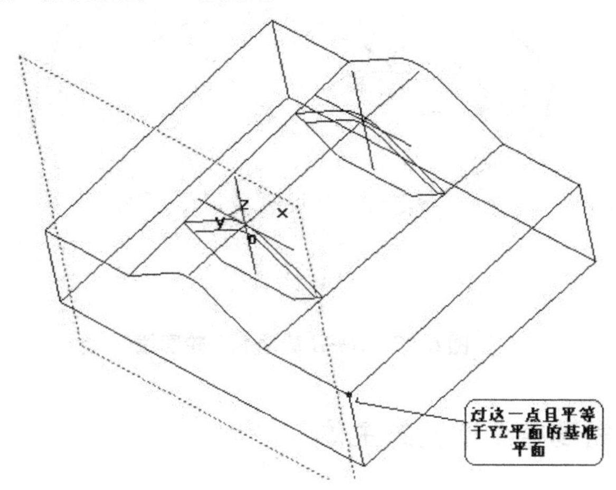


图 6.29　生成基准面

用鼠标单击特征生成工具条中的草图按钮，红色方框消失，进入草图绘制状态。用鼠标单击曲线生成工具条中的“投影”按钮，依次拾取左端截面的 8 条线，被拾取到的线变粗。做完后，在未退出草图之前可以让系统自己检查一下草图的封闭状态，方法是：用鼠标单击曲线生成工具条中的检查草图环封闭状态按钮，如果草图不封闭，系统将自动在草图不封闭处做出标记。这时在做出标记的地方做一下裁剪或做一下尖角过渡，一般即可解决问题。完成后单击草图按钮，退出草图。结果如图 6.30 所示。

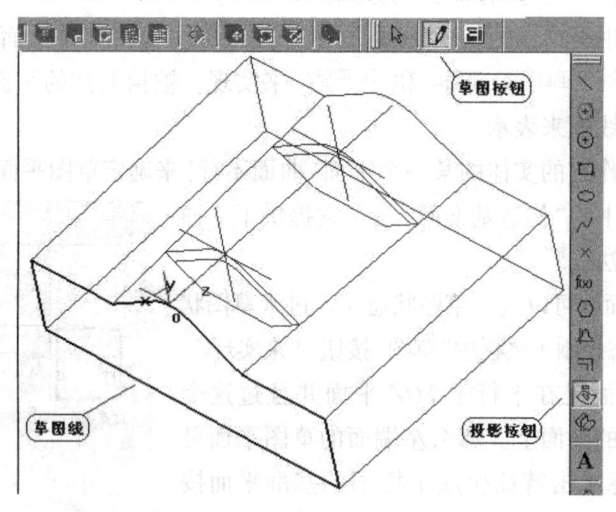


图 6.30　左端截面草图轮廓

②用同样的方法可以作出工件右端的草图线，如图 6.31 所示。

③单击特征生成工具条中的放样增料按钮，弹出放样增料对话框。这时用鼠标分别按下图 6.32 所示拾取工件左端面和右端面的草图轮廓线。拾取时要注意拾取两条轮廓线

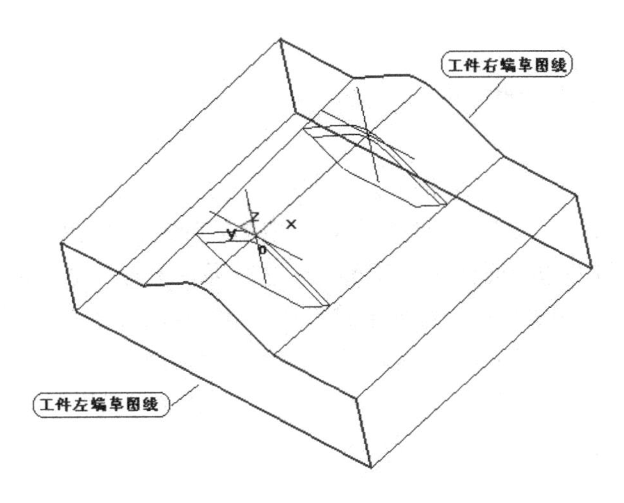


图6.31　右端截面草图轮廓

的位置要对应,拾取会有一条绿色的线把两条轮廓线的对应点连接起来,如果拾取的位置不对应,那么将不能得到正确的结果。

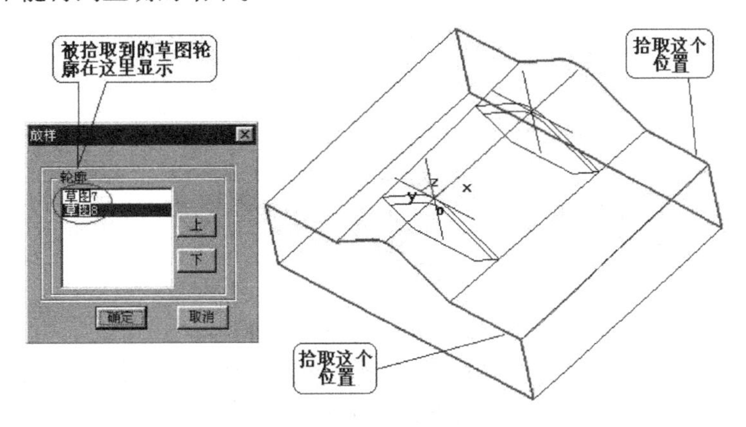


图6.32　"放样增料"轮廓拾取

拾取草图轮廓线结束后,用鼠标单击对话框中的"确定"按钮,将得到如图6.33所示结果。

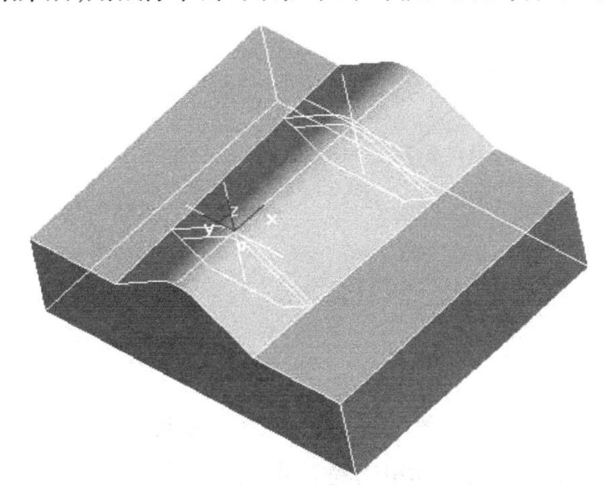

图6.33　"放样增料"生成基体

### 6.1.3 拉伸除料做出型腔

①下面要作出型腔中 8.7 尺寸部分。它的操作方法与上一步相似,不过它用的造型方法是放样除料。首先做 *B—B* 截面的草图线。先确定草图平面,由于 *B—B* 截面过坐标原点,所以可以直接拾取左边特征树中的 平面YZ ,这时屏幕上有一个红色的虚线正方形在提示所拾取到草图平面。用鼠标单击特征生成工具条中的草图按钮 ,红色方框消失,进入草图绘制状态。在做 *B—B* 截面的草图线时,仍然按照前面的思路,充分利用已经有的非草图线投影到草图平面来得到。用鼠标单击曲线生成工具条中的"投影"按钮 ,按图 6.34 所示依次拾取 *B—B* 截面中的各条线。

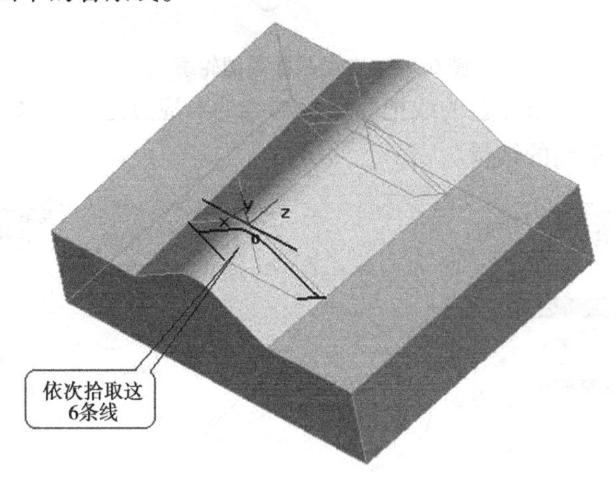


**图 6.34 *B—B* 截面投影线段**

把上面的一条水平线向上等距 20 并删除原曲线。把各线之间做一下尖角过渡,完成后用鼠标单击草图按钮 ,退出草图。结果如图 6.35 所示。

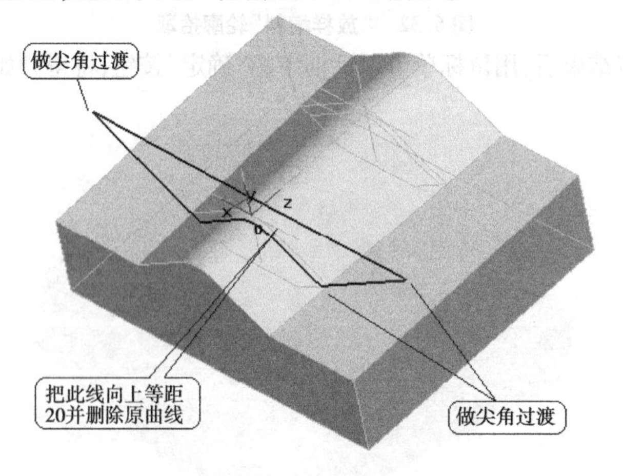


**图 6.35 *B—B* 截面草图线**

②作 *A—A* 截面草图线。用鼠标单击特征生成工龄条中的基准平面按钮 ,屏幕上出现基准平面对话窗口。用鼠标选取左下边的"过点且平行平面确定基准平面",左下边的图标

出现黑色方框并在下面出现一段简短的说明，如图6.36所示。

根据对话中的提示拾取平面。用鼠标拾取屏幕左边的特征树的 平面YZ，这时在屏幕上出现一个红色的虚线正方形方框以表示所拾取到的平面。根据提示拾取工件 *A—A* 截面上的任意一点，这时红色的虚线方框就移到工件的 *A—A* 截面上去了。基准面建立成功。结果如图6.37所示。

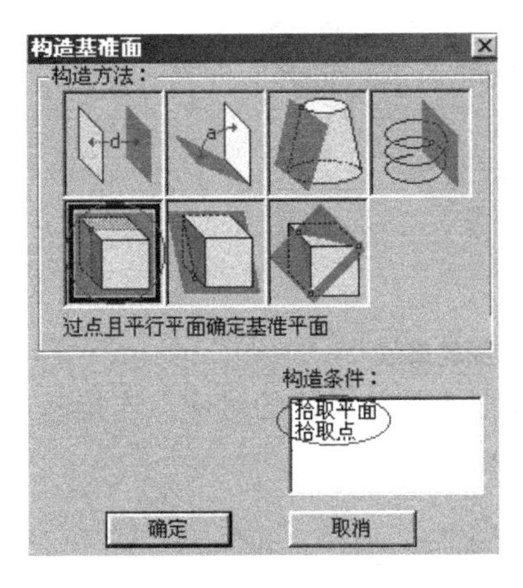


图6.36 构造基准面对话框

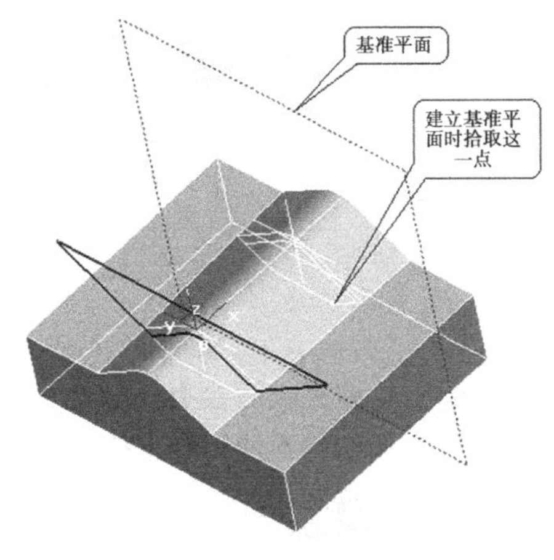


图6.37 *A—A* 基准面

用鼠标单击特征生成工具条中的草图按钮，红色方框消失，进入草图绘制状态。用鼠标单击曲线生成工具栏中的“投影”按钮，依次拾取左端截面的8条线，被拾取到的线变粗。完成后，在未退出草图之前可以让系统自己检查一下草图的封闭状态。退出草图，结果如图6.38所示。

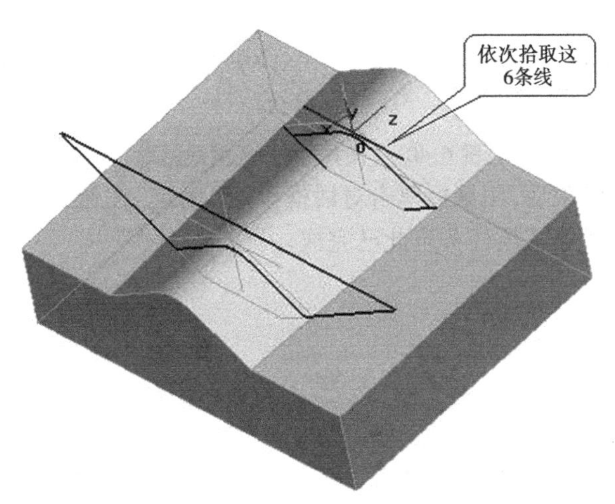


图6.38 *A—A* 截面投影线段

把上面的一条水平线向上等距20并删除原曲线。把各线之间做一下尖角过渡，完成后用鼠标单击草图按钮，退出草图。结果如图6.39所示。

③单击特征生成工具栏中的放样除料按钮，弹出放样除料对话框。这时用鼠标分别按图6.40所示拾取工件 *A—A* 截面和 *B—B* 截面的草图轮廓线。拾取时要注意拾取两条轮

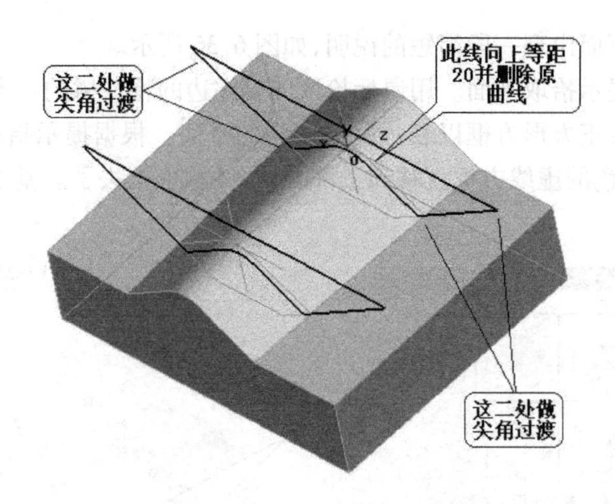


图 6.39　*A*—*A* 截面草图轮廓线

廓线的位置要对应,拾取完成后会有一条绿色的线把两条轮廓线的对应点连接起来。如果拾取的位置不对应,那么将不能得到正确的放样除料结果。

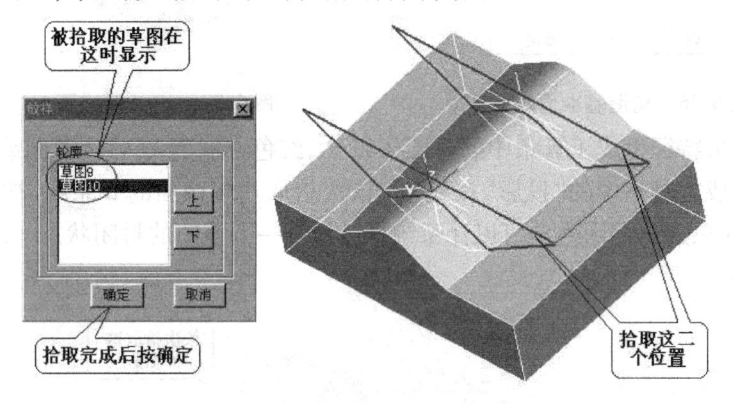


图 6.40　“放样除料”轮廓线拾取

拾取草图轮廓线结束后,用鼠标单击对话框中的“确定”按钮,将得到如图 6.41 所示结果。造型方案中确定的第三项任务至此已完成。

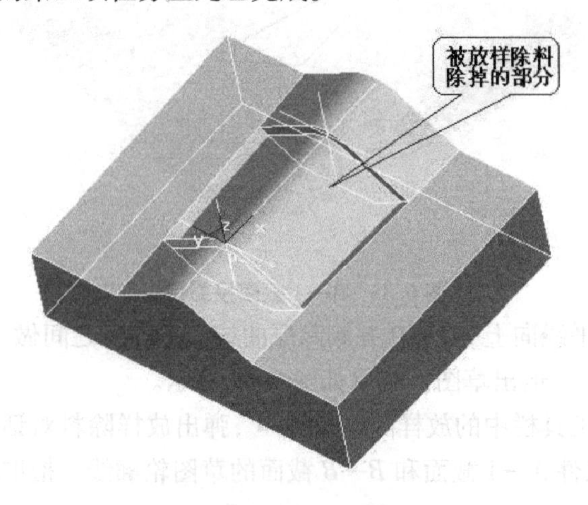


图 6.41　生成 8.7 深坑

## 6.1.4　拉伸除料得到 Z-56 坑

①下面作 Z-56 深部分。先按图纸作出 B—B 截面中 Z-56 直线的等距线。需等距两次，等距数值分别为 44 和 57。单击曲线生成工具栏中的"等距线"按钮 ，在屏幕左侧对话的"距离"中输入"44"，然后用鼠标选取要等距的线和等距方向。完成后继续在屏幕左侧对话的"距离"中输入"57"，然后用鼠标选取要等距的线和等距方向。作等距线时，要特别注意作图平面要在 XY 平面上，否则应该用 F9 键进行切换。作图的方法和作图提示如图 6.42 所示。

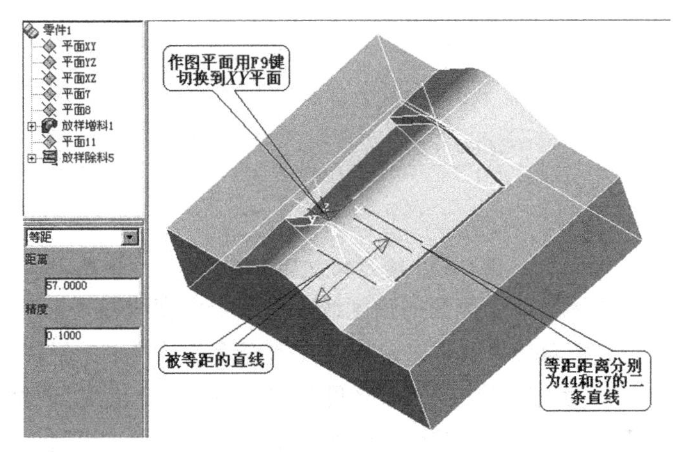


图 6.42　等距生成 Z－56 坑底面线

②把等距后的两条直线的两个端点用直线连接起来，形成一个矩形。这就是 Z-56 深形状底部的轮廓线。单击曲线生成工具栏中的"直线"按钮 ，屏幕左边对话框中选"两点线"和"单个"，然后分别拾取两条直线同一侧的两个端点，作出第一条直线。用同样的方法作出第二条直线，形成一个封闭的矩形。结果如图 6.43 所示。

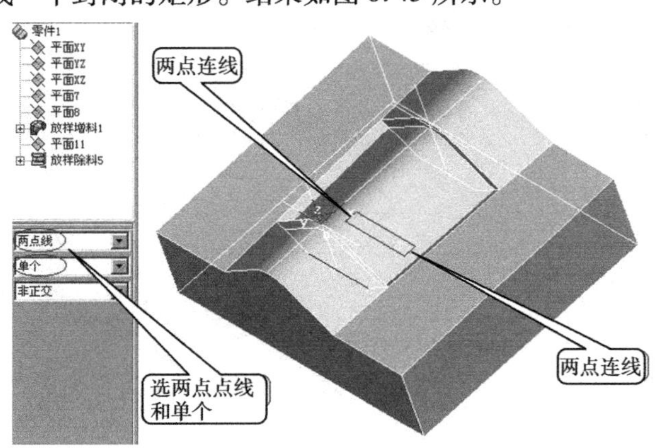


图 6.43　生成 Z－56 坑底面矩形

③根据图纸作出 XZ 平面里的二条角度线(37°和 11°)。按 F9 键切换作图平面到 XZ 平

面。单击曲线生成工具栏中的“直线”按钮，在屏幕左面第一项选“角度线”、第二项选“X轴夹角”、第三项“角度 = ”中键入“37”，单击鼠标右键确认。拾取矩形左边直线的中点并拖动鼠标到适当位置，单击鼠标左键或给出长度，37°直线完成。用同样方法可以作出另一条直线，但在“角度 = ”一项中要键入“101”(11 +90)。作图的提示和结果如图 6.44 所示。

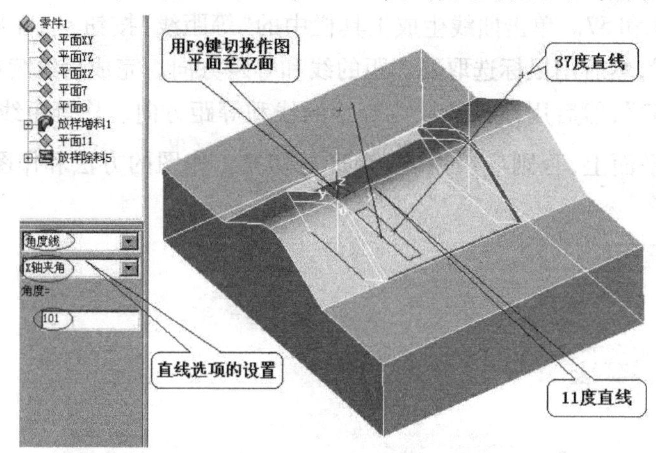


**图 6.44　绘 Z-56 坑侧面角度线**

④作出 Z-56 形状中另外两个侧面的角度线。这两个角度线在 A—A 截面或 B—B 截面已经作出，所以可以把它们直接平移过来。单击几何变换工具栏中的平移按钮，在屏幕左部对话框中选第一项为“两点”、第二项为“拷贝”、第三项为“非正交”。根据屏幕左下部的提示“拾取元素”，用鼠标拾取 B—B 截面中的两侧斜面的角度线，点鼠标右键确认。屏幕左下部提示输入基点，把鼠标移动 刚拾取到的直线的下端点(注意屏幕下部捕捉点的状态应为缺省点)，按鼠标左键，拖动直线到矩形短边直线的中点。当移动直线中点附近时，中点被点亮，按鼠标左键，直线被定位到矩形短边的中点上。用同样方法把另一条角度线平移到位。平移的结果如图 6.45 所示。

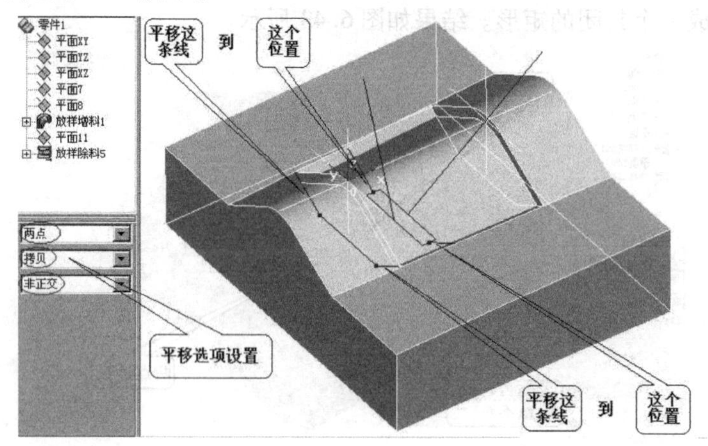


**图 6.45　平移生成侧面线**

⑤把这 4 条线裁剪到 Z0 高度，也就是要使这 4 条线的上端点的 Z 坐标值为“0”。在曲

线裁剪中,系统提供了一个投影裁剪功能,它可以把不在一个平面上的直线按要求切齐。单击曲线编辑工具条中的"曲线裁剪"按钮,屏幕左边出现曲线裁剪对话框,第一项"选线裁剪"、第二项选"投影裁剪"。根据屏幕左下方提示"拾取剪刀线",拾取前面已经作过的过"(0,0,0)"点的平行于 X 轴的水平线,被拾取到的线变红,屏幕左下部提示"拾取被裁剪线(拾取保留的段)",依次拾取这4条线的下半部。结果较长的线自动缩短到 Z0,较短的线自动延长到 Z0。裁剪时注意绘图平面应该在 XZ 面,否则应该用F9键进行切换。裁剪结果如图6.46所示。

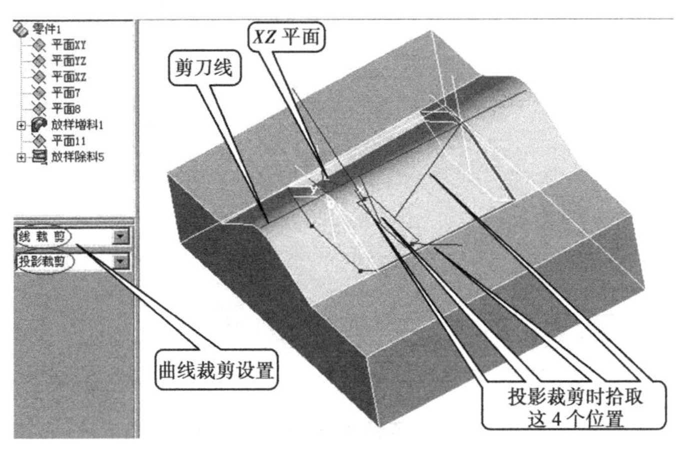


**图6.46　投影裁剪侧面线**

⑥下面要把 Z56 矩形的4条边分别平移到这4条线的顶端,再经过裁剪,最后根据4个面的斜度而形成 Z0 高度的矩形。单击几何变换工具条中的"平移"按钮,屏幕左面出现对话框,第一项选"两点"、第二项选"拷贝"、第三项选"非正交"。屏幕下部提示"拾取元素",用鼠标拾取矩形的一条边,单击右键确认。屏幕下部提示输入基准点,用鼠标点取这条直线的角度线的下端点,屏幕下部继续提示"输入目标点",拾取这条角度线的上端点,这条直线立刻被定位在角度线的上端点上。用同样的方法平移其余3条线,平移后每相邻的两条线之间作尖角过渡,结果如图6.47所示。

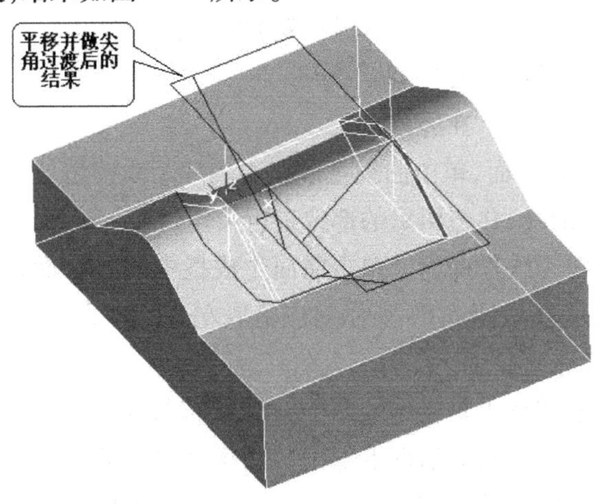


**图6.47　生成 Z-56 坑上面的矩形**

⑦把已经做好的这两个矩形投影到它所在的平面而成为草图轮廓线。再用这两个草图轮廓线做放样除料,最后形成这个 Z-56 深的坑。给定平面作草图的方法和放样除料的作法前面已经介绍过,这一步就不再详细叙述。到此造型方案中的第四步任务完成。作图结果如图 6.48 所示。

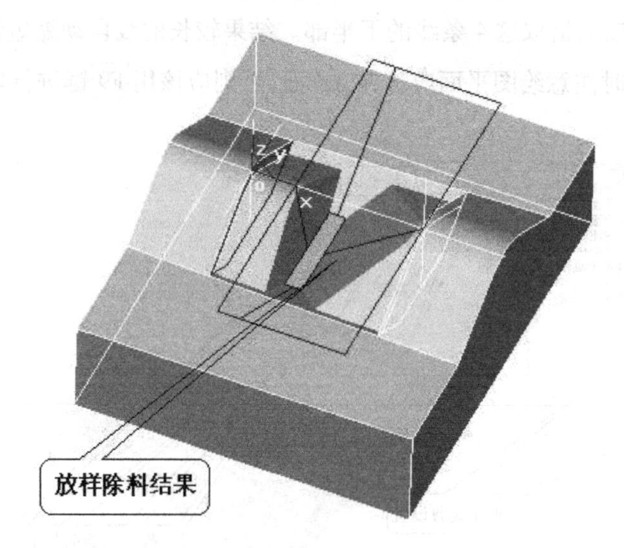


图 6.48 “放样除料”生成 Z-56 坑

## 6.1.5 布尔运算

①作出用于布尔运算的 6 mm 深跑料槽。先存储一下已经做好的模型,起名为 W. mxe。现在只需要当前图形中的线。如何把这些线取出来呢? 可以利用系统中提供的“拷贝”和“粘贴”功能。

a. 用鼠标单击标准工具栏中的“拷贝”按钮,屏幕下部提示“拾取元素”,按“W”键全部选中所有的线,屏幕上所有的线变红,单击鼠标右键确认。

b. 按标准工具栏中的“新建”按钮,屏幕变为空白。

c. 用鼠标单击标准工具栏中的“粘贴”按钮。

刚才拷贝的所有线全部显示在屏幕上。

把作图平面切换到 YZ 平面,单击曲线生成栏中的等距线按钮,在距离中输入“6”,按图 6.49 所示拾取要等距的线,并把图示的部位进行尖角过渡。

②用上一步做好的等距线作曲面。单击曲面生成栏中的直纹面按钮,在屏幕左端的对话框中选“曲线+曲线”。按图 6.50 所示对应拾取左右两边的等距线,注意每一条线拾取的位置也要对应,生成 5 张直纹面。

③作草图轮廓。单击特征工具栏中的“构造基准面”按钮,屏幕上弹出构造基准平面对话框,在构造方法中选第一项,对话框下部出一段简短的说明:“等距平面确定基准平面”。在距离中输入“60”。在构造条件中用鼠标点取左边特征树中的 平面XY,构造条件中显示

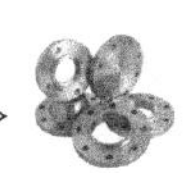

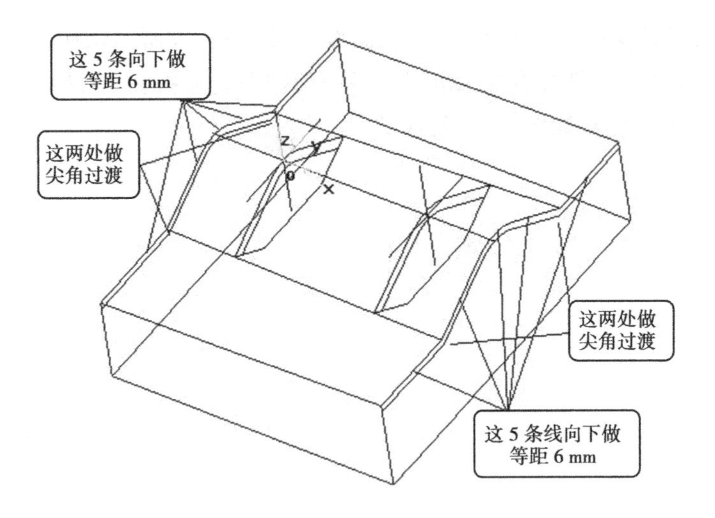


**图6.49　生成6 mm等距线**

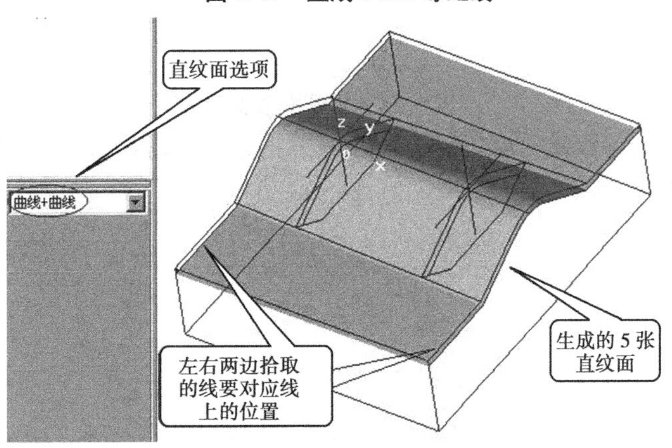


**图6.50　生成直纹面**

“平面准备好”，如图6.51所示。

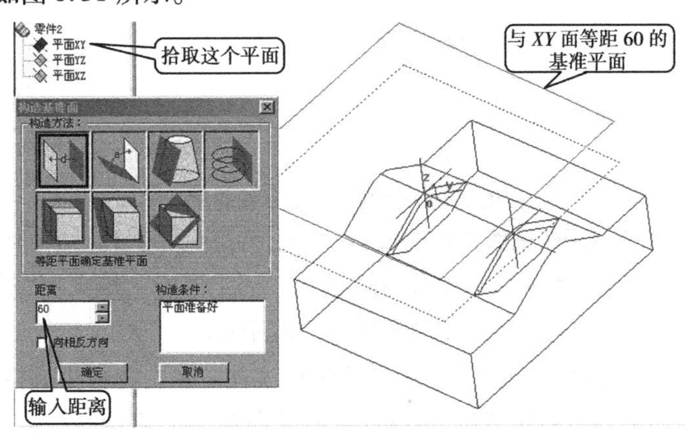


**图6.51　生成基准面**

④用鼠标单击状态控制栏中的“草图”按钮，接着再单击曲线生成工具栏中的“曲线

投影”按钮，根据屏幕左下部的提示“拾取曲线”，按图 6.52 所示依次拾取 4 条曲线，这 4 条线被投影到基准平面。单击曲线编辑工具栏中的圆角过渡按钮，把相邻两直线之间作一个 *R*5 的圆角过渡。结果如图 6.52 所示。

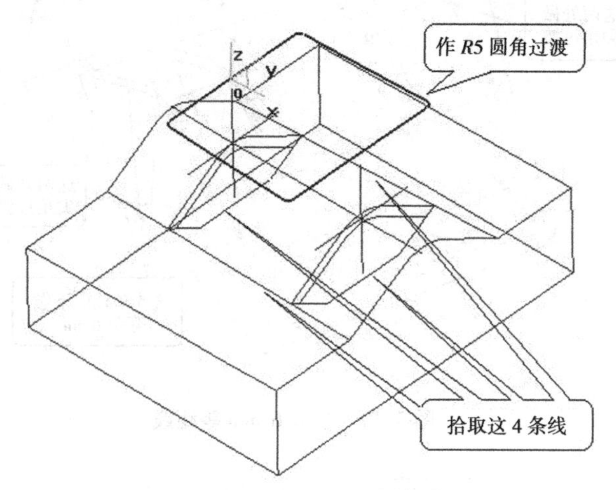


**图 6.52　生成投影线**

⑤作距离为 10 的等距线（向外面作等距线）并把原草图轮廓删除。再作距离为 30 的等距线，结果如图 6.53 所示。

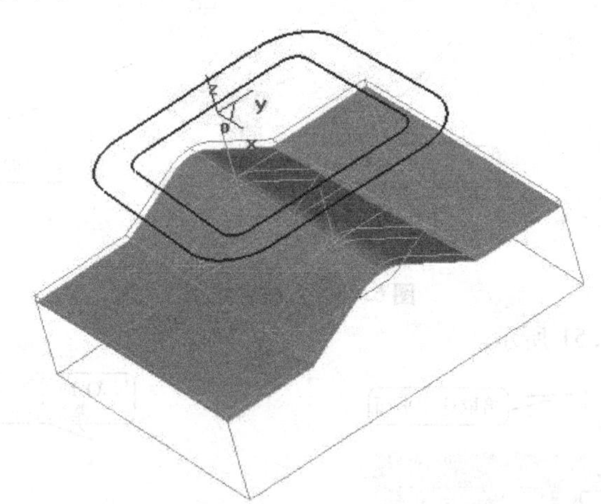

**图 6.53　生成跑料槽草图轮廓**

⑥用上一步做好的草图轮廓线作拉伸增料。单击特征生成工具栏中的拉伸增料按钮，在拉伸对话框中按图 6.54 所示进行选择，第一项选“固定深度”、第二项“深度”输入“130”。如拉伸方向不对，请选“反向拉抻”。结果如图 6.55 所示。

⑦用前面作出的 5 张直纹面去裁上一步生成的实体。单击特征生成栏中的曲面裁剪除料按钮，弹出曲面裁剪除料对话框，用鼠标从右下角向左上角拉窗口拾取曲面，被选中的曲面变红，除料方向箭头应该指向下方。完成后按确定。结果如图 6.56 所示。

⑧执行“文件”→“另存为…”命令，弹出文件存储对话框，文件类型选“Parasolid 文件

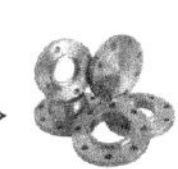

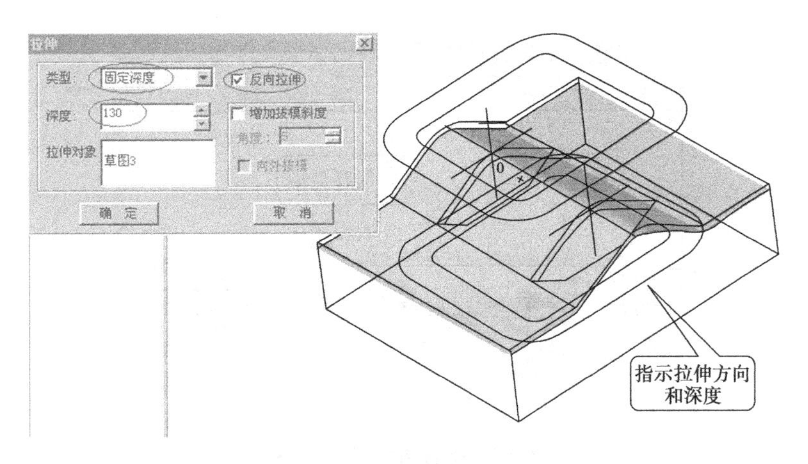


图 6.54　拉伸增料对话框

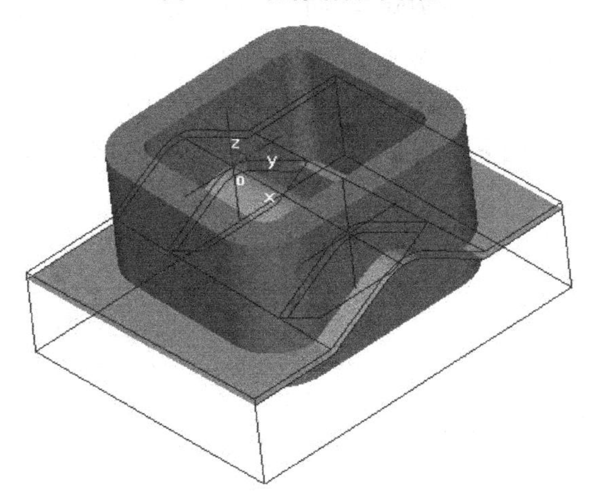

图 6.55　拉伸增料结果

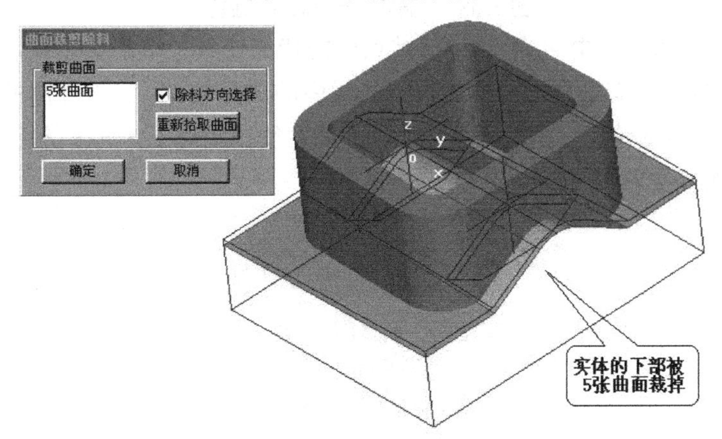


图 6.56　曲面裁剪除料

x_t(＊.x_t)”，文件名输入“a ”。做实体的交并差运算时，要求输入“ ＊. x_t”，所以这一步要把另存为扩展名为“x_t”的文件，如图 6.57 所示。

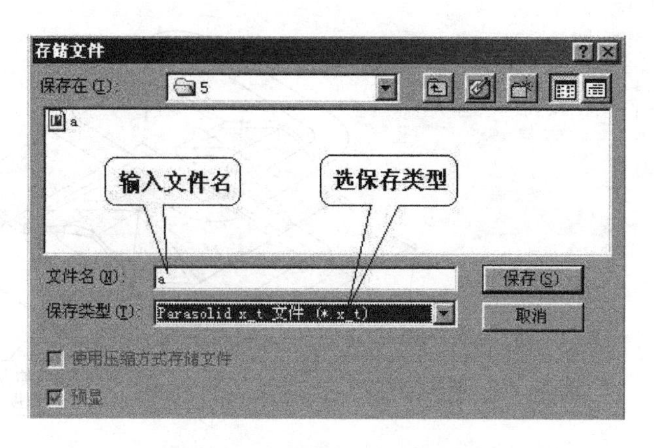


图 6.57　保存为“x-t”文件类型

⑨删除“拉伸增料”和“曲面裁剪除料”两个特征。方法：鼠标移到左边特征树中“裁剪”处，单击鼠标右键弹出对话框，选“删除”项即可。单击曲线编辑工具栏中的删除按钮，选中前面作的 5 张直纹面，单击鼠标右键删除。前面做的 6 mm 等距线也同样被删除。特征删除后，草图线得到保留。这些草图线正是下一步要用到的，如图 6.58 所示。

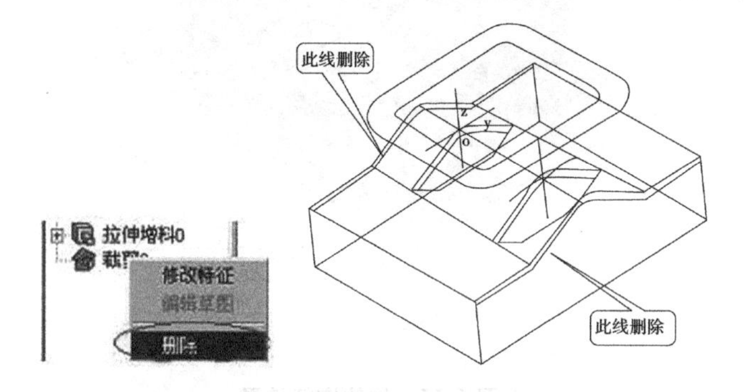


图 6.58　“删除”特征树中“裁剪”

⑩单击屏幕左边特树中的草图特征，被点中的特征变红。单击状态控制栏中的草图按钮，进入草图绘制状态。单击曲线编辑工具栏中的删除按钮，把外圈的草图轮廓线删除，只保留里圈的草图轮廓。把工件左右二端面的曲线按距离 1.5 向下等距，并按前面讲过的方法作直纹面。结果如图 6.59 所示。

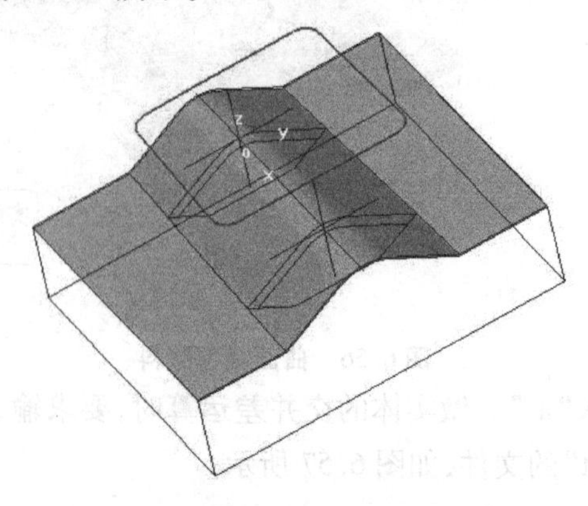

图 6.59　等距 1.5 mm 生成直纹面

⑪按前面讲过的方法进行拉伸增料,并用曲面进行裁剪除料。曲面裁剪除料后把曲面删除,得到如图 6.60 所示的结果。

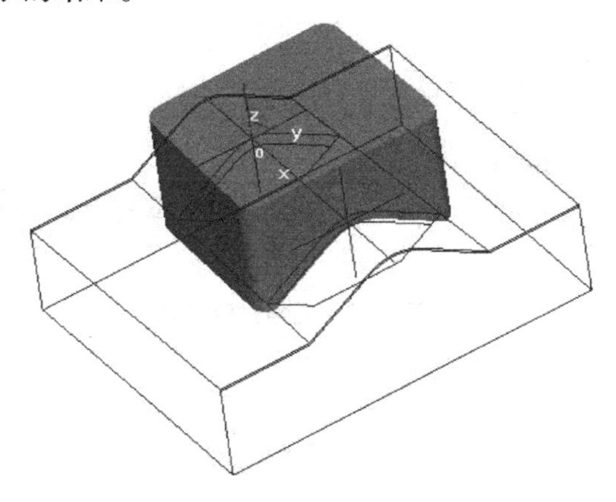

图 6.60　曲面裁剪除料

⑫现在要把这个实体与前面作的“a. x_t”文件合并。单击实体布尔运算按钮,弹出打开文件对话框,在对话框中选“a”,完成后单击“打开”按钮。屏幕弹出对话框,布尔运算方式中选第一项,屏幕左下面提示“请给出定位点”,拾取坐标原点“0,0,0”。定位方式选第二项。完成后单击“确定”按钮,两个实体合并成为一个实体。用鼠标选下拉菜单中的“编辑”“隐藏”,屏幕下部提示“拾取元素”,按“W”键全部选中,单击鼠标右键确认,全部曲线被隐藏。结果如图 6.61 所示。

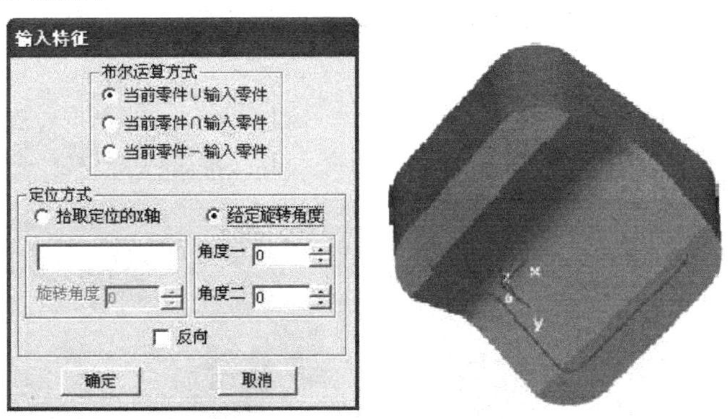


图 6.61　“布尔运算”结果

⑬按图纸进行圆角过渡。单击特征生成工具栏中的过渡按钮,弹出过渡对话框,对话框中的各项设置如图 6.62 所示,拾取要过渡的棱边,被拾取到的棱边变红。完成后单击“确定”按钮。

⑭继续进行圆角过渡。周围要做 *R*6 过渡,只要点取它的一条棱边就可以了,因为它可以沿切面延顺,不需要周围所有有棱边都选一遍,做法如图 6.63 所示。

⑮继续做圆角过渡。内圈棱边做 *R*4.3 圆角过渡。完成后,另存为 b. x_t 。结果如图 6.64所示。

⑯打开“W. mxe”,并入文件“b. x_t ”。单击实体布尔运算按钮,弹出打开文件对话

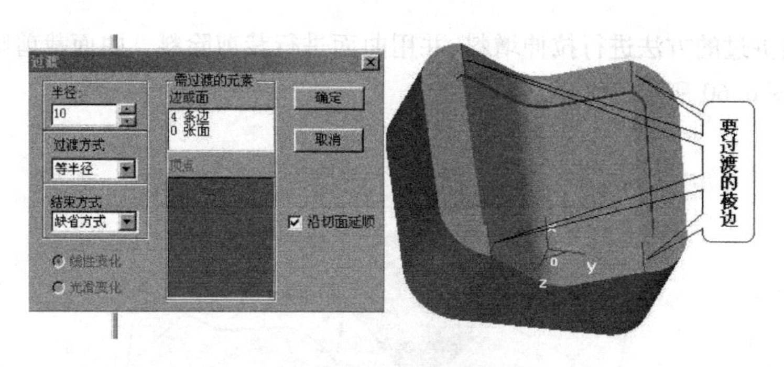


图 6.62　圆角过渡棱边

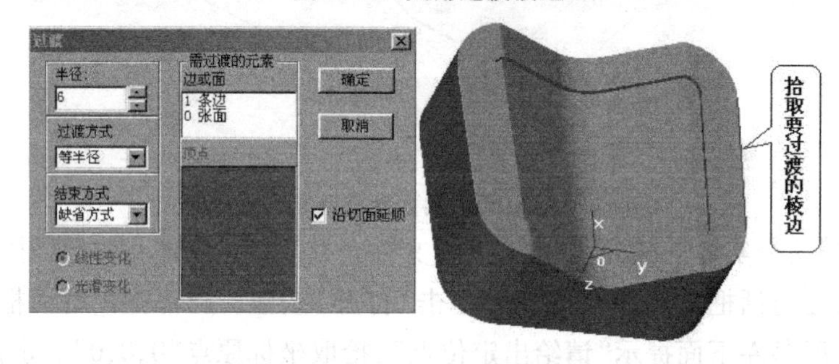


图 6.63　圆角过渡外圈棱边

框，选择文件名“b”，鼠标点击打开。弹出实体布尔运算对话框。在布尔运算方式中，上一次选的是第一项“并”运算，这一次要选第三项“差”运算。以下的操作和上面做过的布尔运算相同，不再详细叙述。结果如图 6.65 所示。至此，开始所确定的造型的第五项任务完成。

图 6.64　圆角过渡内圈棱边

图 6.65　“布尔运算”中的“差”运算结果

## 6.1.6　倒各圆角

下面要来完成本造型的最后一项任务：按图纸对各圆角进行过渡。圆角过渡的操作方法前面已经讲过，不再详细叙述，只以图 6.66 ~ 图 6.69 四张图进行图示说明。

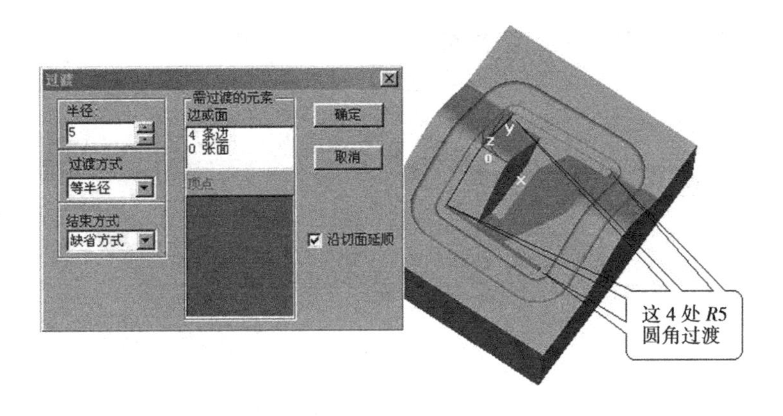


图6.66　*R*5圆角过渡

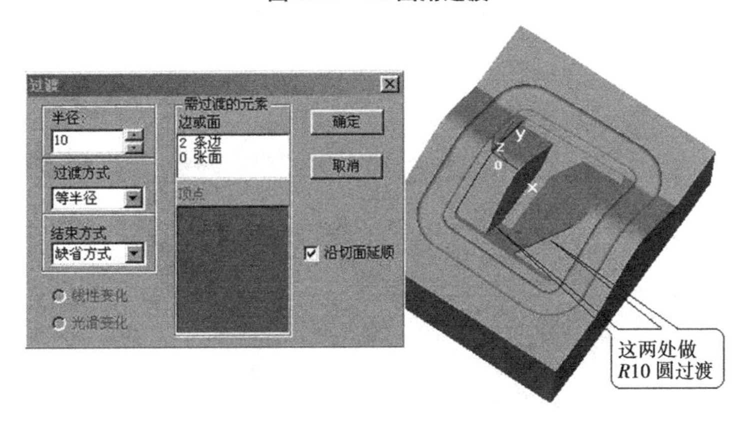


图6.67　*R*10圆角过渡

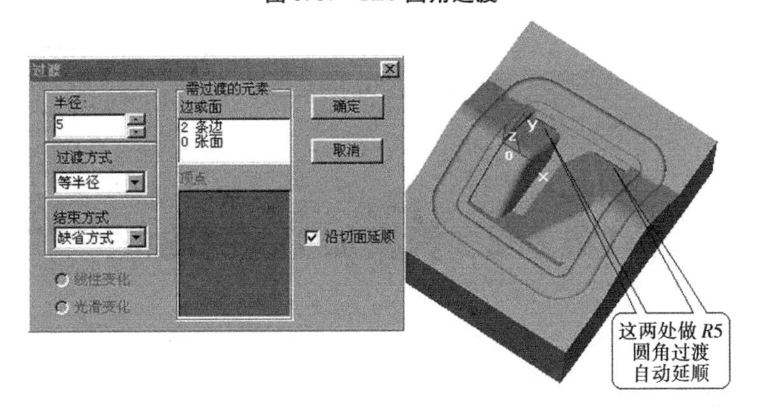


图6.68　*R*5圆角过渡

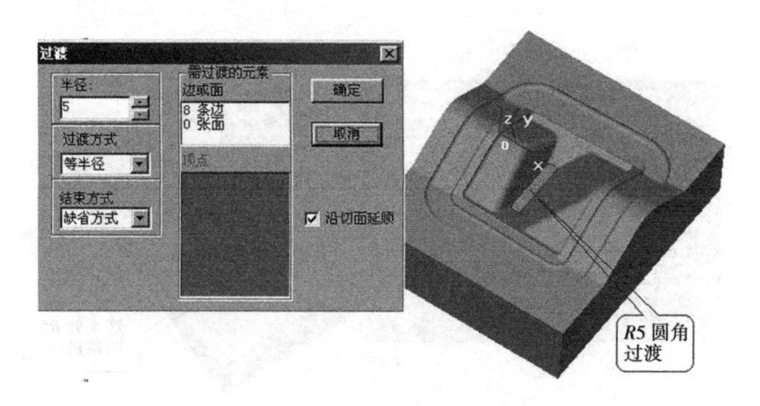


**图6.69　$Z-56$ 处圆角过渡**

到此为止,做造型的六项任务已经全部完成,最后的造型结果如图6.70所示。

**图6.70　造型的最后结果**

# 任务6.2　锻模加工前的准备

## 6.2.1　设定加工刀具

刀具的选择既要考虑到加工的需要,也要考虑到实际的可能。在本例中为了叙述的简便,只进行一次粗加工和一次精加工。刀具只选一把R5的球刀,粗加工和精加工共用一把刀。

刀具选好后要在系统的刀具库中进行定义(如果系统的刀具库中没有这把刀的话)。系统在生成刀具轨迹时将根据这把铣刀来计算刀具轨迹。

①选择屏幕左侧的"加工管理"结构树,双击结构树中的刀具库,弹出刀具库管理对话

框。单击“增加铣刀”按钮,在对话框中输入铣刀名称,如图6.71所示。

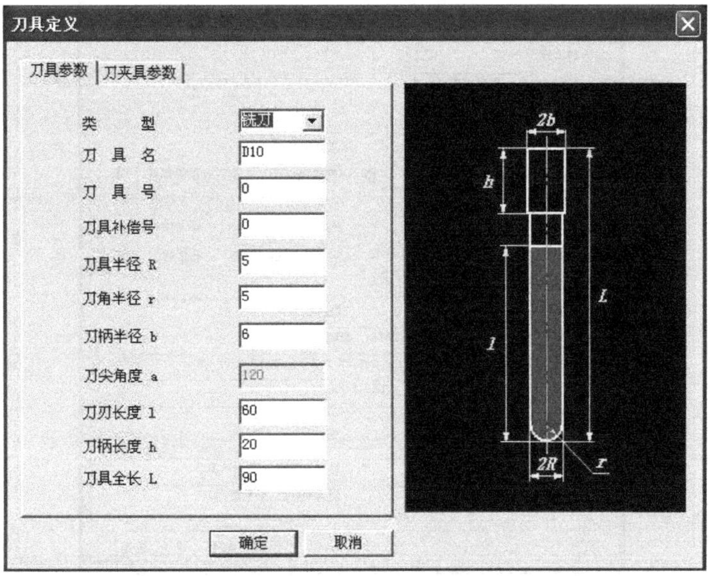

图6.71　“刀具定义”对话框

②设定增加的铣刀的参数。在刀具库管理对话框中键入正确的数值,刀具定义即可完成。其中的刀刃长度和刃杆长度与仿真有关而与实际加工无关,在实际加工中要正确选择吃刀量和吃刀深度,以免刀具损坏。

## 6.2.2　后置设置

生成刀具轨迹以后要生成机床能够执行加工的G代码程序。后置格式因机床控制系统的不同而略有不同。在“制造工程师2011”中,后置格式的设置是灵活的,它可以通过对后置设置参数表的修改而生成适应多种数控机床的加工代码。自己增加的机床(后置文件)能够存储而成为用户自己定义的后置格式。

用户可以增加当前使用的机床,给出机床名,定义适合自己机床的后置格式。系统默认的格式为FANUC系统的格式。

①选择屏幕左侧的“加工管理”结构树,双击结构树中的“机床后置”,弹出“机床后置”对话框。

②增加机床设置,选择当前机床类型,如图6.72所示。

③后置处理设置。选择“后置处理设置”标签,根据当前的机床设置各参数,如图6.73所示。

## 6.2.3　定义毛坯

①选择屏幕左侧的“加工管理”结构树,双击结构树中的“毛坯”,弹出“毛坯”对话框。

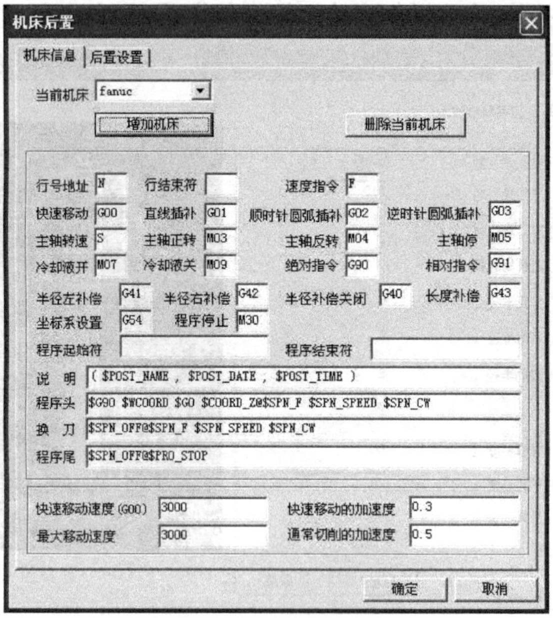

图 6.72 “机床后置”对话框

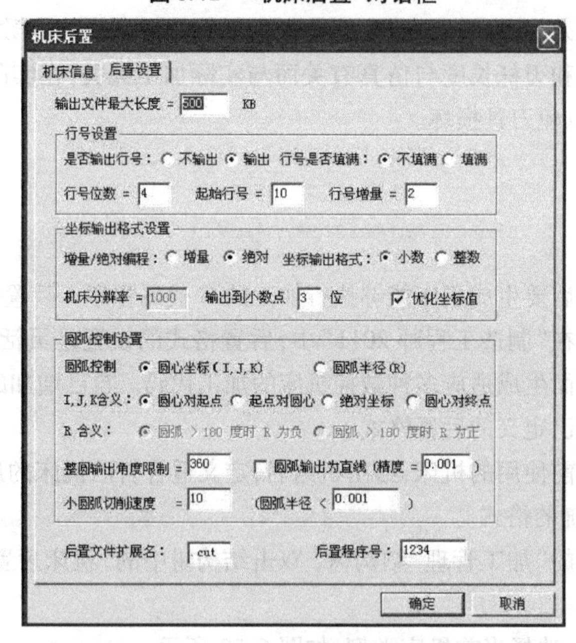


图 6.73 “后置设置”对话框

②钩选“参照模型”复选框，再单击“参照模型”按钮，系统按现有模型自动生成毛坯（把高度改为 120），如图 6.74、图 6.75 所示。此例可以不用作出线条来确定加工范围。

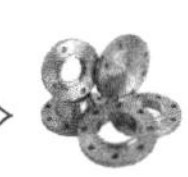

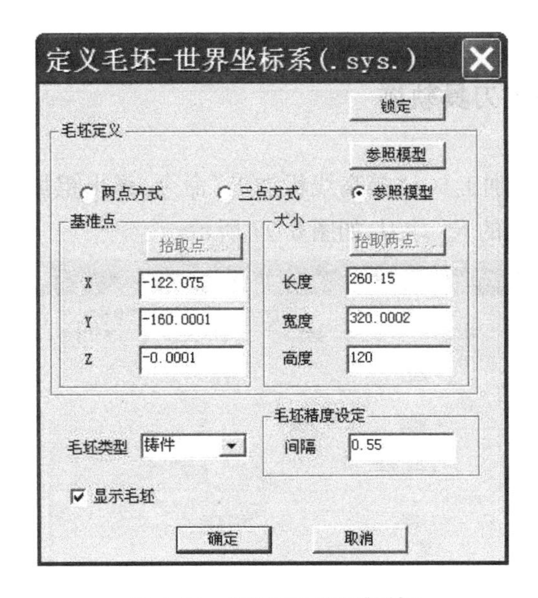


图6.74 “定义毛坯”对话框

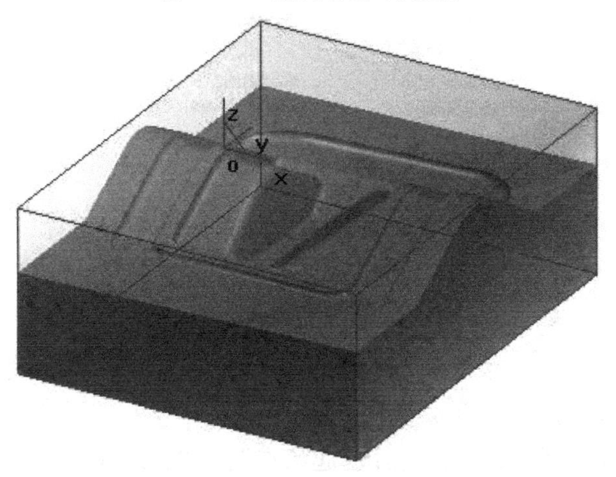

图6.75 生成毛坯

# 任务6.3 锻模的常规加工

造型思路:

对于所做的锻模来说,它的整体形状是较为平坦的。粗加工采用等高线粗加工,精加工采用扫描线精加工按45°方向加工。在加工中,当刀具轨迹平行于某个面而这个面又较陡时,会使加工的质量下降,45°方向加工将会提升更多的面的加工质量,这是在实际加工中经常采用的方法。

### 6.3.1 等高线粗加工刀具轨迹

①选择“加工”→“粗加工”→“等高线粗加工”命令，弹出粗加工参数表，按图6.76所示来选择和键入数值。使用的 *R*5 球刀，如图 6.77 所示。

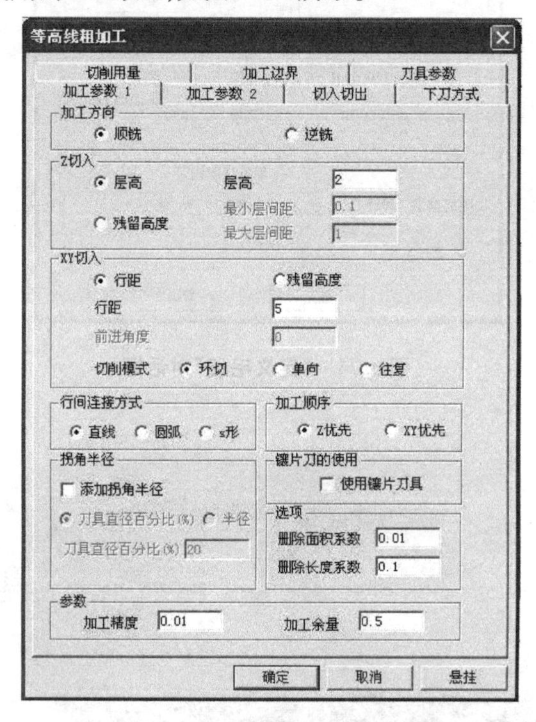


**图 6.76 *R*5 球铣刀等高线粗加工参数**

②设置粗加工“切削用量”参数，如图 6.78 所示。

③确认“切入切出”系统默认值，确认“起始点”为(0，0，60)、“下刀方式”中的安全高度为 40，如图 6.79 所示。单击“确定”按钮，退出参数设置。

④按系统提示拾取加工对象和加工边界。选中整个实体表面作为加工对象，系统将拾取到的所有实体表面变红，然后单击鼠标右键确认拾取；再单击右键确认毛坯的边界，即需要加工的边界。

⑤生成粗加工刀路轨迹。系统提示：“正在计算轨迹请稍候”，然后系统就会自动生成粗加工轨迹。结果如图 6.80 所示。

⑥隐藏生成的粗加工轨迹。拾取轨迹，单击鼠标右键在弹出菜单中选择“隐藏”命令，隐藏生成的粗加工轨迹，以便于下步操作。

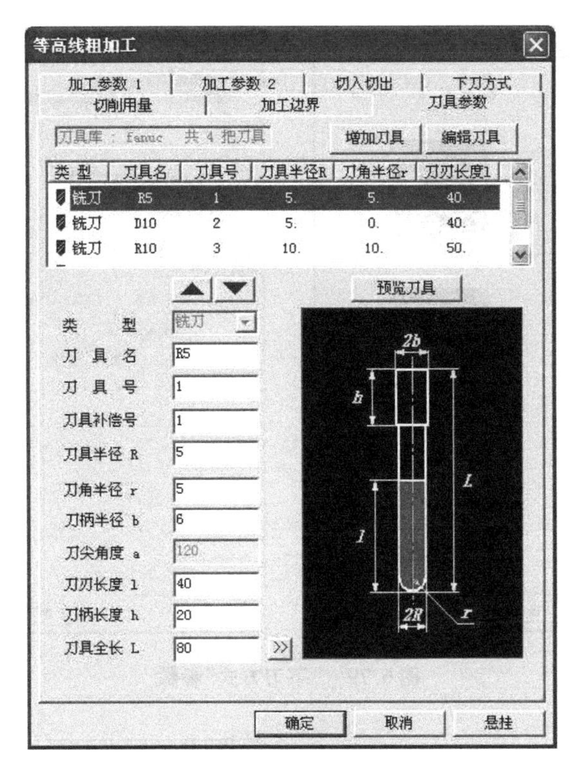


图 6.77　*R*5 球铣刀参数

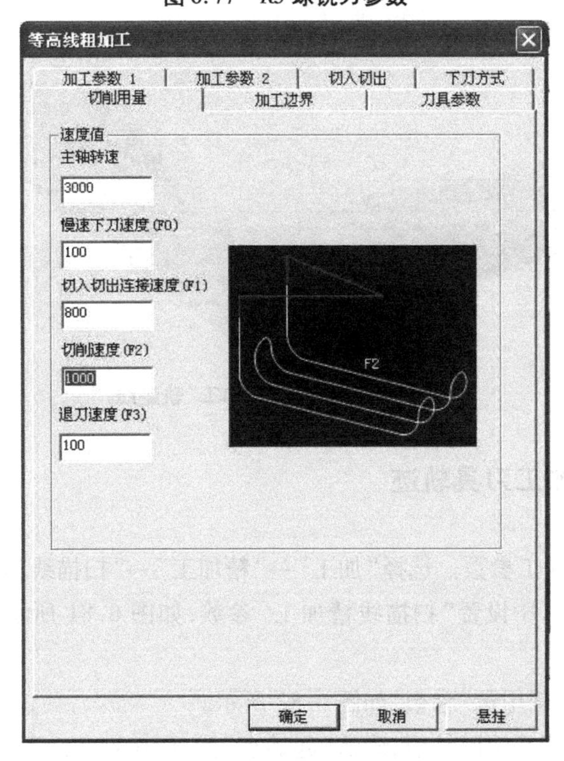


图 6.78　粗加工“切削用量”

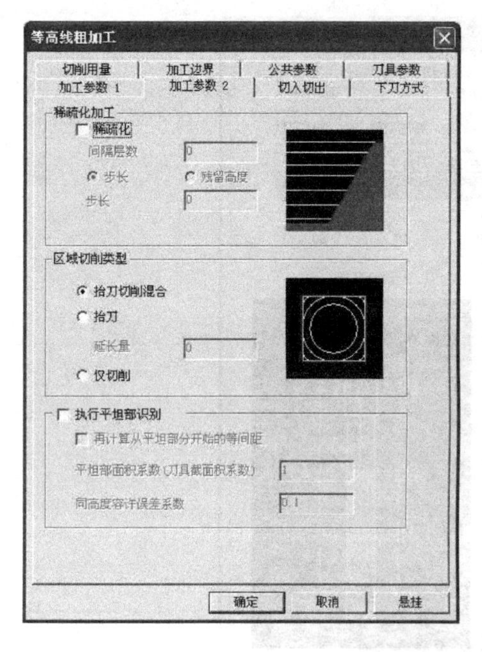


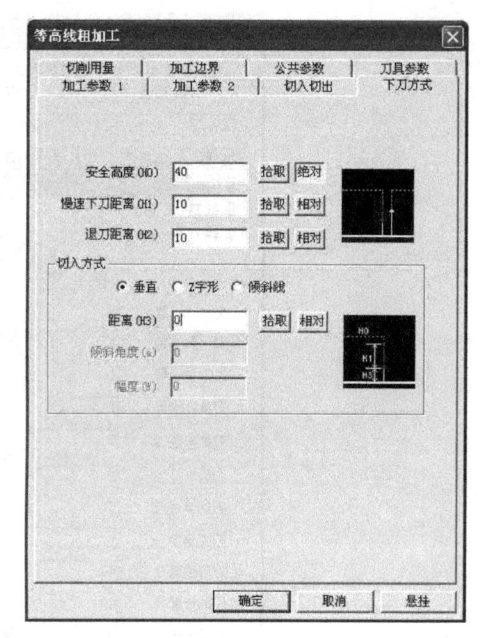


图 6.79 “下刀方式”参数

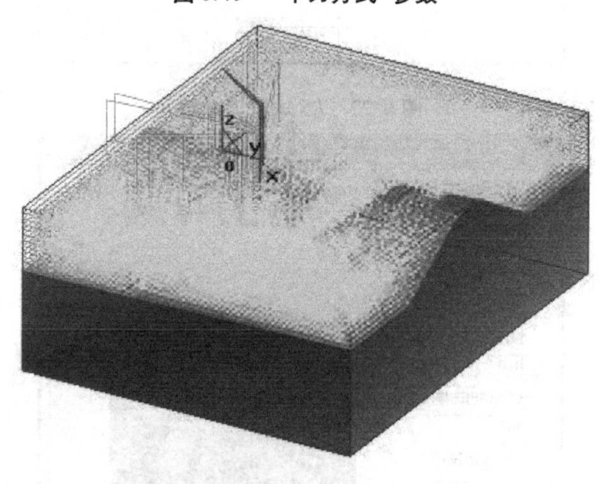

图 6.80 “等高线粗加工”轨迹线

## 6.3.2 扫描线精加工刀具轨迹

①设置扫描线精加工参数。选择“加工”→“精加工”→“扫描线精加工”命令，在弹出的“扫描线精加工参数表”中设置“扫描线精加工”参数，如图 6.81 所示。设置精加工铣刀为 *R5* 球铣刀。

②设置精加工“切削用量”参数，如图 6.82 所示。

③确认“切入切出”系统默认值，确认“起始点”为(0,0,60)、“下刀方式”中的安全高度为 40，“加工边界”为边界上，单击“确定”按钮退出参数设置。

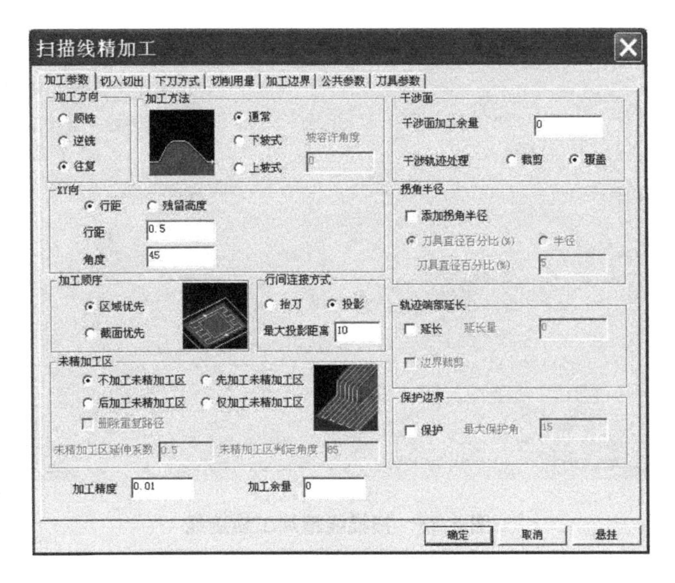


图6.81　扫描线精加工参数

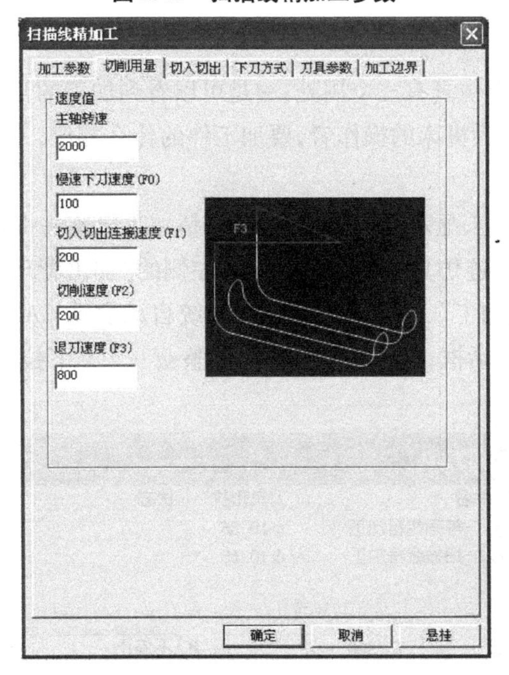


图6.82　精加工切削用量

④按系统提示拾取加工对象和加工边界。选中整个实体表面作为加工对象,系统将拾取到的所有实体表面变红,然后按鼠标右键确认拾取;再按右键确认毛坯的边界,即需要加工的边界,生成扫描线精加工轨迹,如图6.83所示。

注意:精加工的加工余量=0。

图 6.83　扫描线精加工轨迹线

## 6.3.3　轨迹仿真

加工轨迹生成后进行仿真有三个用处:一是可以看到加工的真实过程;二是可以检查轨迹有无过切;三是可以告诉机床的操作者,要加工件的什么部位,刀具是怎样进行加工的,很直观。

①单击“可见”按钮,显示所有已生成的粗、精加工轨迹并将它们选中。

②执行“加工”→“轨迹仿真”命令,选择屏幕左侧的“加工管理”结构树,依次点选“等高线粗加工”和“扫描线精加工”,单击右键确认。系统自动启动 CAXA 轨迹仿真器,单击仿真图标,弹出仿真加工对话框,如图 6.84 所示;调整下拉菜单中的值为 10,单击按钮来运行仿真。

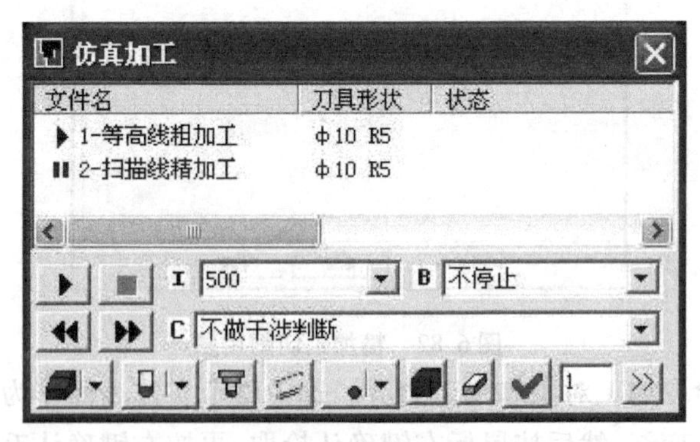


图 6.84　仿真加工对话框

③调整下拉菜单中的值,可以帮助检查干涉情况,如有干涉会自动报警。

④在仿真过程中可以按住鼠标中键来拖动旋转被仿真件,可以滚动鼠标中键来缩放被仿真件,如图 6.85 所示。

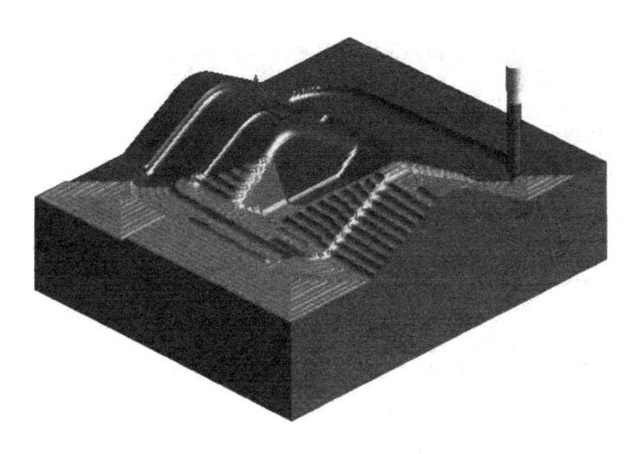

图 6.85 观察仿真加工过程

⑤仿真完成后，单击✓按钮，可以将仿真后的模型与原有零件进行对比。

⑥仿真检验无误后，可保存粗/精加工轨迹。

## 6.3.4 生成 G 代码

①执行“加工”→“后置处理”→“生成 G 代码”命令，在弹出的“选择后置文件”对话框中给定要生成的 NC 代码文件名(锻模.cut)及其存储路径，单击“保存”按钮退出，如图 6.86 所示。

图 6.86 存储加工代码

②分别拾取粗加工轨迹与精加工轨迹，单击右键确定，生成加工 G 代码，如图 6.87 所示。

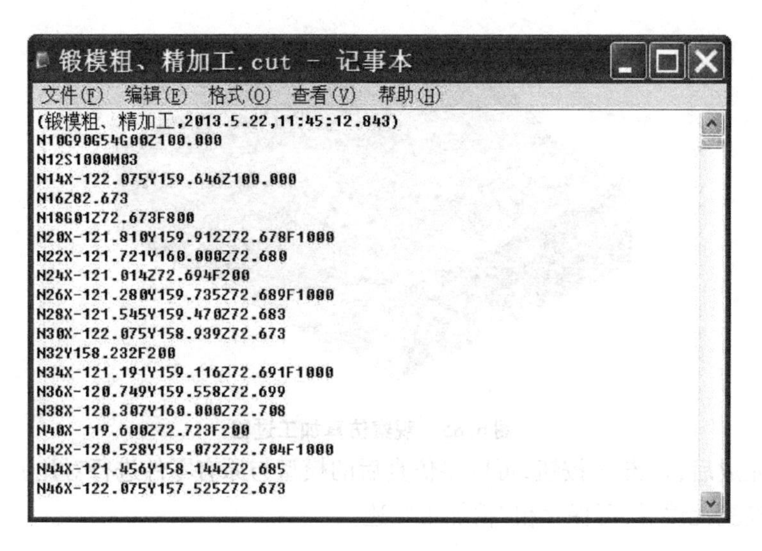

```
锻模粗、精加工.cut - 记事本
文件(F) 编辑(E) 格式(O) 查看(V) 帮助(H)
(锻模粗、精加工,2013.5.22,11:45:12.843)
N10G90G54G00Z100.000
N12S1000M03
N14X-122.075Y159.646Z100.000
N16Z82.673
N18G01Z72.673F800
N20X-121.810Y159.912Z72.678F1000
N22X-121.721Y160.000Z72.680
N24X-121.014Z72.694F200
N26X-121.280Y159.735Z72.689F1000
N28X-121.545Y159.470Z72.683
N30X-122.075Y158.939Z72.673
N32Y158.232F200
N34X-121.191Y159.116Z72.691F1000
N36X-120.749Y159.558Z72.699
N38X-120.307Y160.000Z72.708
N40X-119.600Z72.723F200
N42X-120.528Y159.072Z72.704F1000
N44X-121.456Y158.144Z72.685
N46X-122.075Y157.525Z72.673
```

图 6.87 生成加工代码

## 6.3.5 生成加工工艺单

①选择“加工”→“工艺清单”命令,弹出工艺清单对话框,如图 6.88 所示。输入零件名等信息后,单击拾取轨迹按钮,选中粗加工和精加工轨迹,单击右键确认后,按生成清单按钮生成工艺清单。如图 6.89 所示。

工艺清单
指定目标文件的文件夹
d:\CAXA\CAXACAM\camchart\Result\
零件名称 锻模 设计 dyh
零件图图号 工艺
零件编号 校核
使用模板 sample01 更新到文档属性
关键字一览
确定 取消 生成清单 拾取轨迹
生成清单后用浏览器显示

图 6.88 “工艺清单”对话框

工艺清单输出结果

- general.html
- function.html
- tool.html
- path.html
- ncdata.html

图 6.89　工艺清单

②点选工艺清单输出结果中的各项,可以查看到毛坯、工艺参数、刀具等信息,如图6.90所示。

| 项目 | 关键字 | 结果 | 备注 |
|---|---|---|---|
| 刀具顺序号 | CAXAMETOOLNO | 1 | |
| 刀具名 | CAXAMETOOLNAME | r5 | |
| 刀具类型 | CAXAMETOOLTYPE | 铣刀 | |
| 刀具号 | CAXAMETOOLID | 1 | |
| 刀具补偿号 | CAXAMETOOLSUPPLEID | 1 | |
| 刀具直径 | CAXAMETOOLDIA | 10. | |
| 刀角半径 | CAXAMETOOLCORNERRAD | 5. | |
| 刀尖角度 | CAXAMETOOLENDANGLE | 120. | |
| 刀刃长度 | CAXAMETOOLCUTLEN | 60. | |
| 刀杆长度 | CAXAMETOOLTOTALLEN | 90. | |
| 刀具示意图 | CAXAMETOOLIMAGE | Ball D12.0 20.0 90.0 60.0 D10.0 | HTML代码 |

图 6.90　查看工艺清单中各项

加工工艺单可以用 IE 浏览器来查看,也可以用 Word 来查看并进行修改和添加。

至此,锻模的造型、生成加工轨迹、加工轨迹仿真检查、生成 G 代码程序、生成加工工序单的工作已经全部完成。

# 项目 7

# 可乐瓶底的造型和加工

## 任务 7.1　凹模型腔的造型

造型思路：

根据图 7.1 可乐瓶底曲面造型和凹模型腔造型可知，可乐瓶底的曲面造型比较复杂，它有 5 个完全相同的部分，用实体造型不能完成，所以利用“CAXA 制造工程师”强大的曲面造型功能中的网格面来实现。由图 7.2 可乐瓶底曲面造型的二维图分析，其实只要作出突起部分的两根截面线和凹进部分的一根截面线，然后进行圆形阵列就可以得到其他几个突起和凹进部分的所有截面线，然后使用网格面功能生成 5 个相同部分的曲面。可乐瓶底最下

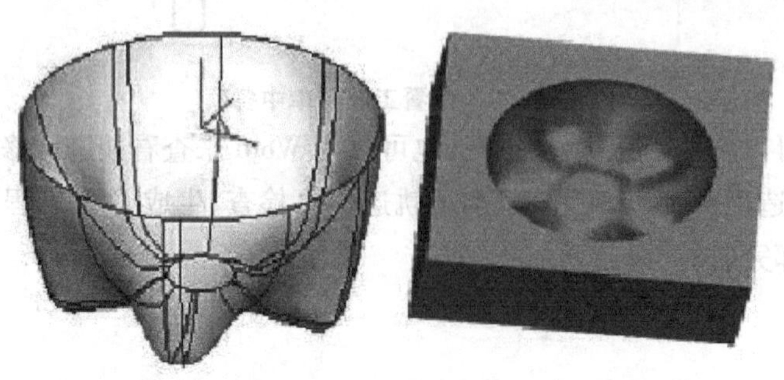

图 7.1　可乐瓶底曲面造型和凹模型腔造型

面的平面使用直纹面中的“点 + 曲线”方式来做，这样做的好处是在做加工时两张面(直纹面和网格面)可以一同用参数线加工。最后以瓶底的上口为准，构造一个立方体实体，然后用可乐瓶底的两张面把不需要的部分裁剪掉，即可得到要求的凹模型腔。

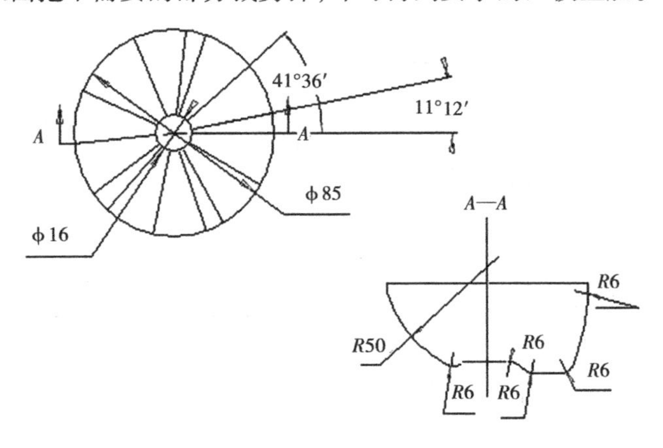


图 7.2　可乐瓶底曲面造型的二维图

## 7.1.1　绘制截面线

①按下 F7 键将绘图平面切换到 *XOZ* 平面。

②单击曲线工具中的“矩形”按钮，在界面左侧的立即菜单中选择“中心_长_宽”方式，输入长度:42.5，宽度:37，光标拾取到坐标原点，绘制一个 42.5 × 37 的矩形，如图 7.3 所示。

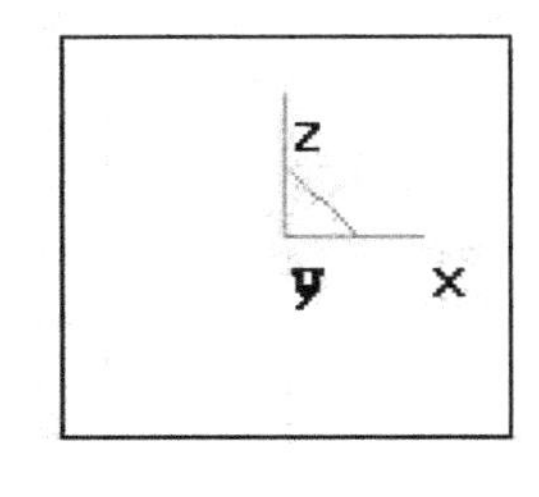


图 7.3　作矩形

③单击几何变换工具栏中的“平移”按钮，在立即菜单中输入 $DX = 21.25$，$DZ = -18.5$，然后拾取矩形的 4 条边，单击鼠标右键确认，将矩形的左上角平移到原点(0,0,0)，如图 7.4 所示。

④单击曲线工具栏中的“等距线”按钮，在立即菜单中输入距离:3，拾取矩形最上面一条边，选择向下箭头为等距方向，生成距离为 3 的等距线，如图 7.5 所示。

⑤使用相同的等距方法，生成尺寸标注的各个等距线，如图 7.6 所示。

⑥单击曲面编辑工具栏中的“裁剪”按钮，拾取需要裁剪的线段；然后单击“删除”按

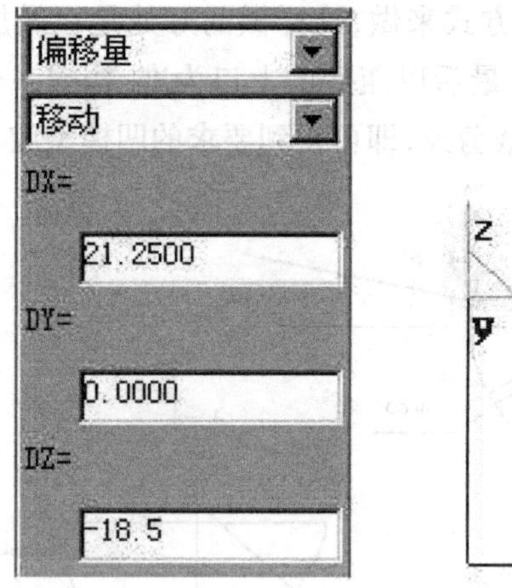

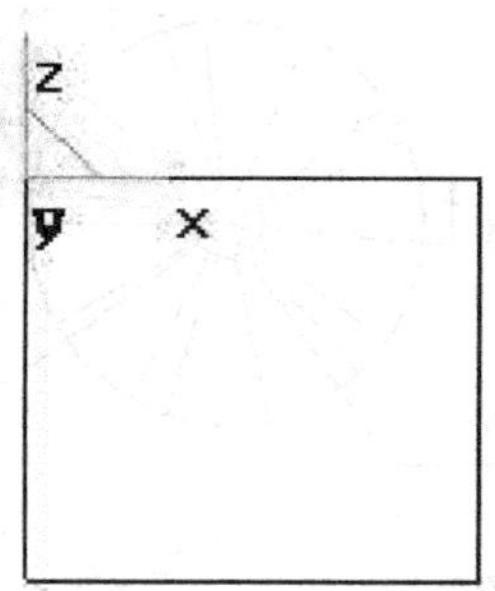


图 7.4 “平移”矩形

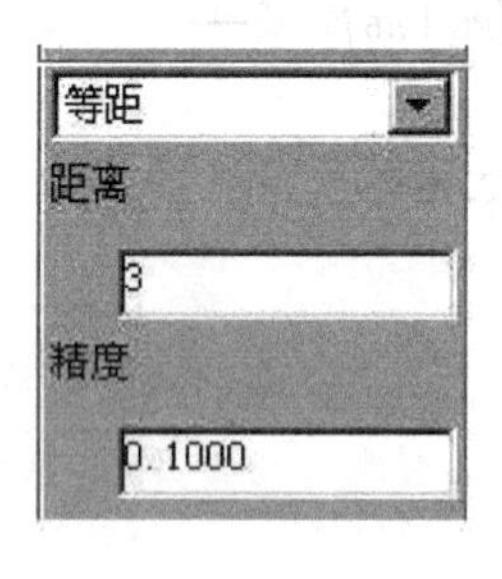

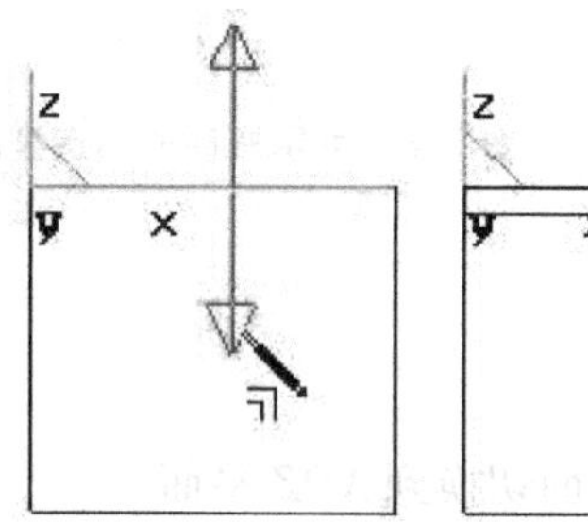

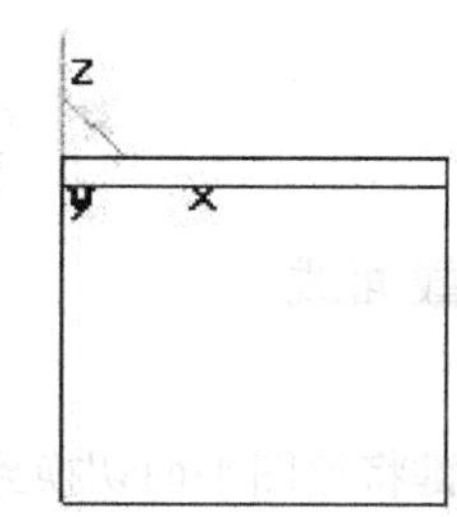


图 7.5 生成“等距线”

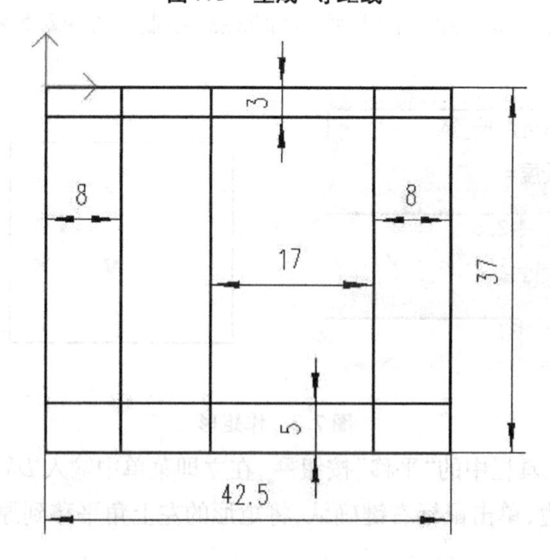


图 7.6 等距线

钮 ,拾取需要删除的直线,单击右键确认删除,结果如图 7.7 所示。

⑦作过 $P1$、$P2$ 点且与直线 $L1$ 相切的圆弧。单击“圆弧”按钮 ,选择“两点_半径”方式,拾取 $P1$ 点和 $P2$ 点,然后按空格键在弹出的点工具菜单中选择“切点”命令,拾取直

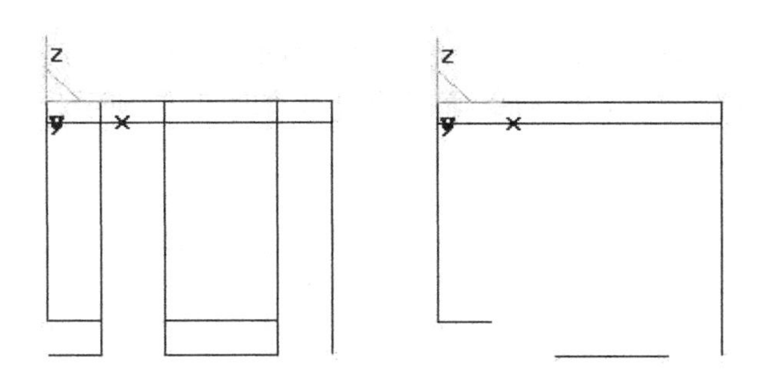

图7.7 “裁剪”线段

线 L1。

作过 P4 点且与直线 L2 相切,半径为 6 的圆。单击“整圆”按钮,拾取直线 L2(上一步中点工具菜单中选中了“切点”命令),切换点工具为“缺省点”命令,然后拾取 P4 点,按回车键输入半径 6。

作过直线端点 P3 和圆 R6 的切点的直线。单击“直线”按钮,拾取 P3 点,切换点工具菜单为“切点”命令,拾取,得圆 R6 上切点 P5,如图 7.8 所示。

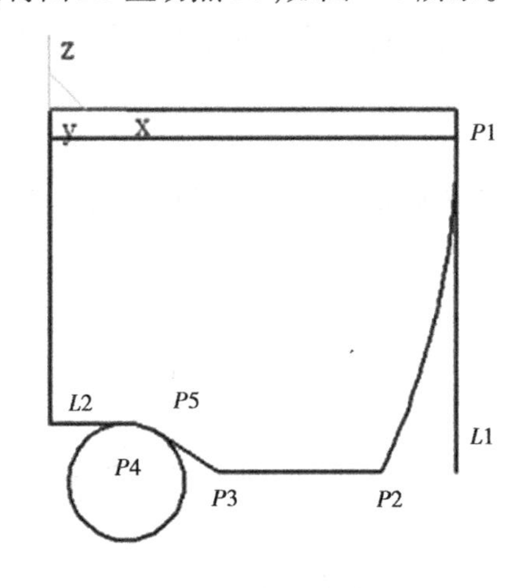


图7.8 绘制圆弧

***注意:在绘图过程中注意切换点工具菜单中的命令,否则容易出现拾取不到需要点的现象。***

⑧作与圆 R6 相切并过点 P5,半径为 6 的圆 C1。单击“整圆”按钮,选择“两点_半径”方式,切换点工具为“切点”命令,拾取 R6 圆;切换点工具为“端点”,拾取 P5 点;按回车键输入半径 6。

作与圆弧 C4 相切,过直线 L3 与圆弧 C4 的交点,半径为 6 的圆 C2。单击“整圆”按钮,选择“两点_半径”方式,切换点工具为“切点”命令,拾取圆弧 C4;切换点工具为“交点”命令,拾取 L3 和 C4,得到它们的交点;按回车键输入半径 6。

作与圆 C1 和 C2 相切,半径为 50 的圆弧 C3。单击“圆弧”按钮,选择“两点_半径”方式,切换点工具为“切点”命令,拾取圆 C1 和 C2,按回车键输入半径 50,如图 7.9 所示。

⑨单击曲面编辑工具栏中的“裁剪”按钮和“删除”按钮，去掉不需要的部分。在圆弧 *C*4 上单击鼠标右键选择“隐藏”命令，将其隐藏掉，如图 7.10 所示。

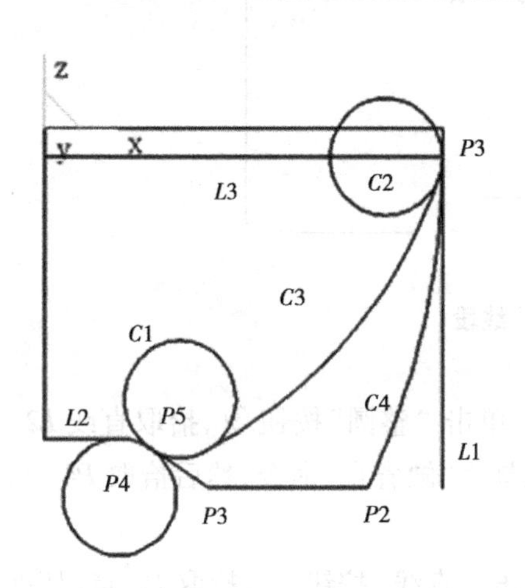


图 7.9　绘 *C*1、*C*2、*C*3 圆弧

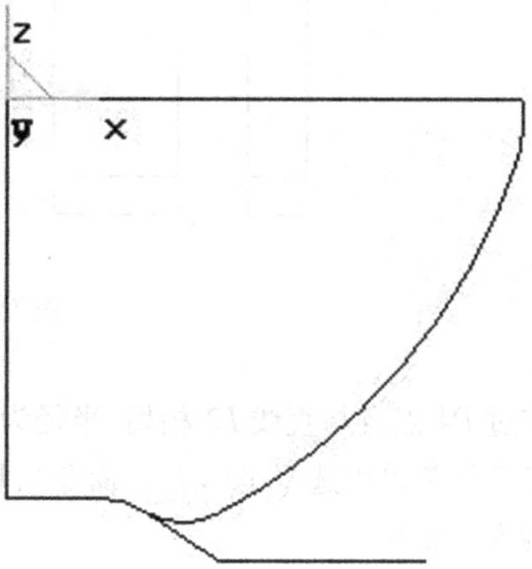

图 7.10　编辑图形

⑩按下 F5 键将绘图平面切换到 *XOY* 平面，然后再按 F8 键显示其轴测图，如图 7.11 所示。

⑪单击曲面编辑工具栏中的“平面旋转”按钮，在立即菜单中选择“拷贝”方式，输入角度为 41.6 度，拾取坐标原点为旋转中心点，然后框选所有线段，单击右键确认。结果如图 7.12 所示。

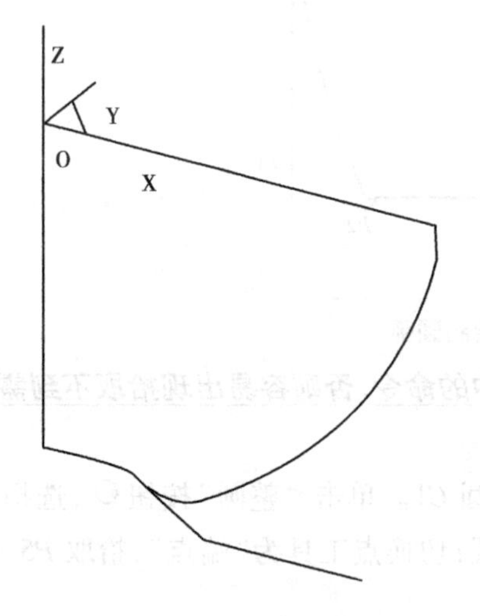

图 7.11　显示轴测图

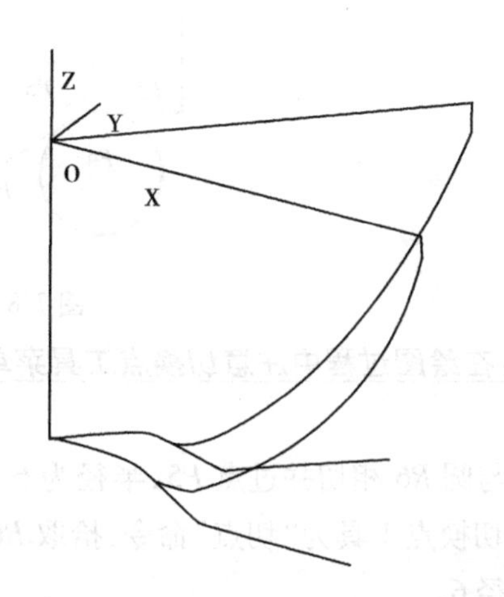


图 7.12　旋转生成图形

⑫单击 “删除”按钮，删掉不需要的部分。同时按下 Shift 键和方向键旋转视图，观察生成的第一条截面线。单击“曲线组合”按钮，拾取截面线，选择方向，将其组合成一样条曲线，如图 7.13 所示。

至此，第一条截面线完成。因为作第一条截面线用的是拷贝旋转，所以完整地保留了原

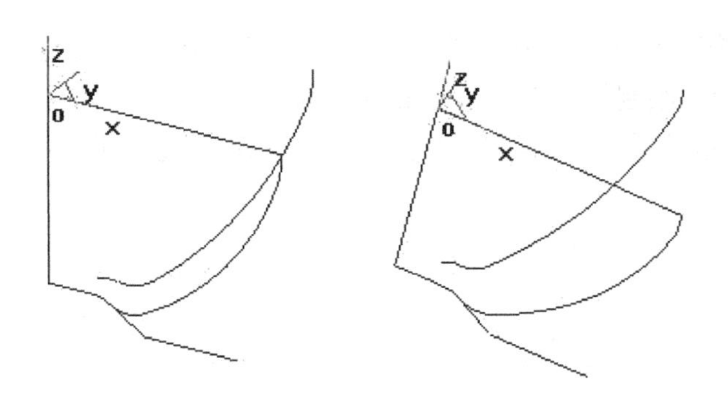


图7.13　组合曲线

来绘制的图形，只需要稍加编辑就可以完成第二条截面线。

⑬按 F7 键将绘图平面切换到 *XOZ* 面内。单击“线面可见”按钮，显示前面隐藏的圆弧 *C*4，并拾取确认。然后拾取第一条截面线单击右键选择“隐藏”命令，将其隐藏掉。结果如图7.14所示。

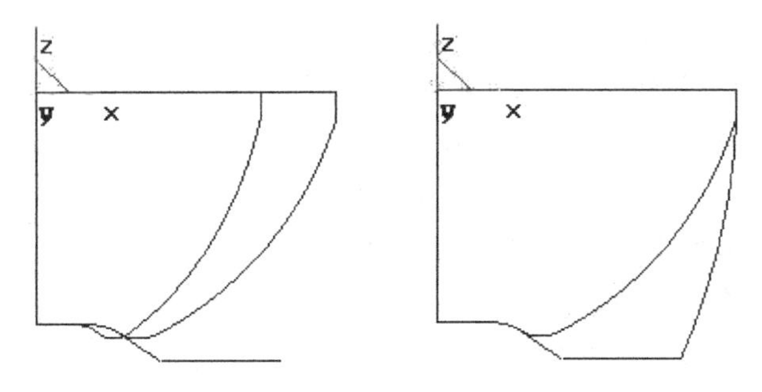


图7.14　显示C4圆弧

⑭单击“删除”按钮，删掉不需要的线段。单击“曲线过渡”按钮，选择“圆弧过渡”方式，半径为6，对 *P*2、*P*3 两处进行过渡。单击“曲线组合”按钮，拾取第二条截面线，选择方向，将其组合成一样条曲线。结果如图7.15所示。

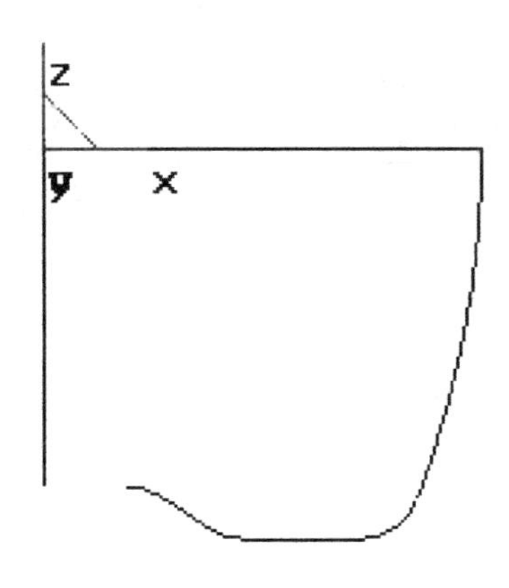


图7.15　组合第二条曲线

⑮按下 F5 键，将绘图平面切换到 *XOY* 平面，然后再按 F8 键显示其轴测图。

单击"整圆"按钮 ,选择"圆心_半径"方式,以 $Z$ 轴方向的直线两端点为圆心,拾取截面线的两端点为半径,绘制如图 7.16 所示的两个圆。

⑯删除两条直线。单击"线面可见"按钮 ,显示前面隐藏的第一条截面线,结果如图 7.17 所示。

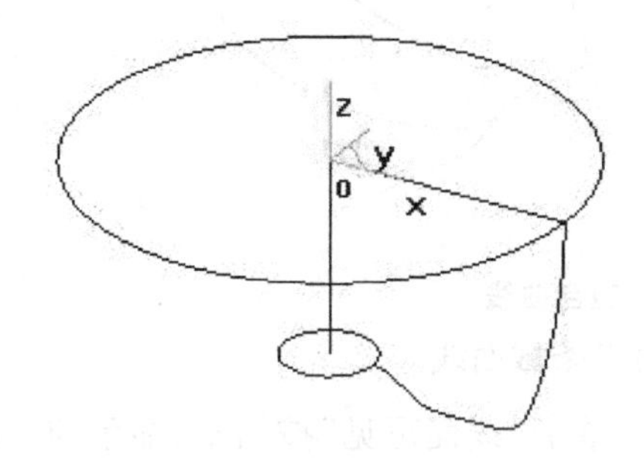


图 7.16 绘上、下两圆

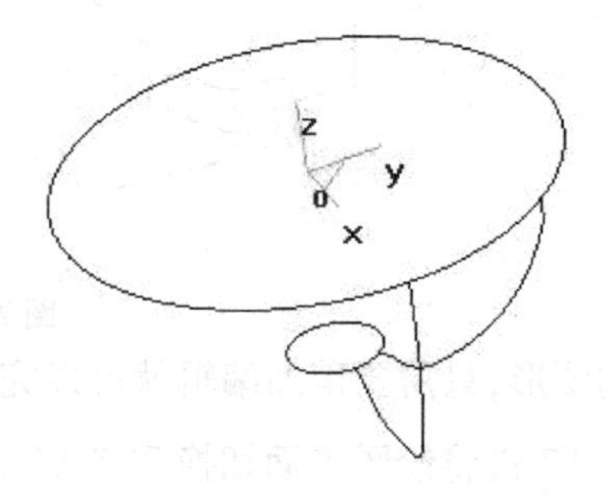


图 7.17 显示第一条截面线

⑰单击曲面编辑工具栏中的"平面旋转"按钮 ,在立即菜单中选择"拷贝"方式,输入角度为 11.2度,拾取坐标原点为旋转中心点,拾取第二条截面线,单击右键确认。结果如图 7.18 所示。

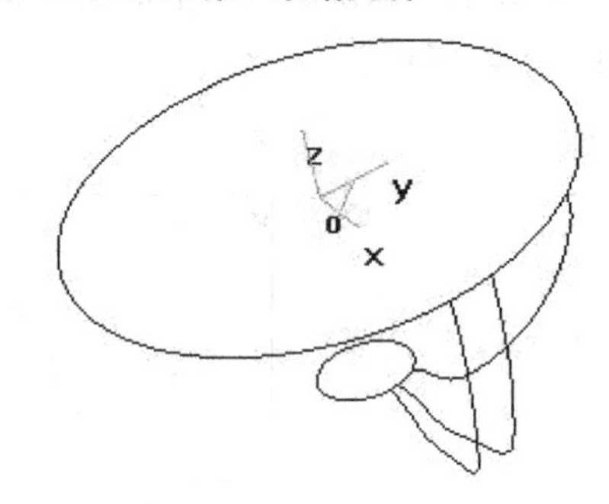


图 7.18 旋转生成第三条截面线

可乐瓶底有 5 个相同的部分,至此完成了其一部分的截面线,通过阵列就可以得到全部截面线。这是一种简化作图的有效方法。

⑱单击"阵列"按钮 ,选择"圆形"阵列方式,份数为"5",拾取 3 条截面线,单击鼠标右键确认;拾取原点(0,0,0)为阵列中心,按鼠标右键确认,立刻得到如图 7.19 所示结果。

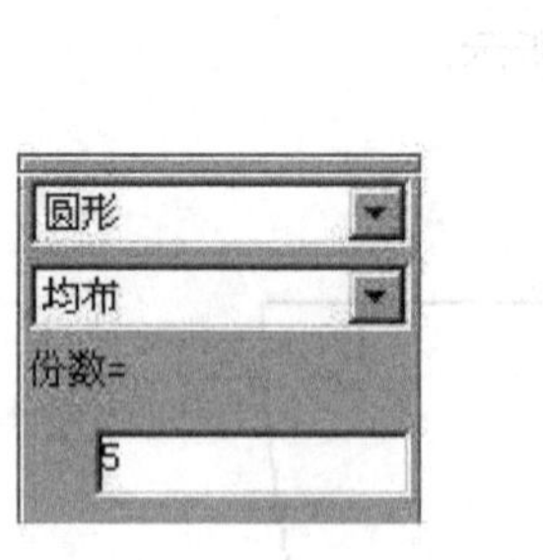


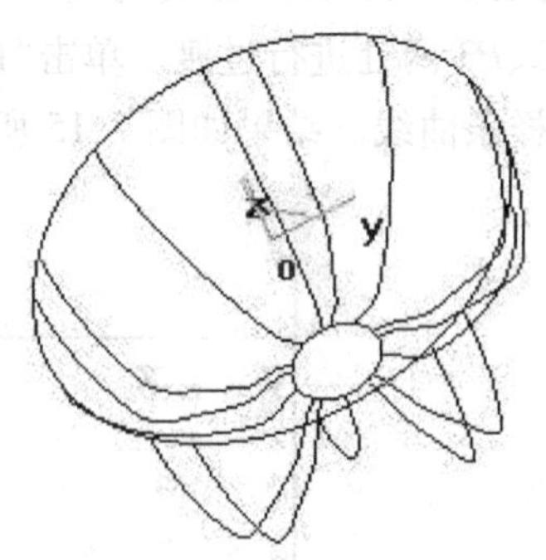


图 7.19 阵列生成全部截面线

至此,为构造曲面所作的线架已经完成。

### 7.1.2 生成网格面

按 F5 键进入俯视图,单击曲面工具栏中的"网格面"按钮 ,依次拾取 U 截面线共 2

条,按鼠标右键确认;再依次拾取 V 截面线共 15 条,如图 7.20 所示。按右键确认,曲面生成,如图 7.21 所示。

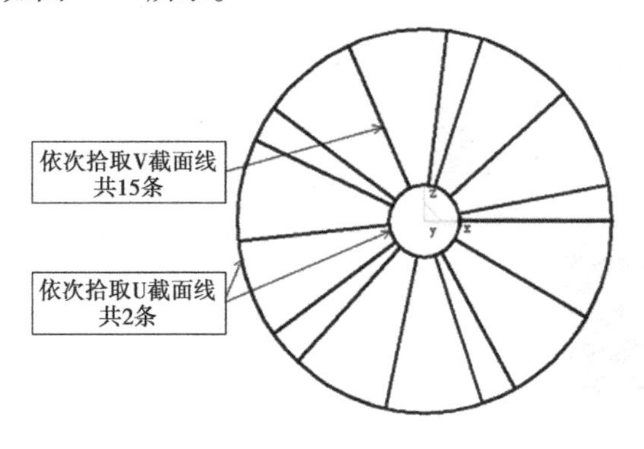


**图 7.20　"网格面"的截面线**

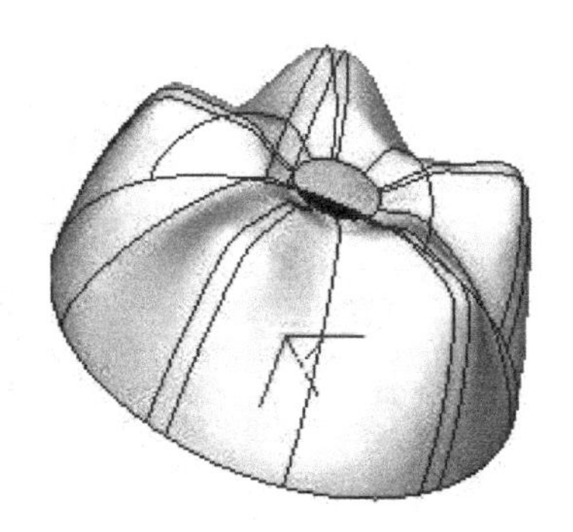

**图 7.21　生成曲面**

## 7.1.3　生成直纹面

底部中心部分曲面可以用两种方法来作:裁剪平面和直纹面(点 + 曲线)。这里用直纹面"点 + 曲线"来做,其好处是在加工时,两张面(网格面和直纹面)可以一同用参数线来加工,而面裁剪平面不能与非裁剪平面一起来加工。

①单击曲面工具栏中的"直纹面"按钮,选择"点 + 曲线"方式。

②按空格键在弹出的点工具菜单中选择"圆心"命令,拾取底部圆,得到先圆心点,再拾取圆,直纹面立即生成。结果如图 7.22 所示。

③选择"设置"→"拾取过滤设置"命令,取消图形元素的类型中的"空间曲面"项;然后选择"编辑"→"隐藏"命令,框选所有曲线,按右键确认,就可以将线框全部隐藏。结果如图 7.23 所示。

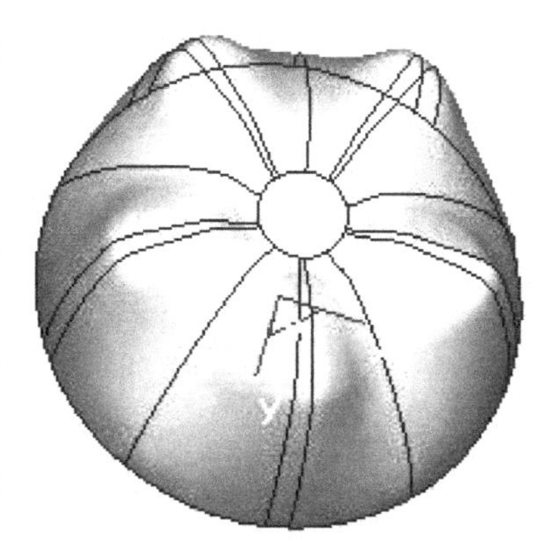

**图 7.22　生成底部直纹面**

至此,可乐瓶底的曲面造型已经做完。下一步的任务是如何选用曲面造型造出实体。

## 7.1.4　曲面实体混合造型

造型思路:先以瓶底的上口为准,构造一个立方体实体,然后用可乐瓶底的两张面(网格面和直纹面)把不需要的部分裁剪掉,得到需要的凹模型腔。

①单击特征树中的"平面 XOY",选定平面 *XOY* 为绘图的基准面。单击"绘制草图"按钮,进入草图状态,在选定的基准面上绘制草图,如图 7.24 所示。

②单击曲线工具栏中的"矩形"按钮,选择"中心_长_宽"方式,输入长度"120",宽度

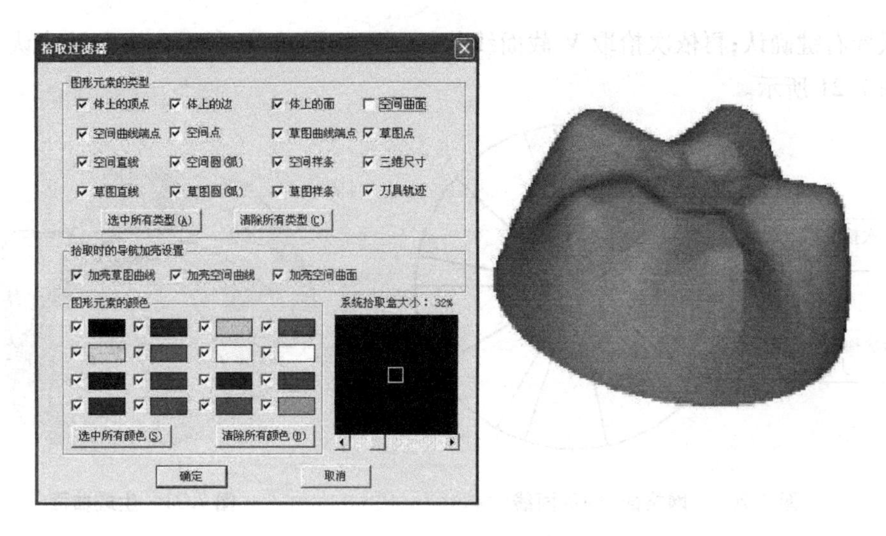


图 7.23 “隐藏”线框

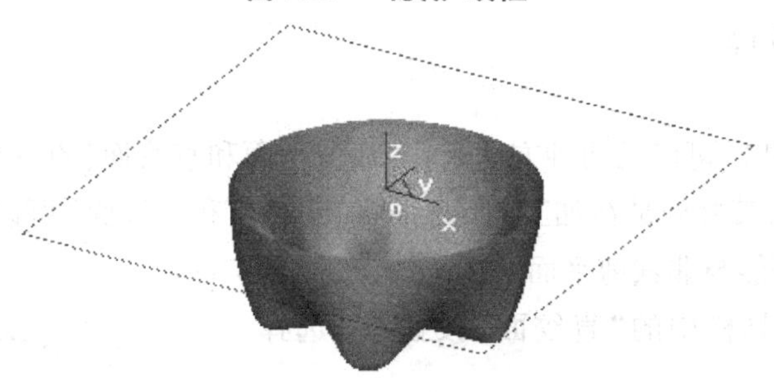


图 7.24 选择基准面

“120”，拾取坐标原点(0,0,0)为中心，得到一个 120×120 的正方形，如图 7.25 所示。

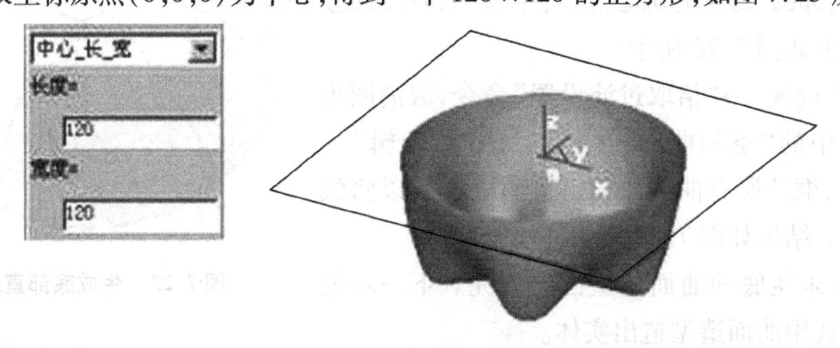


图 7.25 绘制矩形

③单击特征生成工具栏中的“拉伸”按钮，在弹出的“拉伸”对话框中输入深度“50”，选中“反向拉伸”复选框，单击“确定”得到立方实体，如图 7.26 所示。

④选择“设置”→“拾取过滤设置”命令，在弹出的对话框中的“拾取时的导航加亮设置”项选中“加亮空间曲面”，这样当鼠标移到曲面上时，曲面的边缘会被加亮。同时为了更加方便拾取，单击“显示线架”按钮，退出真实线显示，进入线架显示，可以直接点取曲面的网格线，如图 7.27 所示。

⑤单击特征生成工具栏中的“曲面裁剪除料”按钮，拾取可乐瓶底的两个曲面，选中

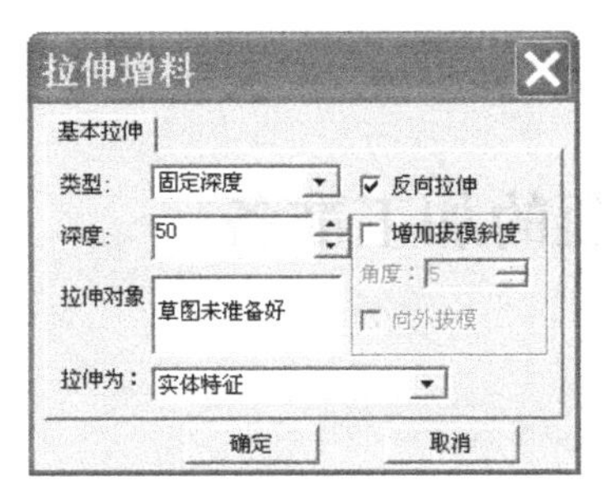

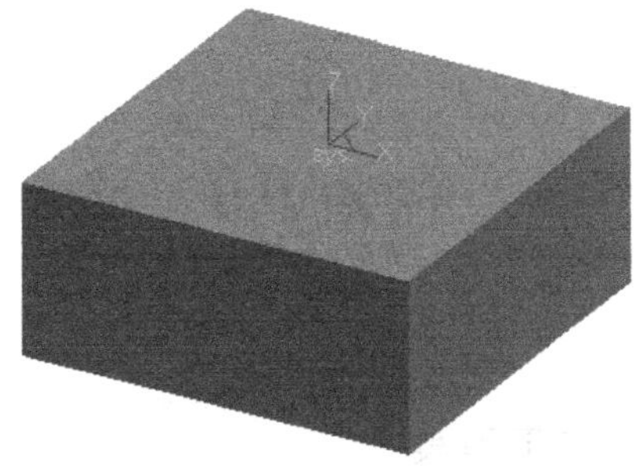

图 7.26　“拉伸”生成立方实体

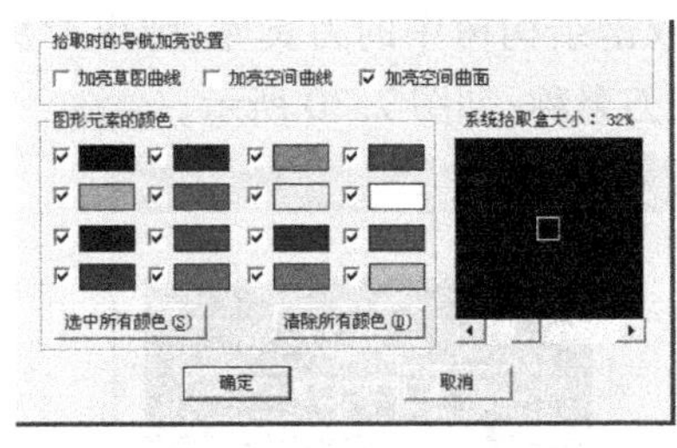

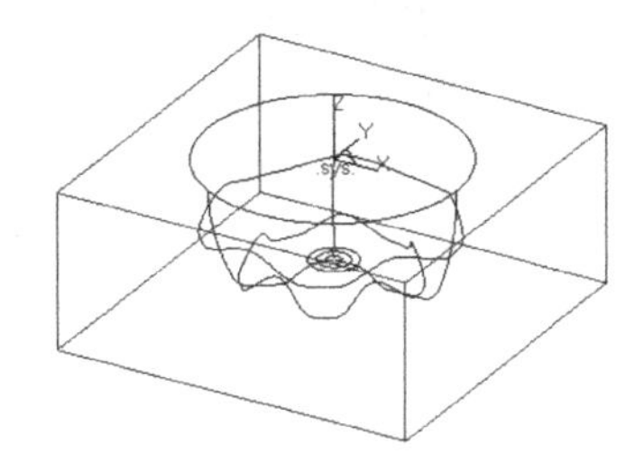

图 7.27　线架显示

对话框中“除料方向选择”复选框，切换除料方向为向里，以便得到正确的结果，如图 7.28 所示。

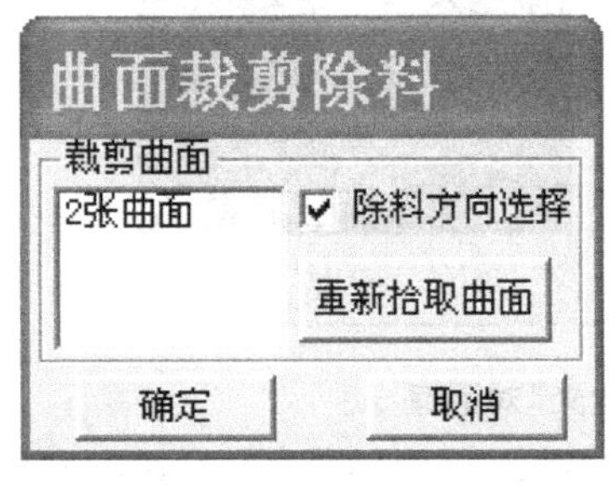

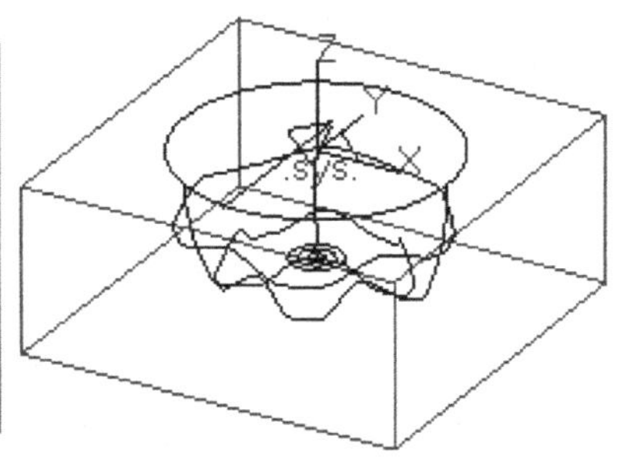

图 7.28　曲面裁剪除料

⑥单击“确定”，曲面除料完成。选择“编辑”→“隐藏”命令，拾取两个曲面将其隐藏掉。然后单击“真实感显示”按钮，造型结果如图 7.29 所示。

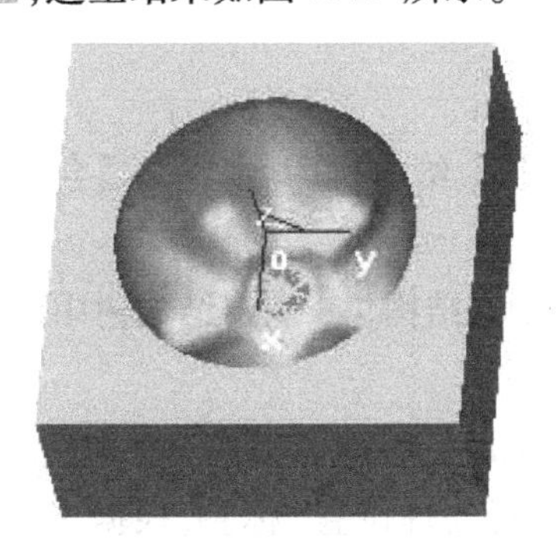

图 7.29　可乐瓶底造型

# 任务 7.2　可乐瓶的加工准备

## 7.2.1　设定加工刀具

①选择屏幕左侧的“加工管理”结构树，双击结构树中的刀具库，弹出刀具库管理对话框。单击“增加铣刀”按钮，在对话框中输入铣刀名称，如图 7.30 所示。

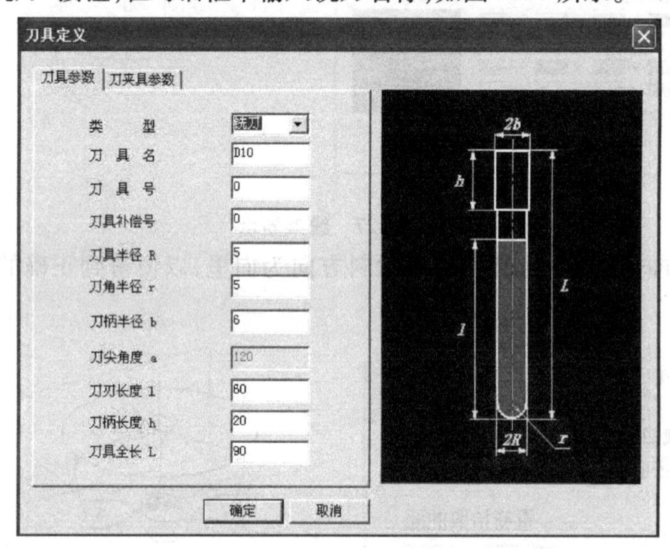


图 7.30　“刀具定义”对话框

②设定铣刀的参数。在刀具库管理对话框中键入正确的数值，刀具定义即可完成。其中的刀刃长度和刃杆长度与仿真有关而与实际加工无关，在实际加工中要正确选择吃刀量和吃刀深度，以免刀具损坏。

## 7.2.2　后置设置

用户可以增加当前使用的机床，给出机床名，定义适合自己机床的后置格式。系统默认的格式为 FANUC 系统的格式。

①选择屏幕左侧的“加工管理”结构树，双击结构树中的“机床后置”，弹出“机床后置”对话框。

②增加机床设置。选择当前机床类型，如图 7.31 所示。

③后置处理设置。选择“后置处理设置”标签，根据当前的机床设置各参数，如图 7.32 所示。

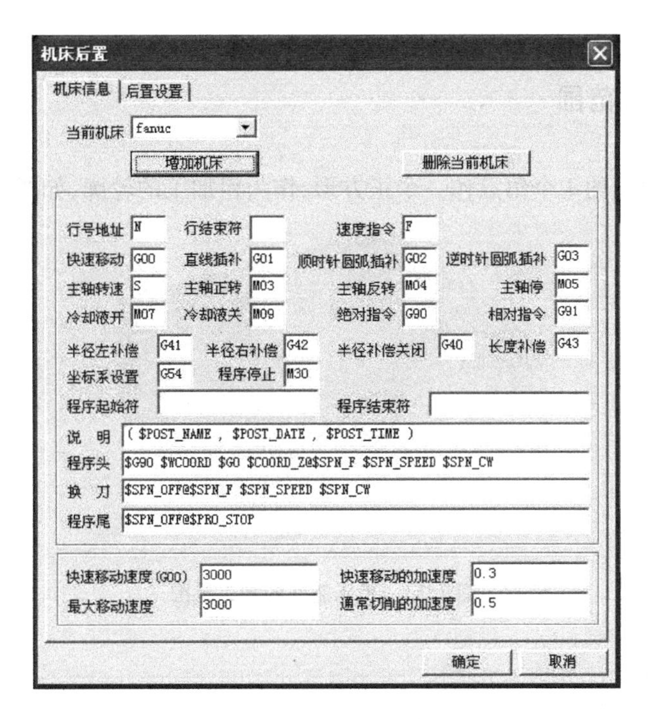


图7.31 “机床信息”对话框

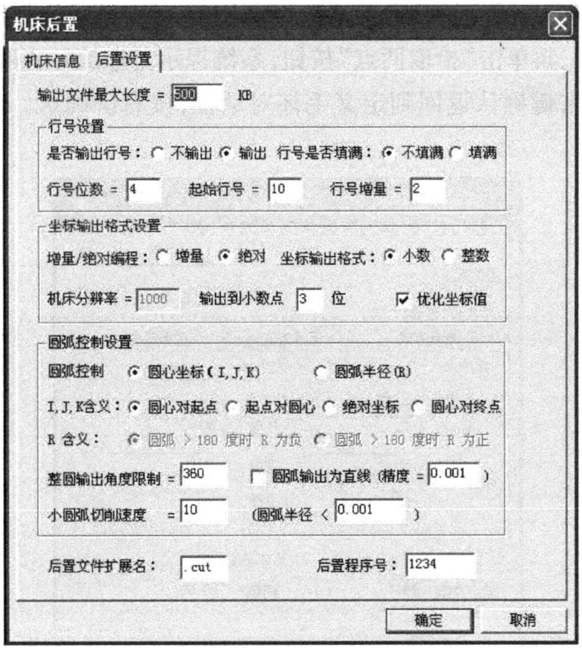

机床后置

机床信息 后置设置

输出文件最大长度 = 500 KB

行号设置

是否输出行号：○不输出 ● 输出 行号是否填满：● 不填满 ○ 填满

行号位数 = 4 起始行号 = 10 行号增量 = 2

坐标输出格式设置

增量/绝对编程：○ 增量 ● 绝对 坐标输出格式：● 小数 ○ 整数

机床分辨率 = 1000 输出到小数点 3 位 ☑ 优化坐标值

圆弧控制设置

圆弧控制 ● 圆心坐标(I,J,K) ○ 圆弧半径(R)

I,J,K含义：● 圆心对起点 ○ 起点对圆心 ○ 绝对坐标 ○ 圆心对终点

R 含义： ● 圆弧 > 180 度时 R 为负 ○ 圆弧 > 180 度时 R 为正

整圆输出角度限制 = 360 ☐ 圆弧输出为直线 (精度 = 0.001 )

小圆弧切削速度 = 10 (圆弧半径 < 0.001 )

后置文件扩展名： .cut 后置程序号： 1234

确定 取消

图7.32 “后置设置”对话框

## 7.2.3 设定加工范围

利用实体上表面的4个角点作一个正方形,作为粗加工的轮廓,如图7.33所示。

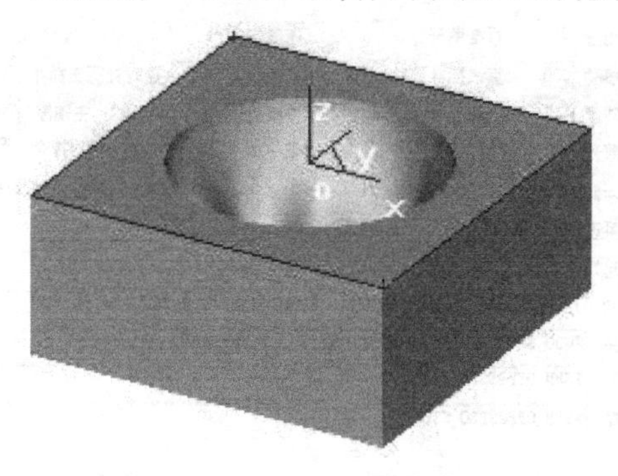

图7.33 可乐瓶底的加工范围

## 7.2.4 定义毛坯

选择屏幕左侧的“加工管理”结构树,双击结构树中的“毛坯”,弹出“毛坯”对话框。选中“两点方式”复选框,再单击“拾取两点”按钮,系统提示拾取第一点和拾取第二点,选中实体(长方体)对角点,右键确认返回到定义毛坯对话框,按右键确认。现有模型自动生成毛坯,如图7.34所示。

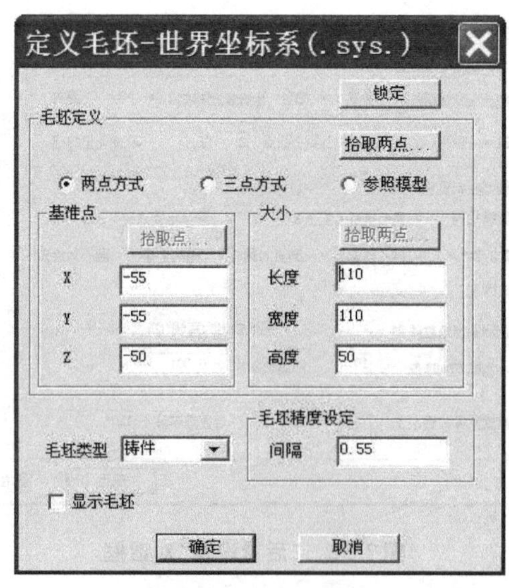


图7.34 可乐瓶底的毛坯

# 任务 7.3　可乐瓶底的常规加工

**加工思路:等高粗加工、参数线加工**

本例的形状难于用普通铣床进行粗加工,而用“CAXA 制造工程师”却是一件轻而易举的事。因为可乐瓶底凹模型腔的整体形状较为陡峭,所以粗加工采用等高粗加工方式,然后采用参数线加工方式对凹模型腔中间曲面进行精加工。

## 7.3.1　等高粗加工刀具轨迹

①设置工艺参数。选择“加工”→“粗加工”→“等高粗加工”命令,出现“粗加工参数表”对话框,按图 7.35 所示设置加工参数和刀具参数。

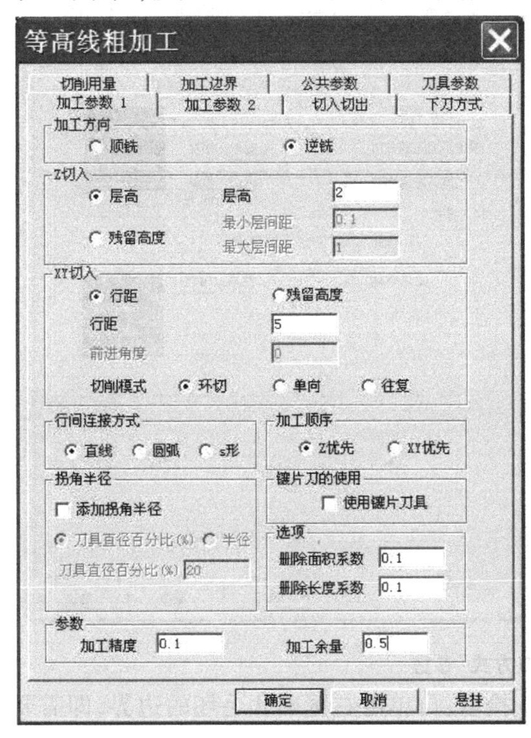


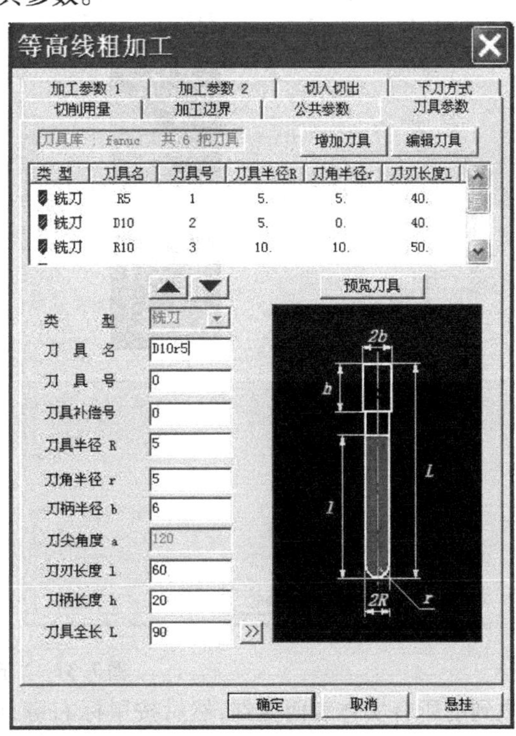


**图 7.35　加工参数和刀具参数**

②按图 7.36 所示设置切削用量。其余参数选择系统默认,单击“确定”按钮。

③确认“切入切出”系统默认值,确认“起始点”为(0,0,60),“下刀方式”中的安全高度为 40,如图 7.37 所示,单击“确定”按钮退出参数设置。

④按系统提示拾取加工对象和加工边界。选中整个实体表面作为加工对象,系统将拾

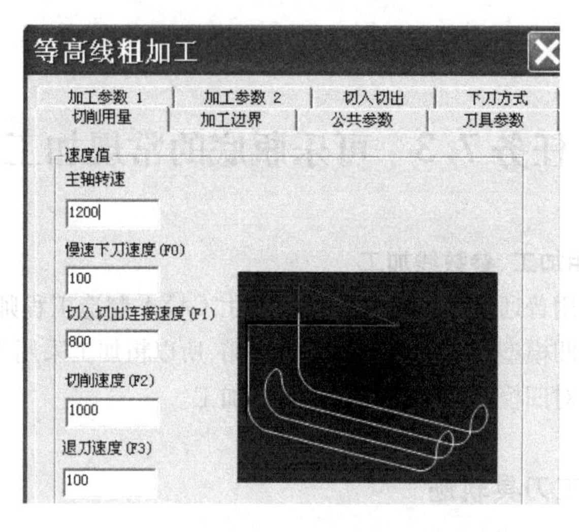


图 7.36　切削用量

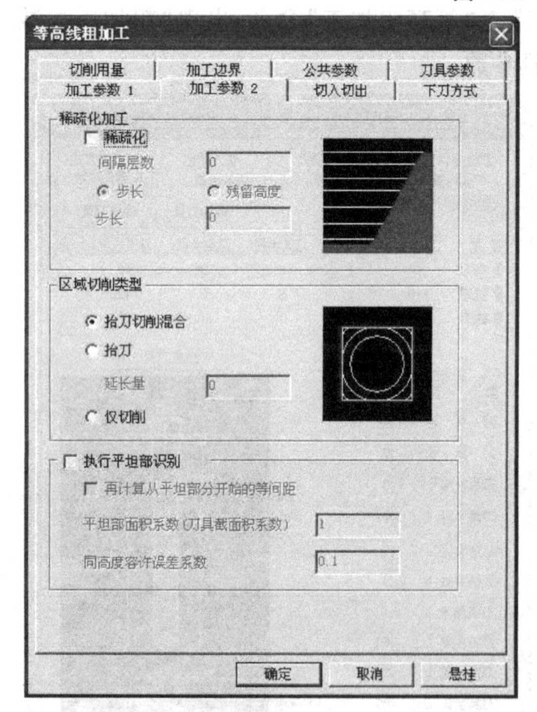


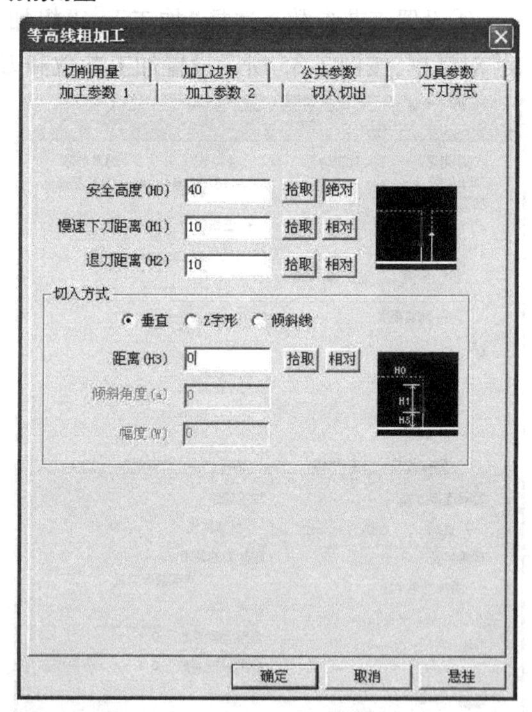


图 7.37　“下刀方式”参数

取到的所有实体表面变红，然后按鼠标右键确认拾取；再单击右键确认毛坯的边界，即需要加工的边界。

⑤生成粗加工刀路轨迹。系统提示：“正在计算轨迹请稍候”，然后系统就会自动生成粗加工轨迹。结果如图 7.38 所示。

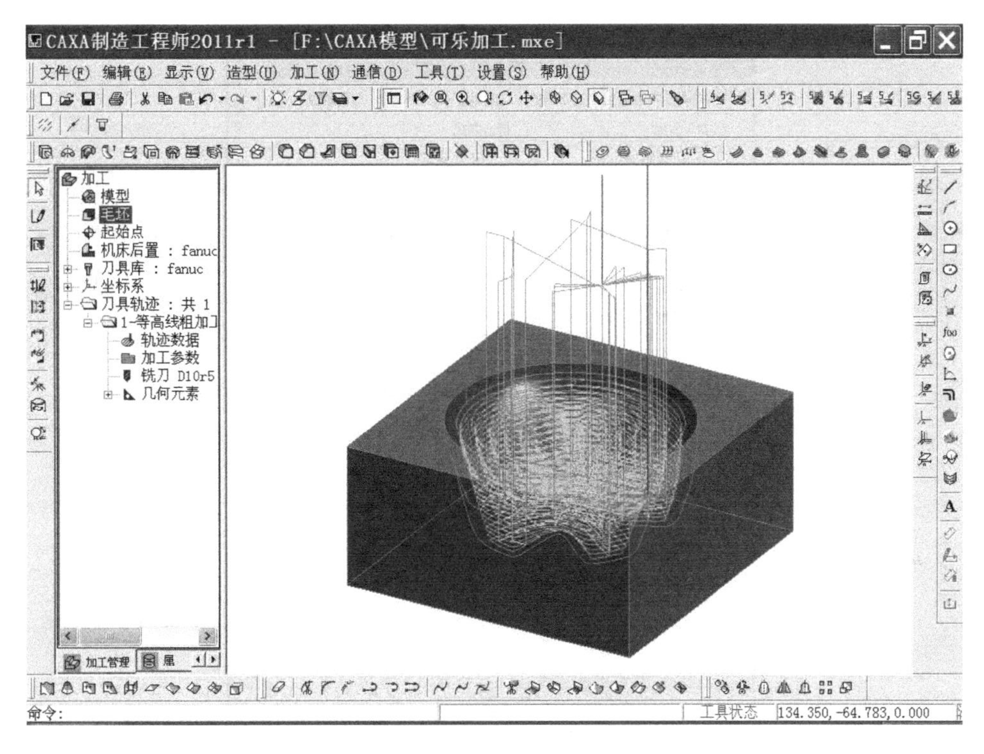


图7.38　可乐瓶粗加工轨迹

⑥拾取粗刀具轨迹,单击右键选择"隐藏"命令,将粗加工轨迹隐藏,以便观察精加工轨迹。

## 7.3.2　精加工——参数线加工刀具轨迹

本例可以直接加工原始的曲面,这样会显得更简单一点。也可以直接加工实体,但曲面截实体以后形成的实体表面比原始的曲面要多一些。本例内型腔表面为5张曲面,其精加工可以采用多种方式,如参数线、等高线加等高线补加工、投影线加工等。下面仅以参数线加工为例介绍软件的使用方法和注意事项。曲面的参数线加工要求曲面有相同的走向、公共的边界,点取位置要对应。

①选择"应用"→"轨迹生成"→"参数线加工"命令,弹出参数线加工参数表,按照图7.39所示内容设置参数线加工参数。刀具和其他参数按粗加工的参数来设定,完成后单击"确定"按钮。

②根据状态栏提示拾取曲面,当把鼠标移到型腔内部时,曲面自动被加亮显示。拾取同一高度的两张曲面后,单击鼠标右键确认,根据提示完成相应的工作,最后生成轨迹,如图7.40所示。

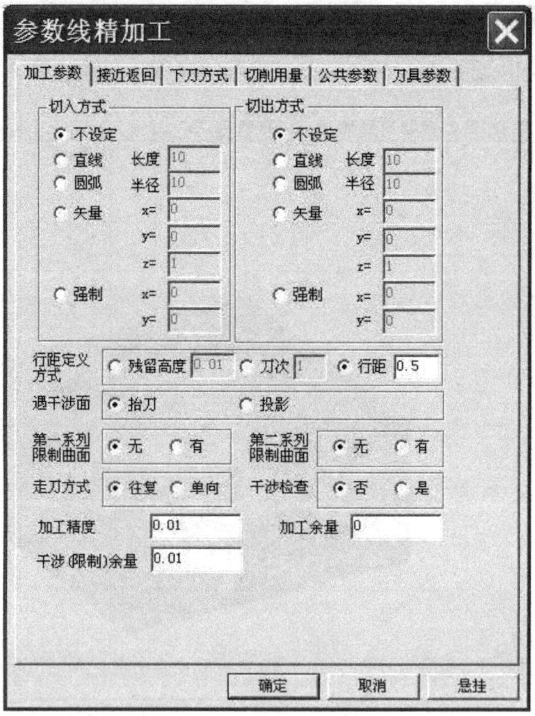

图 7.39 参数线加工参数

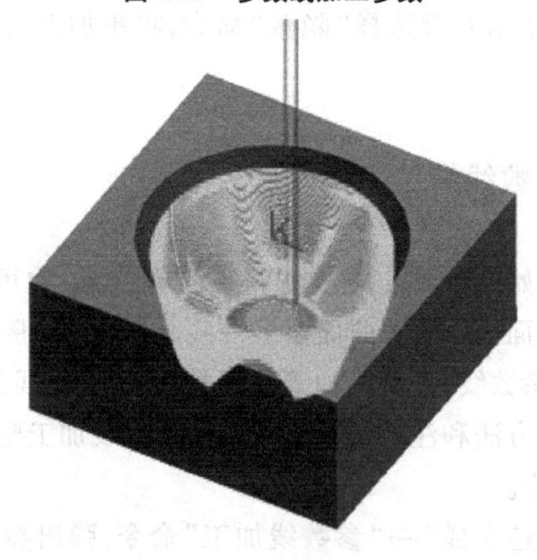

图 7.40 参数线精加工轨迹

## 7.3.3 轨迹仿真、检验与修改

①单击“可见”按钮 ,显示所有已生成的粗、精加工轨迹并将它们选中。

②执行“加工”→“实体仿真”命令,选择屏幕左侧的“加工管理”结构树,依次点选“等高线粗加工”和“参数线精加工”,右键确认。系统自动启动 CAXA 轨迹仿真器,单击仿真图标 ,弹出仿真加工对话框;调整 下拉菜单中的值为 10,单击 按钮运行仿真。

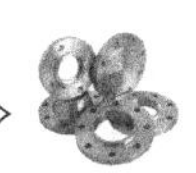

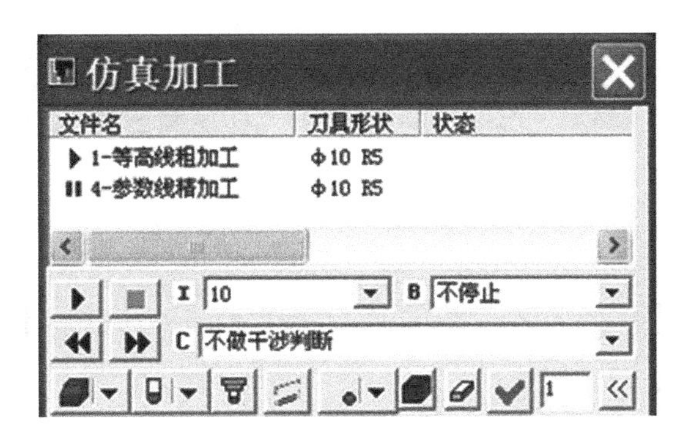


图7.41 仿真加工对话框

③调整 C G00干涉+夹具干涉 下拉菜单中的值,可以帮助检查干涉情况,如有干涉会自动报警。

④在仿真过程中,可以按住鼠标中键来拖动旋转被仿真件,可以滚动鼠标中键来缩放被仿真件,如图7.42所示。

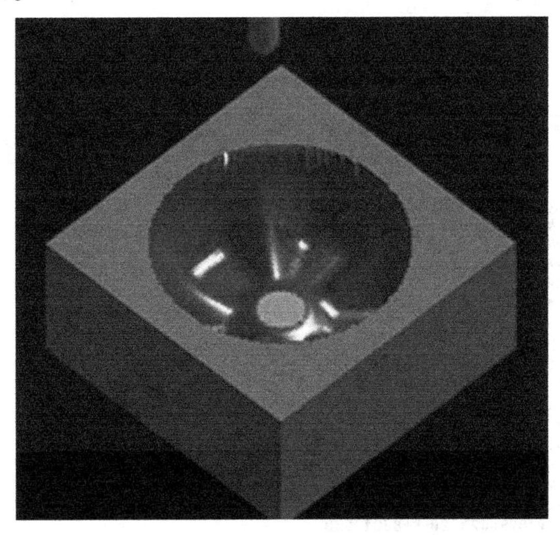

图7.42 观察仿真加工过程

⑤仿真完成后,单击 ✓ 按钮,可以将仿真后的模型与原有零件进行对比。

⑥仿真检验无误后,可保存粗/精加工轨迹。

## 7.3.4 生成G代码

①执行“加工”→“后置处理”→“生成G代码”命令,在弹出的“选择后置文件”对话框中给定要生成的NC代码文件名(连杆粗、精加工.cut)及其存储路径,单击“保存”按钮退出,如图7.43所示。

②分别拾取粗加工轨迹与精加工轨迹,单击右键确认,生成加工G代码,如图7.44所示。

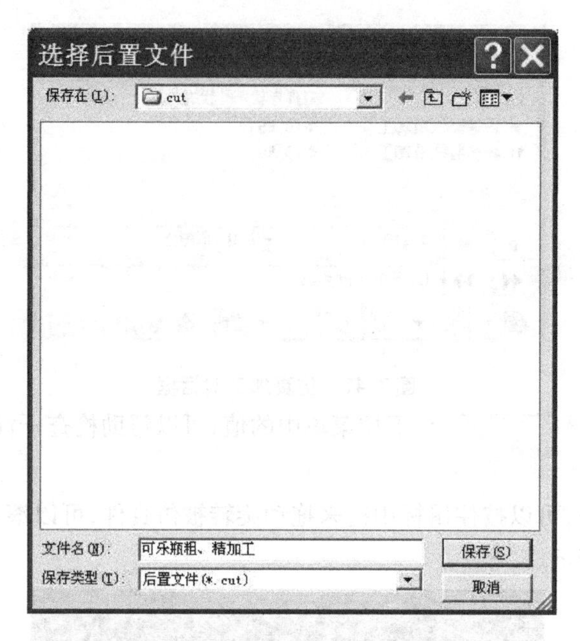


图 7.43 “选择后置文件”对话框

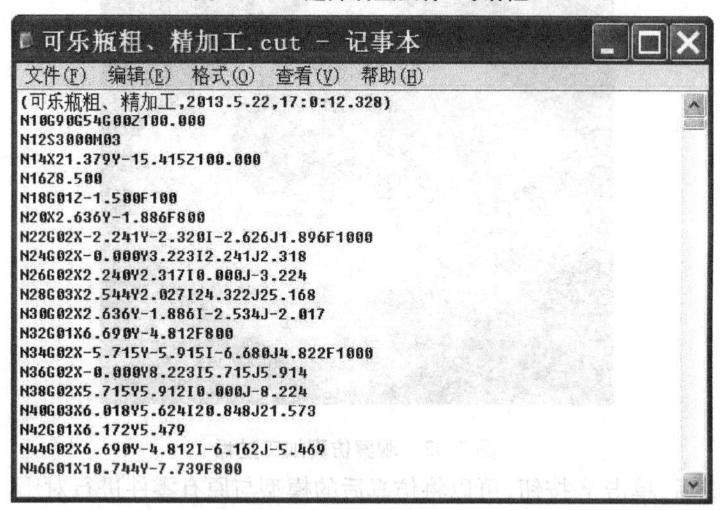


图 7.44 可乐瓶粗、精加工“G”代码

## 7.3.5 生成加工工艺单

①选择“加工”→“工艺清单”命令,弹出“工艺清单”对话框,如图 7.45 所示。输入各参数后单击“拾取轨迹”按钮,然后拾取相应轨迹,单击右键,再单击“生成清单”按钮。

②输入各参数后单击“拾取轨迹”按钮,然后拾取相应轨迹,单击右键,单击“生成清单”按钮,立即生成加工工艺清单。生成的结果如图 7.46 所示。

选择工艺清单输出结果中的各项,可以查看毛坯、工艺参数、刀具等信息,如图 7.47 所示。

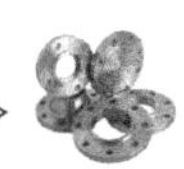

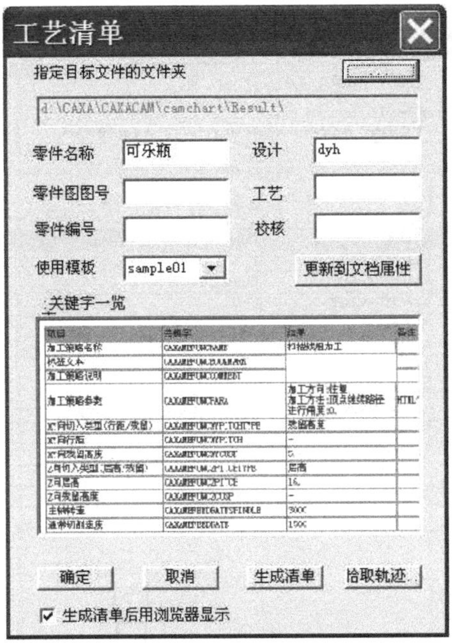

工艺清单
指定目标文件的文件夹
d:\CAXA\CAXACAM\camchart\Result\
零件名称
可乐瓶
设计
dyh
零件图图号
工艺
零件编号
校核
使用模板
sample01
更新到文档属性
关键字一览
确定
取消
生成清单
拾取轨迹
生成清单后用浏览器显示

图7.45　“工艺清单”对话框

工艺清单-关键字一览表-
文件(F)　编辑(E)　查看(V)　收藏(A)　工具(T)　帮助(H)
后退　搜索　收藏　历史
地址(D)　C:\CAXA\CAXAME\camchart\result\index.html　转到
CAXA工艺清单
工艺清单输出结果
general.html
function.html
tool.html
path.html
ncdata.html
完成
我的电脑

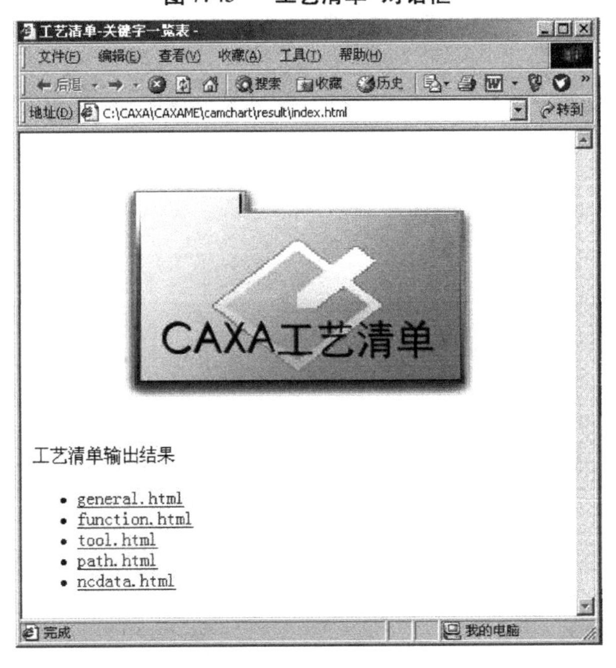

图7.46　工艺清单

究竟用哪一种加工方式来生成轨迹，要根据所要加工形状的具体特点，不能一概而论。对于本例来说，参数线方式加工效果最好。加工最终结果的好坏，是一个综合性的问题，它不单纯决定于程序代码的优劣，还决定于加工的材料、刀具、加工参数设置、加工工艺、机床特点等。几种因素配合好，才能够得到好的加工结果。

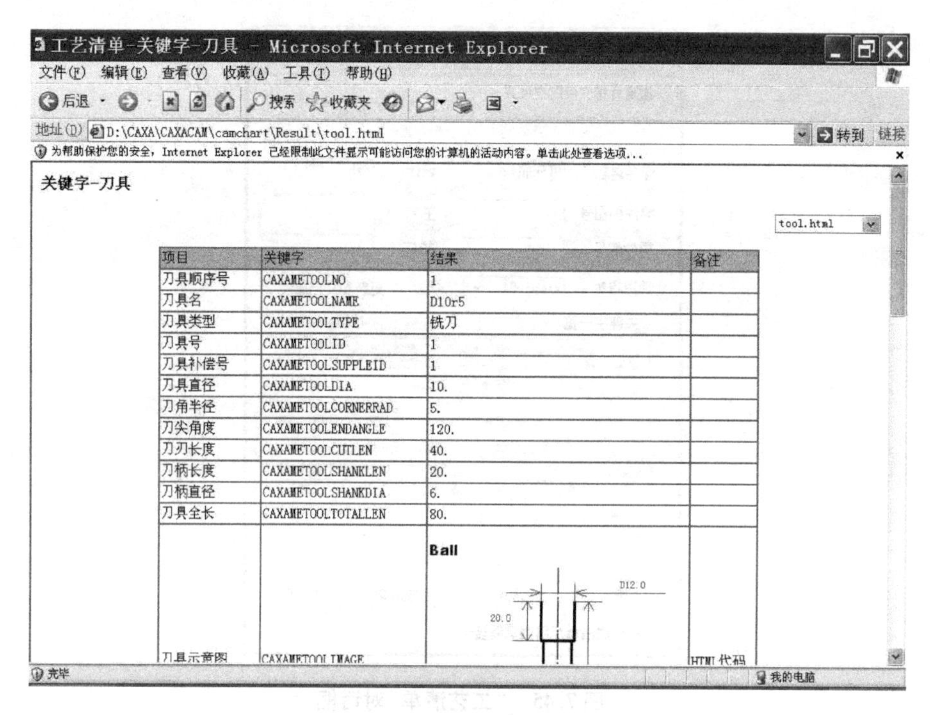

关键字-刀具

| 项目 | 关键字 | 结果 | 备注 |
|---|---|---|---|
| 刀具顺序号 | CAXAMETOOLNO | 1 | |
| 刀具名 | CAXAMETOOLNAME | D10r5 | |
| 刀具类型 | CAXAMETOOLTYPE | 铣刀 | |
| 刀具号 | CAXAMETOOLID | 1 | |
| 刀具补偿号 | CAXAMETOOLSUPPLEID | 1 | |
| 刀具直径 | CAXAMETOOLDIA | 10. | |
| 刀角半径 | CAXAMETOOLCORNERRAD | 5. | |
| 刀尖角度 | CAXAMETOOLENDANGLE | 120. | |
| 刀刃长度 | CAXAMETOOLCUTLEN | 40. | |
| 刀柄长度 | CAXAMETOOLSHANKLEN | 20. | |
| 刀柄直径 | CAXAMETOOLSHANKDIA | 6. | |
| 刀具全长 | CAXAMETOOLTOTALLEN | 80. | |
| 刀具示意图 | CAXAMETOOLIMAGE | Ball | HTML代码 |

图 7.47 清单中“tool. html”

# 项目 8

# 吊耳的造型与加工

## 任务 8.1 实体造型

造型思路:由图 8.1 和图 8.2 所示的吊耳造型和吊耳二维图,分析吊耳的形状比较特殊,因此在造型前首先应该考虑坐标系位置的选择。其次吊耳的外轮廓是不规则的曲面,因

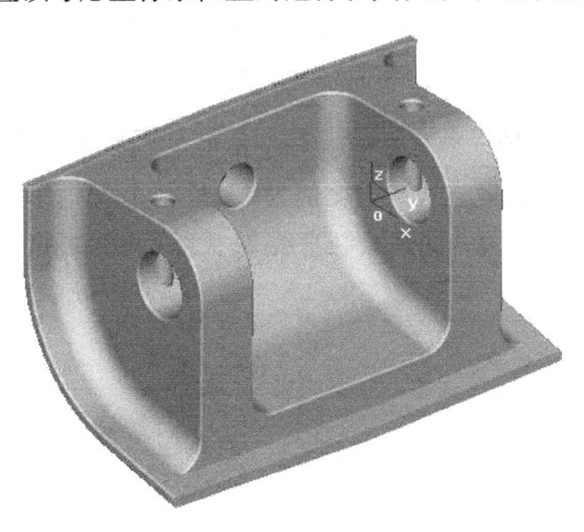


图 8.1 吊耳造型

此在造型时不能使用一般的拉伸增料,而应该将整个曲面分成多个截面,然后将空间曲线投影到草图上,使用放样增料将各个截面整合,完成外轮廓曲面的实体造型。对于实体曲面上的支撑板以及各个孔,也可以在空间下绘制曲线然后将空间曲线投影到草图上,利用实体拉伸增料和除料(双向、深度以及贯穿)来实现,最后使用过渡对孔和实体棱线进行过渡处理完成吊耳实体造型。

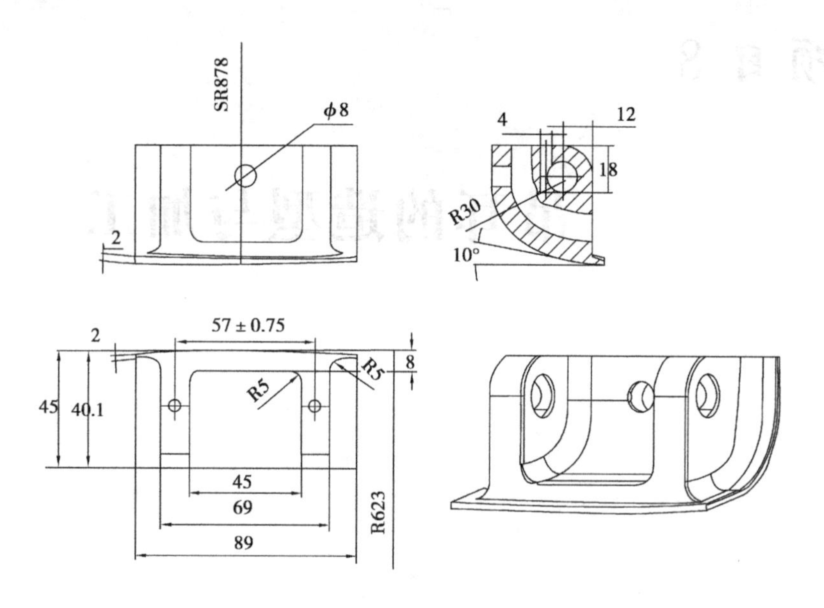


图 8.2 吊耳二维图

### 8.1.1 放样截面的生成

①利用空间曲线完成吊耳中心截面的绘制。由分析可知,需要在 *XOZ* 平面下绘制截面线,因此在绘制曲线之前先要确定绘制曲线的平面。

②按F7键选定平面 *XOZ*,单击曲线生成工具栏上的直线按钮,在立即菜单中选择"两点线""单个""正交""长度方式",长度值为 45,绘制直线 1,第一点为原点,第二点可以任意点取所需直线方向的位置。同理绘制直线 2,长度为 46.2,起点为原点,并垂直于直线 1。结果如图 8.3 所示。

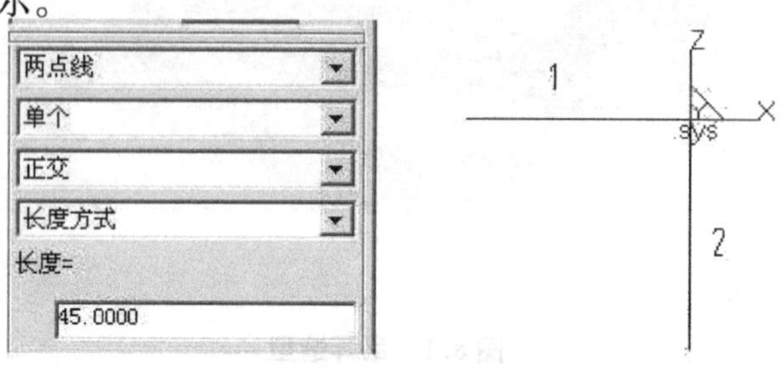


图 8.3 绘直线

③单击曲线生成工具栏上的等距按钮，作直线1的等距线，距离为46.2，拾取直线并选择等距方向生成直线3；作直线2的等距线，距离为2，拾取直线并选择等距方向生成直线4。结果如图8.4所示。

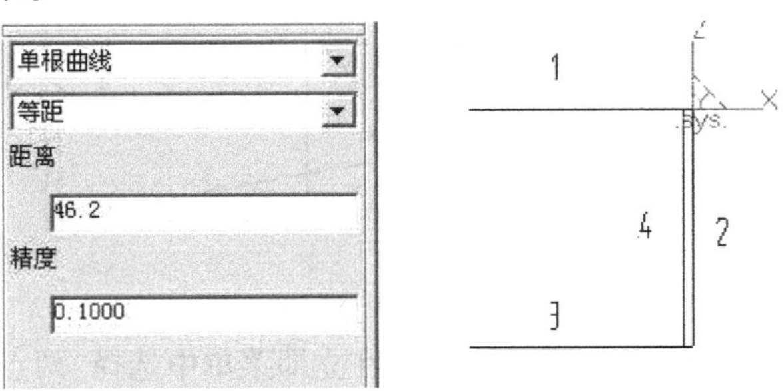


图8.4 生成等距线

④单击线面编辑工具栏中的“曲线过渡”按钮，在立即菜单中选择“圆弧过渡”方式，半径为12，拾取直线1和直线4完成两直线的圆弧过渡，如图8.5所示。

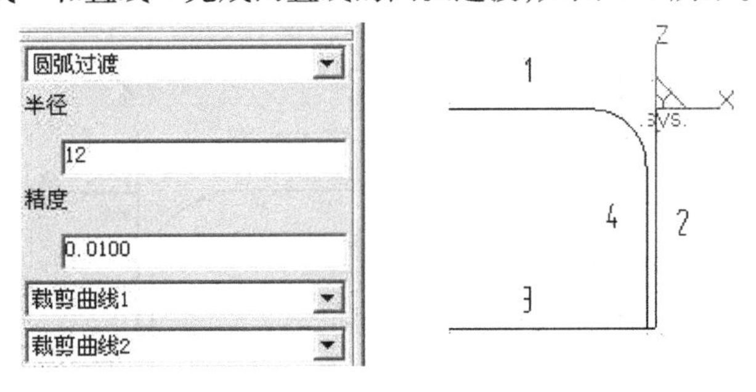


图8.5 圆弧过渡

⑤用两点线将直线1和直线3连结起来得到直线5，使图形封闭起来，如图8.6所示。

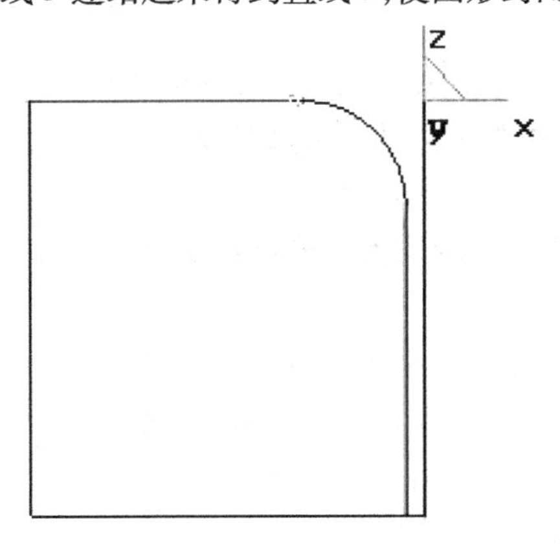


图8.6 作封闭直线

⑥单击曲线生成工具栏上的直线按钮，在立即菜单中选择“角度线”“直线夹角”，角度值为-10，拾取底边直线3，系统提示拾取第一点，然后用鼠标左键拾取直线2和直线3的交点，长度任意，单击鼠标左键确认得到直线6。结果如图8.7所示。

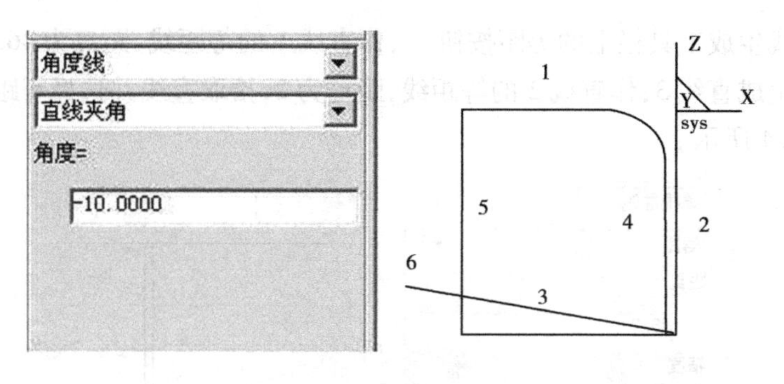


图 8.7 作角度线

⑦单击曲线生成工具栏上的圆弧按钮，在立即菜单中选择“两点_半径”方式，单击空格键在工具点菜单中选取切点，然后用鼠标分别拾取直线 5 和直线 6，按回车键在弹出的对话框中输入半径 30 并回车确认。结果如图 8.8 所示。

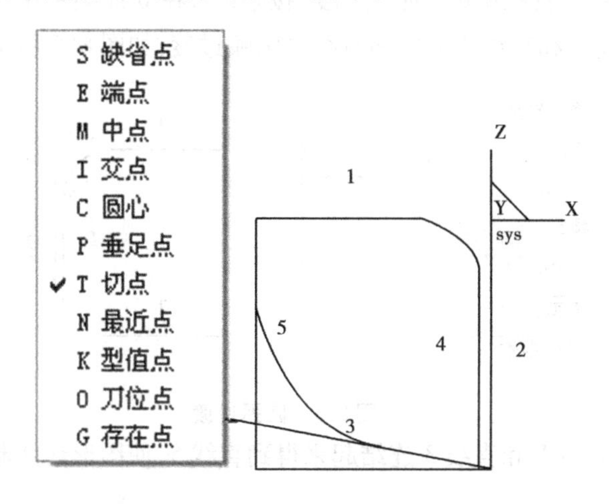


图 8.8 作 $R30$ 圆弧

***注意：在工具点菜单中如果选取了其他特征点，最好在使用后将特征点恢复为“缺省点”，否则在下次执行绘图命令时，不能正确拾取点造成不能正常绘图。***

⑧鼠标单击线面编辑工具栏中的“曲线裁剪”按钮，在立即菜单中选择“快速裁剪”“正常裁剪”方式，裁剪掉多余的线段。结果如图 8.9 所示。

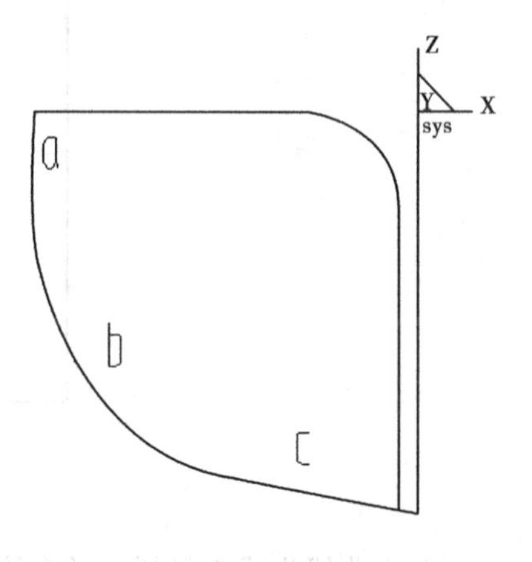


图 8.9 曲线裁剪

至此我们通过绘图求得了三条曲线 $a$、$b$、$c$，而吊耳的曲面就是由这三条基本曲线组成的。

⑨单击曲线生成工具栏上的等距按钮，分别作曲线 $a$、$b$、$c$ 的等距线，距离为 2(曲面板的厚度)，拾取直线并选择等距方向生成等距线，如图 8.10 所示。

***注意：曲线 $c$ 在生成等距线时会多出一小段，用“曲线裁剪”将它裁剪掉(图形的右下***

*角）,如图8.11 所示。*

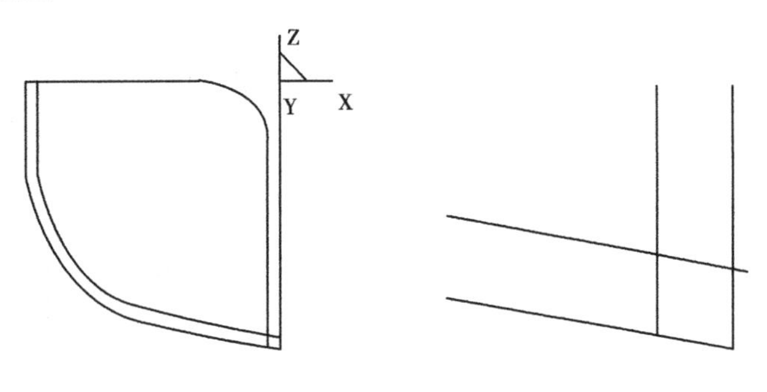

图 8.10 等距曲线　　　　图 8.11 曲线裁剪

⑩由于吊耳的穿孔与圆弧 $d$ 是同心圆,因此可以利用圆弧 $d$ 绘制出穿孔圆。单击曲线生成工具栏上的整圆按钮 ,在立即菜单中选择“圆心点_半径”方式;按空格键在工具点菜单上选择“圆心”,然后用鼠标拾取圆弧 $d$,系统会自动捕捉到圆心点,按回车键输入半径值 6 并确认。结果如图 8.12 所示。

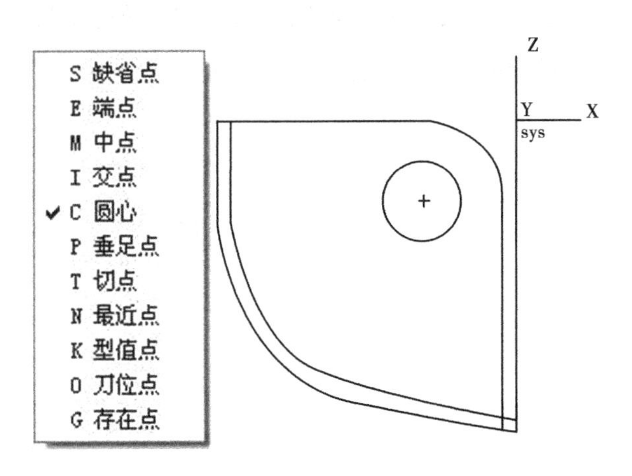


图 8.12 作 $R6$ 的圆

⑪对于大圆弧 $b$ 的圆心点,只能通过画点的方式进行确定。单击曲线生成工具栏上的点按钮 ,在立即菜单中选择“单个”“工具点”方式,按空格键在工具点菜单上选择“圆心”,然后用鼠标拾取大圆弧 $b$,得到圆心点 $B$,如图 8.13 所示。

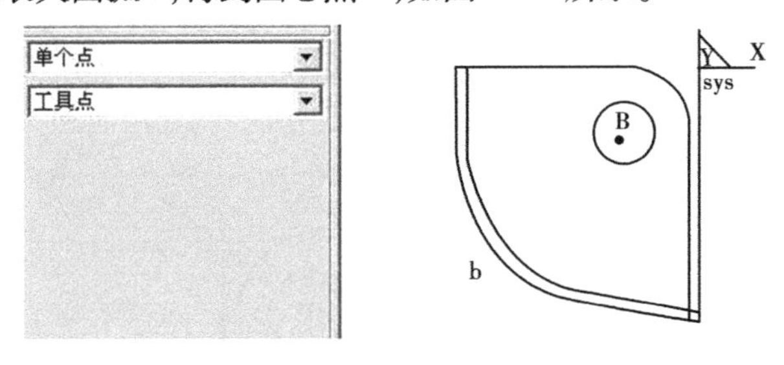


图 8.13 作圆弧 $b$ 的圆心点 $B$

⑫用两点线将圆弧 $b$ 的两个端点分别与圆心 B 相连接,如图 8.14 所示。

至此,就完成了吊耳中心截面的绘制,按 F8 键观察其轴测图,如图 8.15 所示。

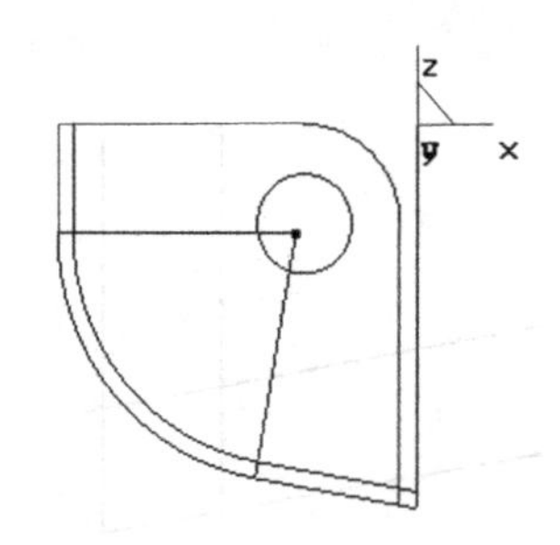


图 8.14 作圆弧和圆心连线

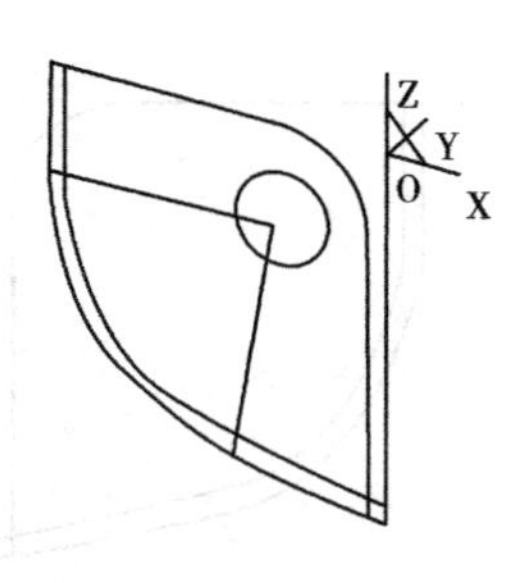


图 8.15 轴侧图显示

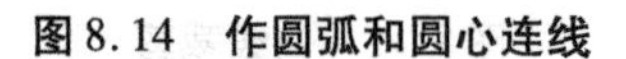

## 8.1.2 利用空间线架生成多个截面

根据图纸分析可知曲面是由上下两条不同半径的圆弧组成,因此在作截面之前必须先画出这两条圆弧,然后将圆弧等分,创建多个截面,最终实现放样增料生成曲面实体。

①按 F9 键将绘图平面转换为 *YOZ*,过 *A*、*B*、*C* 三点作水平线。该直线主要是用来画等分点,等分曲面圆弧。结果如图 8.16 所示。

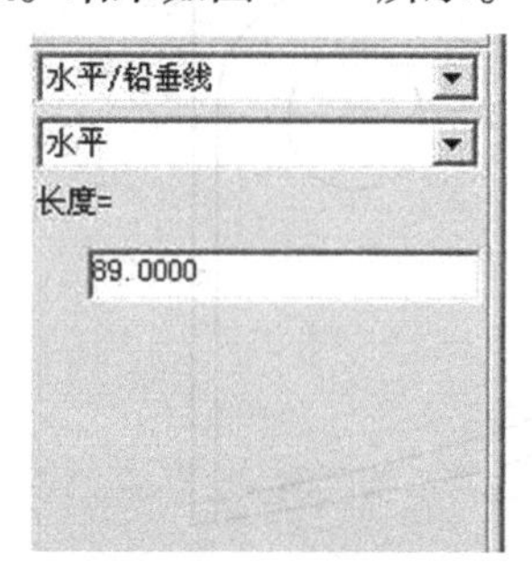


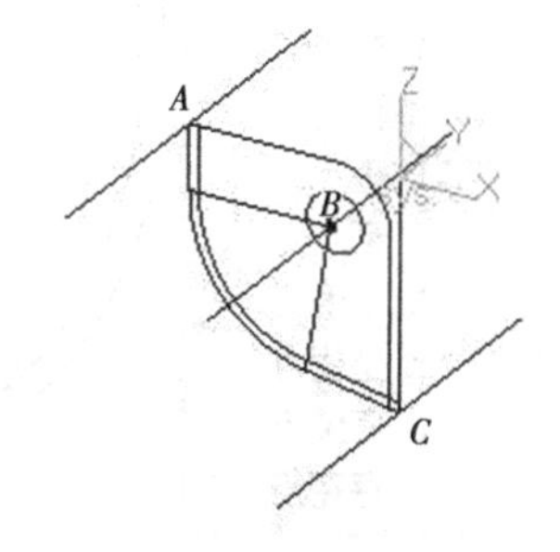


图 8.16 作三条水平线

②作上下表面的圆弧线。按 F9 键将绘图平面转换为 *XOY*,单击曲线生成工具栏上的整圆按钮 ⊙,在立即菜单中选择"两点_半径"方式,第一点选取"A"点,第二点选择"切点",拾取过"A"点的直线,按回车键,输入半径值"623",右键确认。绘制圆如图 8.17 所示。

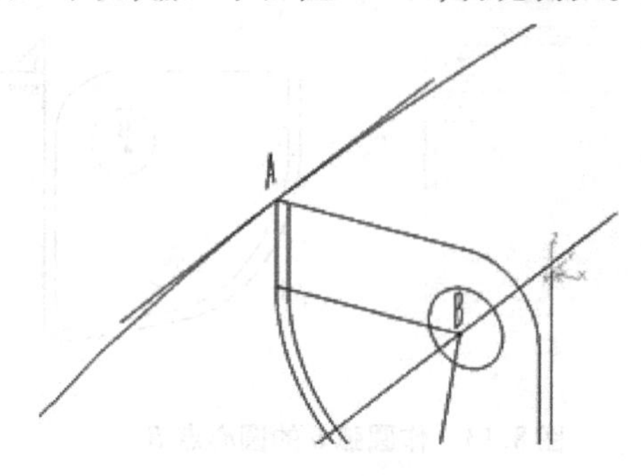


图 8.17 过"A"点作"*R*623"的圆

③使用两点线、正交、长度方式画两条直线。分别拾取直线的两个端点，方向都为 $X$ 轴的正方向，长度为“10”，绘制两条截线，如图 8.18 所示。

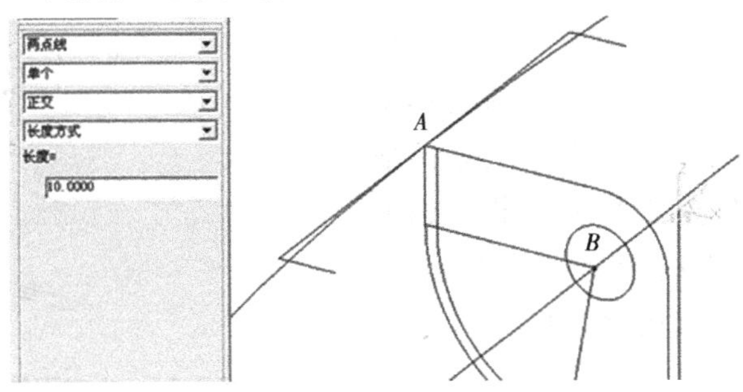


图 8.18　绘制两条截线

④利用删除工具将直线删掉，用裁剪工具将多余的线段裁剪掉，只保留圆弧和两条裁剪过的截线，如图 8.19 所示。

⑤单击曲线生成工具栏上的等距按钮，作圆弧线的等距线，距离为“2”（曲面板的厚度）。拾取圆弧线并选择等距方向（$X$ 轴的正方向）生成圆弧线，如图 8.20 所示。

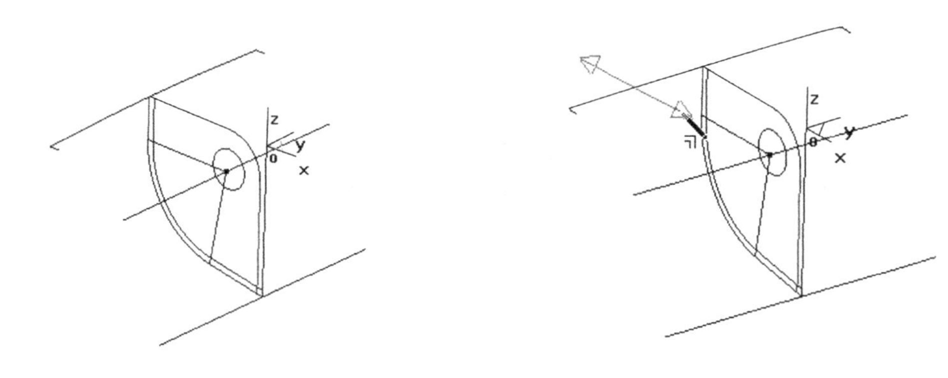


图 8.19　裁剪圆弧和截线　　　　图 8.20　等距圆弧线

⑥单击线面编辑工具栏中的“曲线过渡”按钮，在立即菜单中选择“尖角”方式，拾取圆弧 1、直线 2、圆弧 1 和直线 3，完成圆弧和两直线的尖角过渡，形成一个封闭的轮廓。结果如图 8.21 所示。

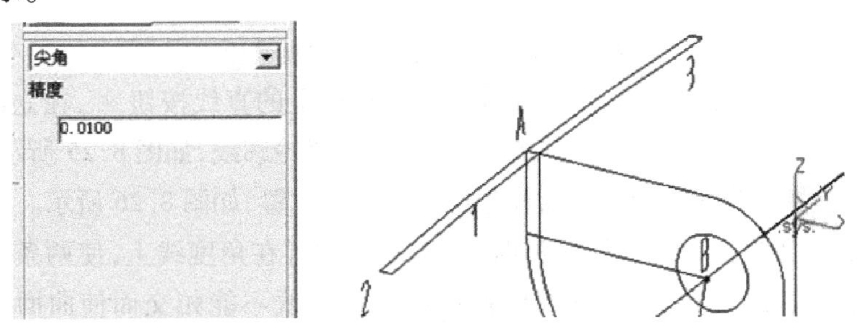


图 8.21　编辑封闭轮廓线

⑦下表面圆弧线的绘制方法基本与上表面圆弧线的绘制方法完全一致，这里就不再重

述了。结果如图8.22所示。

⑧使用平移功能将上下曲面的轮廓线移动到过渡圆弧与其圆心$B$连线的交点处。单击几何变换工具栏中的平移按钮,在立即菜单中选择"两点""拷贝""非正交"方式,拾取上表面圆弧线,单击右键确认,系统提示输入基点,拾取圆弧与截面线的交点为基点($A$点),将线段拷贝到与基点相对应的点($B$点),单击左键确认。结果如图8.23所示。

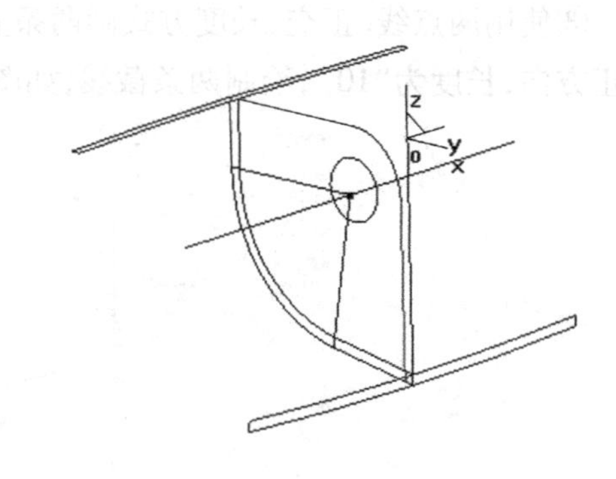

图8.22　生成下表面封闭轮廓线

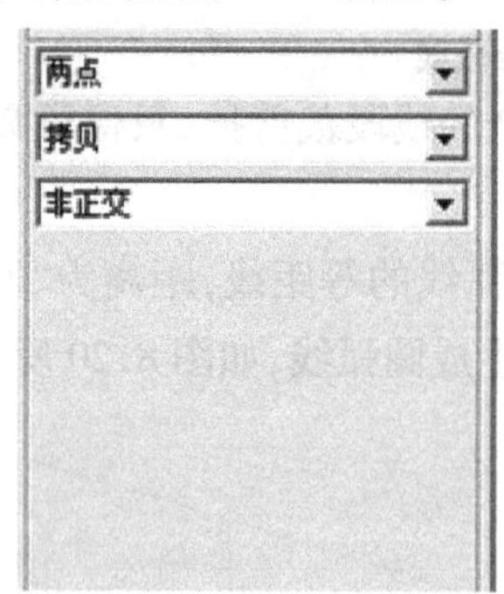

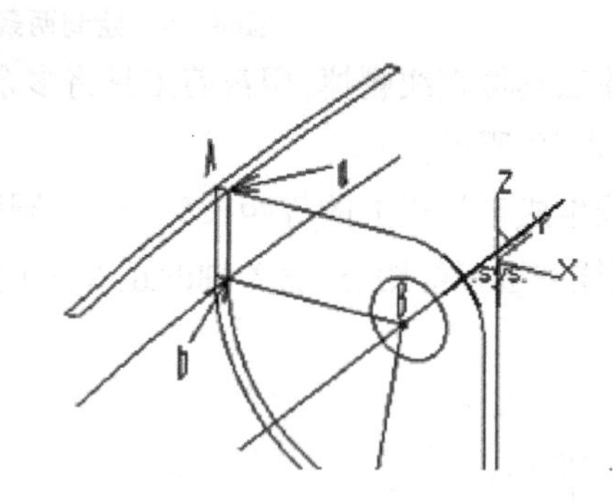

图8.23　复制上表面圆弧线

⑨采用上述方式复制出上表面另一条圆弧线,如图8.24所示。

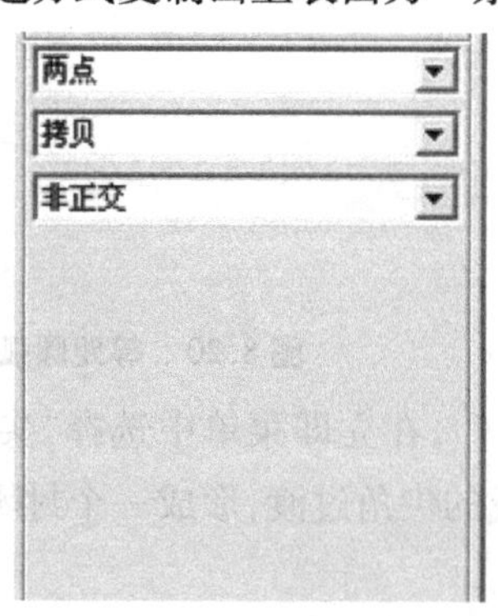

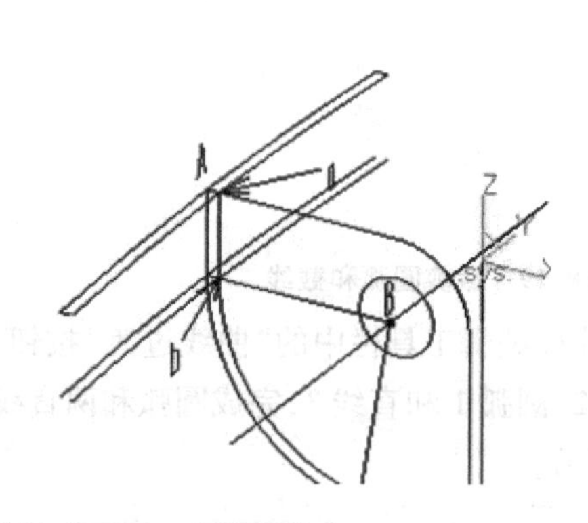

图8.24　复制上表面另一条圆弧线

⑩作两圆弧线的端点连线。单击曲线生成工具栏上的直线按钮,在立即菜单中选择"两点线""单个""非正交",拾取圆弧的端点,形成封闭轮廓线,如图8.25所示。

⑪用此方法将下曲面的所有轮廓线拷贝到相应的位置,如图8.26所示。

注意:在进行下曲面的轮廓线拷贝时,由于基点位置在角度线上,使两条截面线在拷贝时也存在一定的角度,因此,造成两端的截面线与圆弧线不能相交而使曲面的轮廓线不封闭。在拷贝时,可以只拷贝两段圆弧线,然后用两点线(非正交)直接将圆弧的两端点连接,这样就可以实现下曲面轮廓线的封闭了。

⑫封闭上下曲面的轮廓线,构造空间线架。使用两点线(非正交)将新生成的曲面轮廓

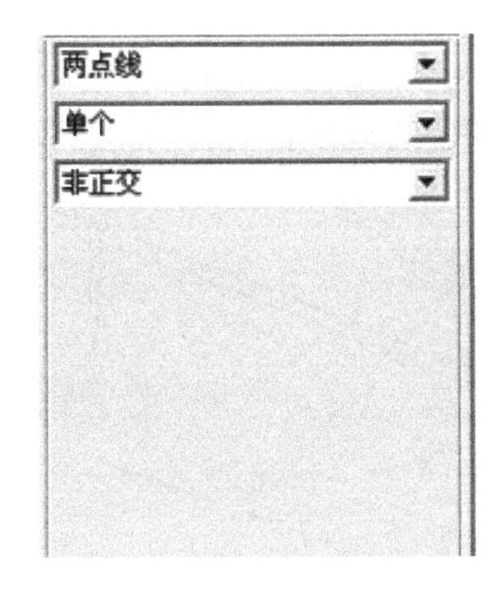

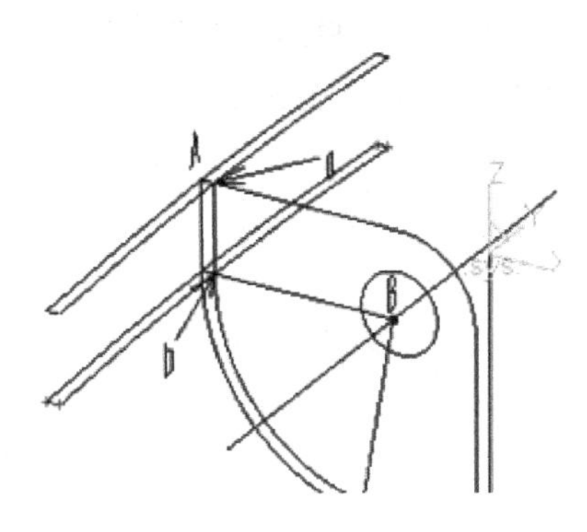

图 8.25 形成封闭轮廓线

线与原有轮廓线的 4 个角点分别对应连接,如图 8.27 所示。

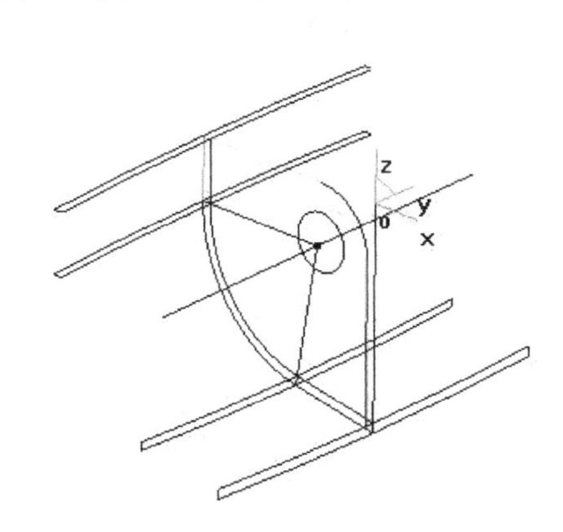

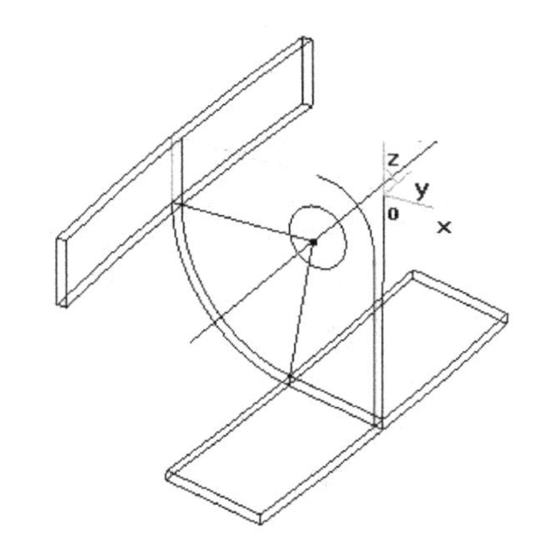

图 8.26 复制下表面封闭轮廓线　　　　图 8.27 绘曲面轮廓线

⑬通过等分点将上下圆弧等分。单击曲线生成工具栏上的点按钮 ,在立即菜单中选择“批量点”“等分点”,段数为“10”,用鼠标直接拾取辅助线,系统自动在直线上标出 11 个点,如图 8.28 所示。

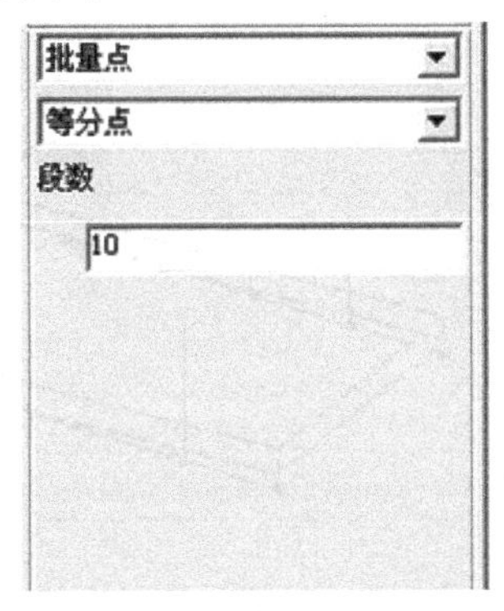

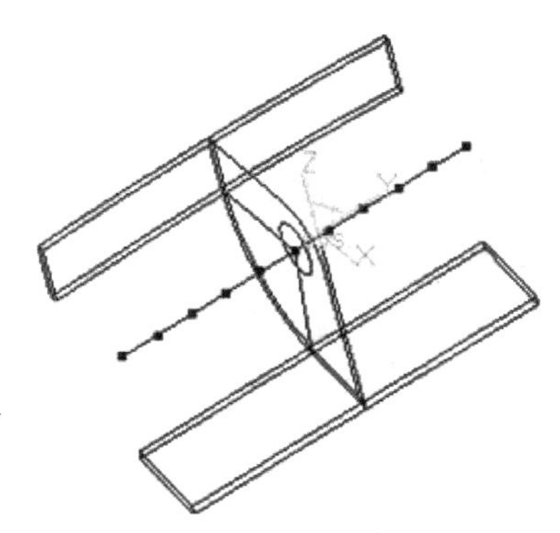

图 8.28 生成批量等分点

接下来就要用这 11 个点将上圆弧线等分为 11 个截面。由于辅助线两个端点相对应的是圆弧的端点,因此选择辅助线上的第二点为例作圆弧线等分。

⑭使用两点线“正交”“点方式”(长度方式),长度值任意(建议长度为 35),方向为 $X$ 轴

的负方向。鼠标拾取的第一点为辅助线上的点，第二点为 $X$ 轴负方向上的任意位置，这样通过绘制辅助线，在圆弧截面上得到了两个交点，将多余的线段裁剪掉，如图 8.29 所示。

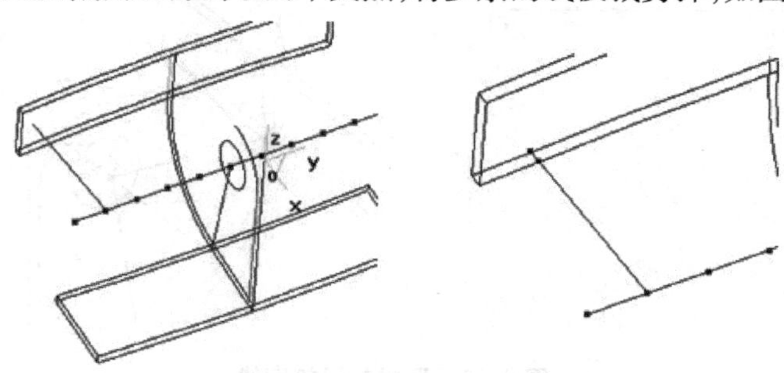

**图 8.29　编辑辅助线**

⑮利用“平移”功能，将中心截面上的直线拷贝到与之相对应的点上，然后用两点线封闭该截面，如图 8.30 所示。

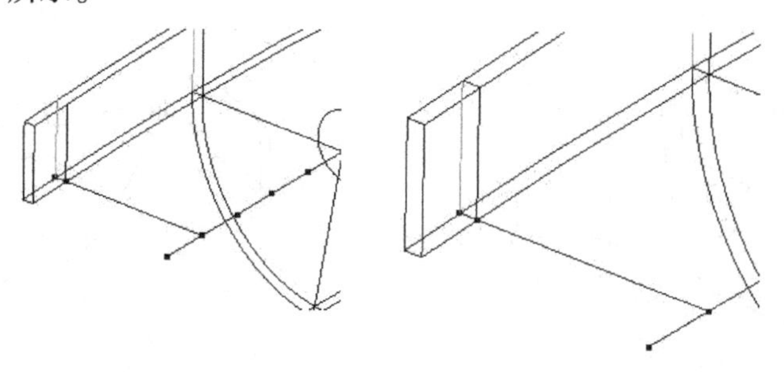

**图 8.30　绘制封闭截面线**

⑯在等分下曲面圆弧时，要重新绘制 4 条辅助线，并在线段上标出 11 个等分点，操作步骤基本与第一条辅助线的绘制方法相同。结果如图 8.31 所示。

⑰等分下曲面圆弧的方法与等分上曲面的方法基本相同，也是使用两点线（正交）向 $Z$ 轴的正方向作直线，如图 8.32 所示。

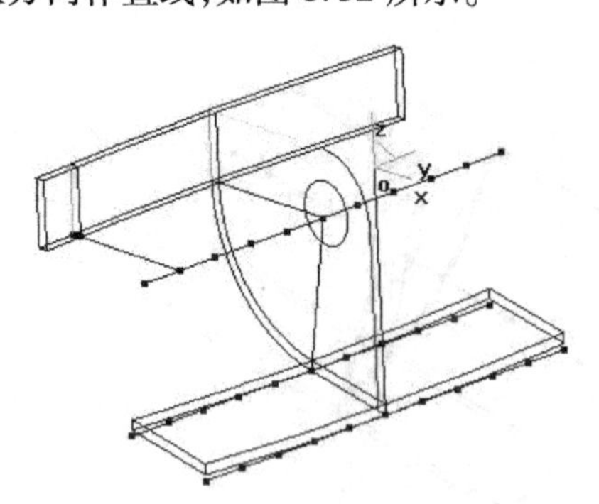

**图 8.31　绘下曲面圆弧等分点**

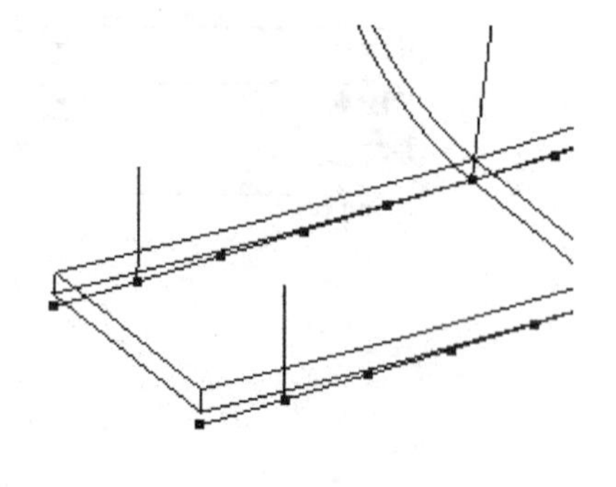

**图 8.32　作 $Z$ 轴正方向的直线**

⑱单击线面编辑工具栏中的“曲线裁剪”按钮，在立即菜单中选择“线裁剪”“投影裁剪”方式，拾取左上直线作剪刀线，拾取靠中心的圆弧段为保留段，裁剪效果如图 8.33 所示。求得交点，然后用两点线（非正交）连接两点，删除直线。将裁剪方式转换为“快速裁剪”“正

常裁剪”,将另一条直线多余的线段裁剪掉,连接各点形成封闭的轮廓线。单击“曲线拉伸”按钮 ,将两条圆弧线拉伸到原样,如图 8.34 所示。

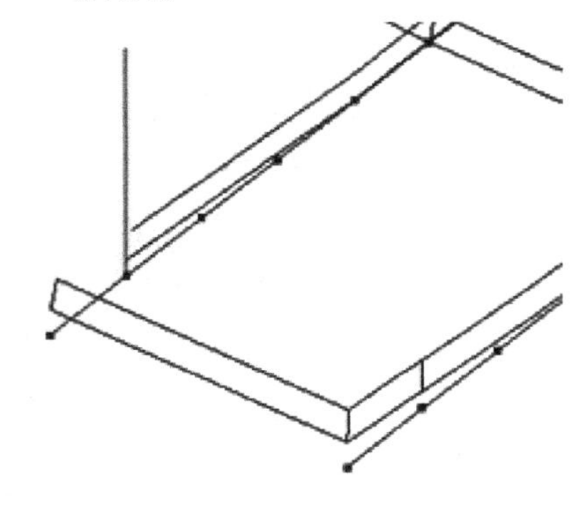

图 8.33　求圆弧的交点

用三点圆弧方式连结上下截面。通过图纸分析可知,连接两个截面的圆弧首先要保证与上下两个截面相切,而且必须过上截面直线的下端点。

⑲使用三点圆弧来连接上下截面。单击曲线生成工具栏上的圆弧按钮 ,在立即菜单中选择“三点”方式画圆弧,单击空格键在工具点菜单中选取“切点”,然后用鼠标拾取上截面直线的第一点,单击空格键在工具点菜单中选取“缺省点”;然后用鼠标拾取截面直线的下端点,单击空格键在工具点菜单中选取“切点”;然后用鼠标拾取在下截面直线上的第三点,完成圆弧连接。同理可以实现外侧的圆弧连接,如图 8.35 所示。

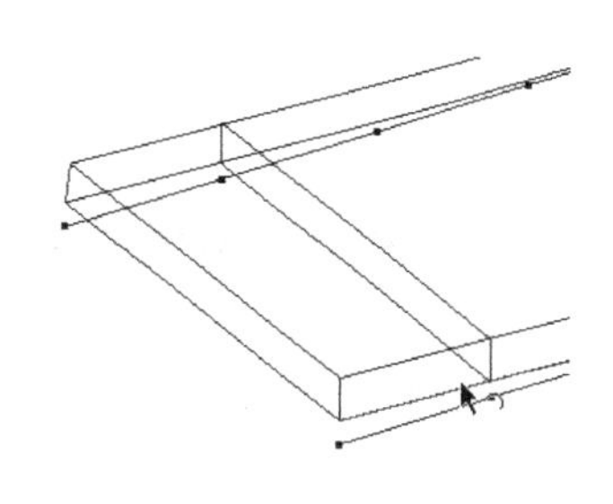

图 8.34　截面轮廓线

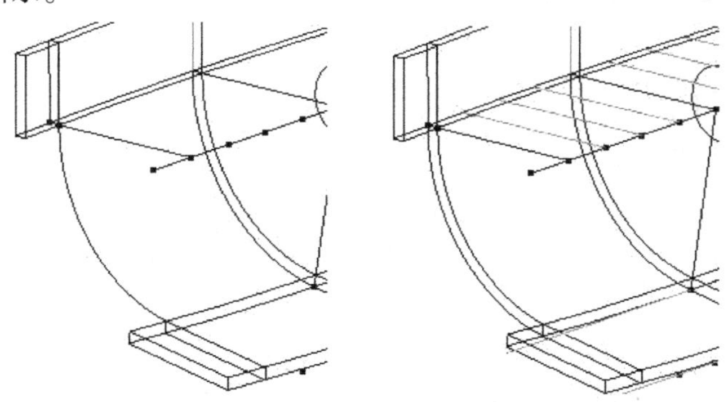

图 8.35　作截面上的圆弧

⑳采取相同方法,利用辅助线上的各点,生成其他各条直线,将上下曲面等分成 11 份并生成 11 个截面,如图 8.36 所示。

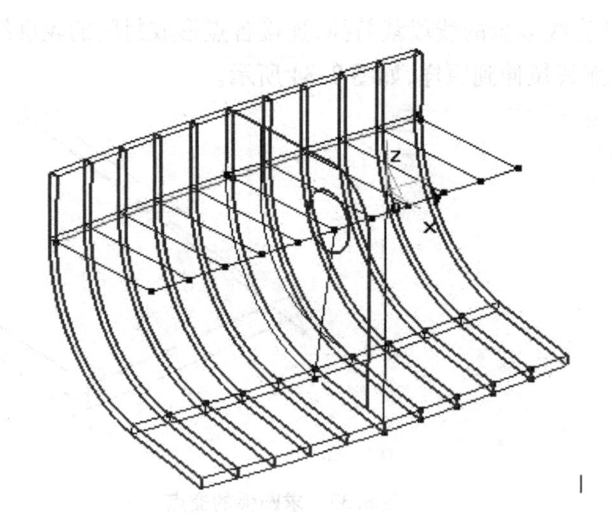


图 8.36　生成 11 个截面

## 8.1.3　多个截面生成放样实体

在进行实体放样前，首先要有多个截面草图，可以通过“构造基准面”来实现多个截面草图的绘制。

①单击特征工具中的构造基准面按钮，系统弹出“构造基准面”对话框，选择“等距平面确定基准平面”项，在距离框中输入“44.5”，单击特征树上平面 *XZ*，再单击“确定”按钮，如图 8.37 所示。这时在特征树中会自动生成一个新平面，用鼠标选中该平面单击右键，在右键菜单中选择“创建草图”，如图 8.38 所示。

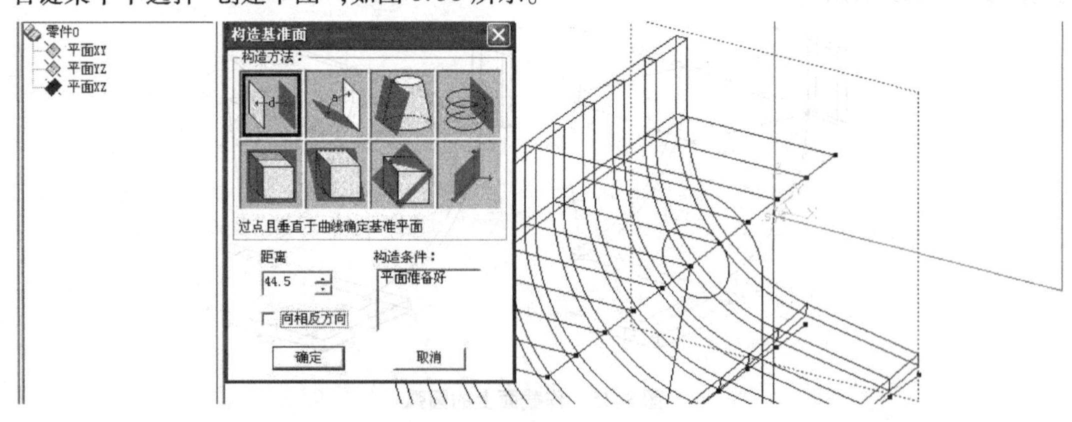


图 8.37　创建作图平面

②单击曲线生成工具栏中的曲线投影按钮，然后用鼠标拾取图形右侧的截面轮廓，使轮廓线投影到草图上生成该截面轮廓的草图，如图 8.39 所示。

③在生成其他草图时，由于具体距离不清，可以选择“过点且平行平面确定基准面”。首先，选定 *ZOX* 平面，然后拾取一个特征点（截面上的任意一个特征点），就可以生成一个新的

平面,如图 8.40 所示。草图的投影绘制基本与上一个草图的绘制一致,这里就不再复述了。

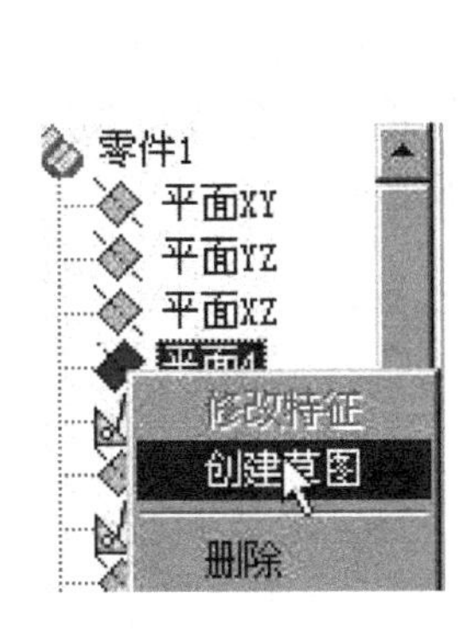


图 8.38　创建草图

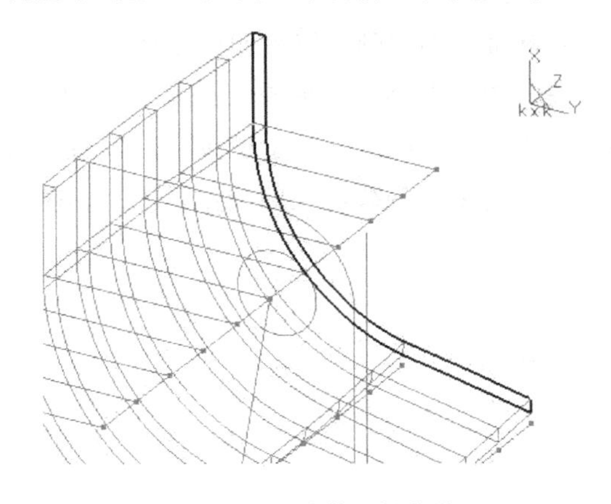

图 8.39　生成截面轮廓草图

注意:在绘制草图的同时,可以单击曲线工具栏中的按钮,来检查草图环是否闭合,如果不闭合,就应该找到相应的标记处对草图进行修改。

④单击特征生成工具栏中的放样增料按钮,在放样对话框中按顺序拾取草图,拾取的位置应该尽量保持一致,这样才能正确地生成曲面实体。拾取完毕后单击"确定"按钮完成曲面实体的造型,如图 8.41 所示。

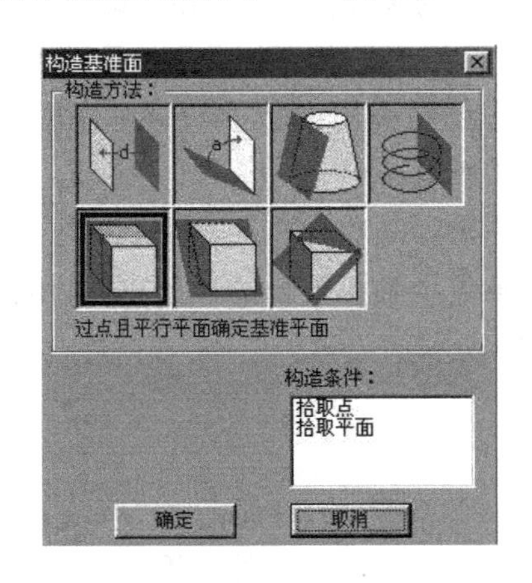


图 8.40　"过点且平行平面确定基准面"

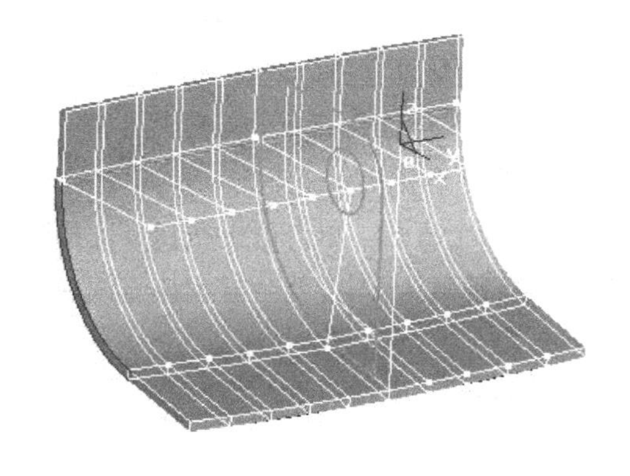

图 8.41　生成"放样"实体

## 8.1.4　零件中其他实体的生成

由于吊耳的外轮廓线已经画好,只需要将曲线投影到相应的草图平面即可生成草图,因此,我们只需要画出零件除料部分、两个盲孔和一个通孔的草图,然后通过特征生成来完成整个零件的造型。

(1)画零件除料部分

①由于生成放样实体后,零件中的一些曲线很不容易看到。为便于观察零件,可以使用"编辑"菜单下的"隐藏"功能将一些不重要的线段隐藏。对于实体,可使用消隐显示功能

,使实体不可见,如图 8.42 所示。

②零件除料部分的绘制。单击曲线生成工具栏上的等距按钮 ,选择中心截面外侧的直线,作等距线,距离为“8”;拾取直线并选择等距方向生成直线(*X* 轴的正方向),作中心截面下底边外侧直线的等距线,距离为“8”;拾取直线并选择等距方向生成直线(*X* 轴的正方向),生成直线后将多余的线段用曲线裁剪去掉,如图 8.43 所示。

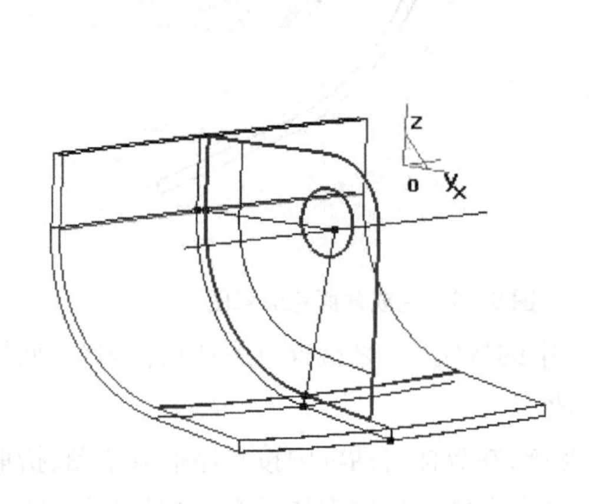

图 8.42　“隐藏”部分线条

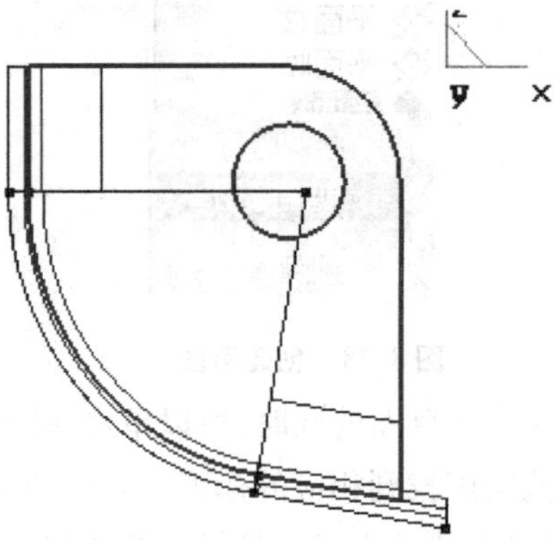

图 8.43　作 8 mm 等距线

③用圆弧连接两条等距线。单击曲线生成工具栏上的圆弧按钮 ,在立即菜单中选择“两点_半径”方式,单击空格键,在工具点菜单中选取切点,然后用鼠标分别拾取两条新生成的等距线,这时系统会提示“第三点或半径”,按回车键在弹出的数值对话框中输入半径“22”并确认。零件除料部分的轮廓线完成,如图 8.44 所示。

(2)绘制各个孔

①绘制两个盲孔。单击可见按钮 ,找到与 *Z* 轴负半轴相重合的一条直线,用鼠标选中它,单击右键确认,图中就会显示该直线,如图 8.45 所示。

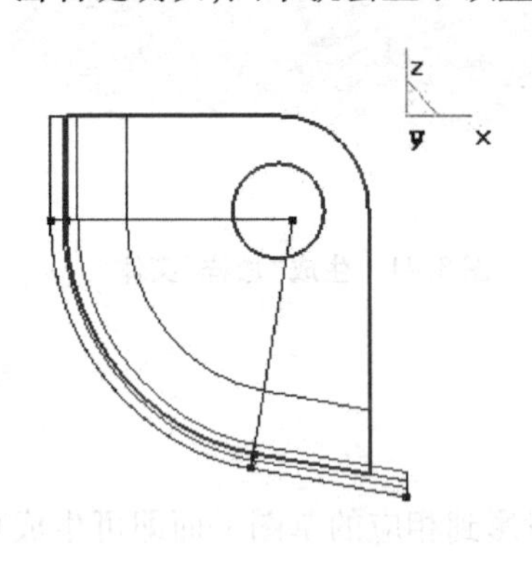

图 8.44　除料轮廓线

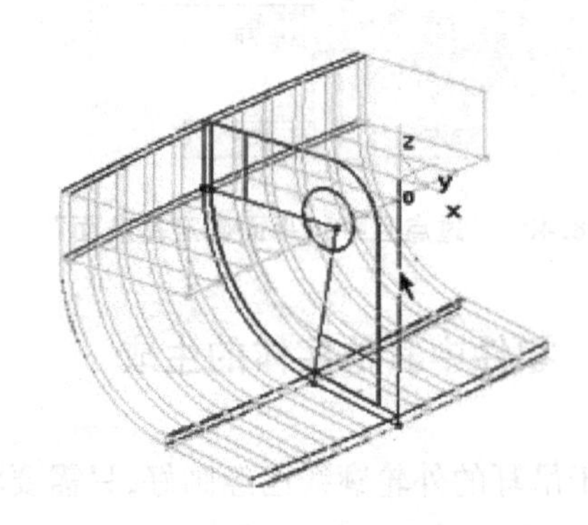

图 8.45　显示 *Z* 轴负半轴重合的直线

②单击曲线生成工具栏上的等距按钮 ,作该直线的等距线,距离为“23.4”,拾取直线并选择等距方向(*X* 轴的负方向)生成直线,如图 8.46 所示。

③单击曲线生成工具栏上的整圆按钮 ,在立即菜单中选择“圆心点_半径”方式,以等距线的上端点为圆心点画圆,回车输入半径值“2”,再回车确认,如图 8.47 所示。

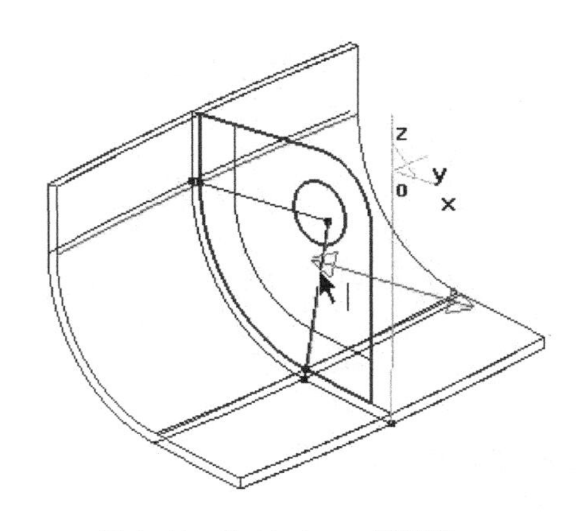


图 8.46　作 23.4 mm 等距线

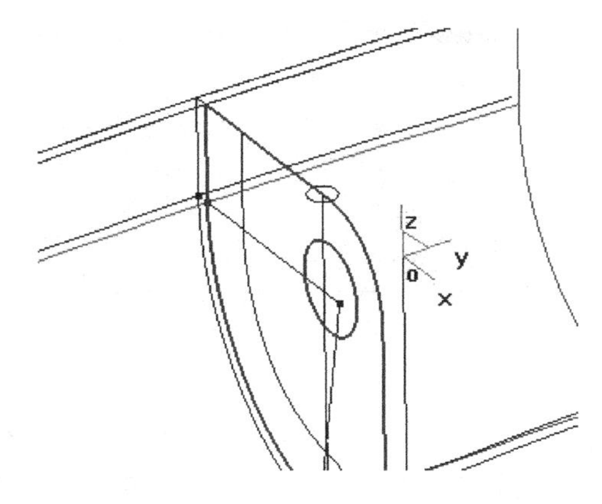


图 8.47　作 *R*2 圆

④单击几何变换工具栏中的平移按钮，在立即菜单中选择平移方式“偏移量”“拷贝”，DY = −28.5(28.5)，用鼠标拾取上表面的圆，单击右键确认，生成另外两个空心圆。结果如图 8.48 所示。

⑤通孔的绘制。由图纸分析可知，通孔的圆心坐标为(0,0, −12)，因此可以直接单击曲线生成工具栏上的整圆按钮，在立即菜单中选择作圆方式“圆心点_半径”，输入圆心坐标(0,0, −12)，半径“4”，回车确定。结果如图 8.49 所示。

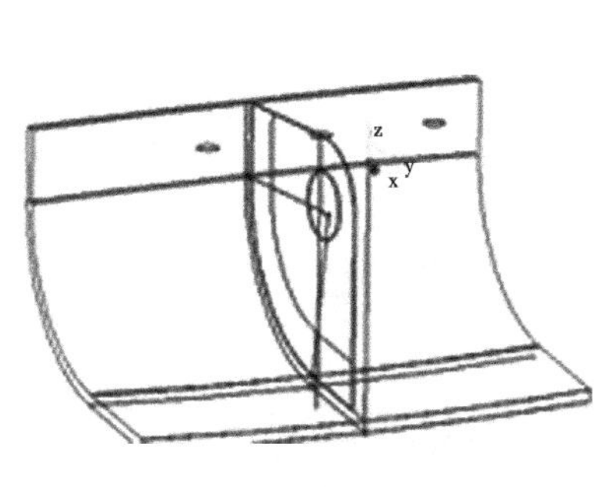

图 8.48　“拷贝”R2 圆

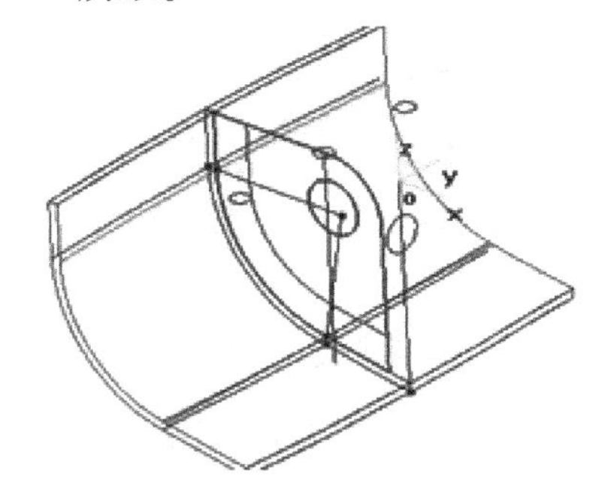

图 8.49　作通孔圆

(3)对空间曲线进行投影生成草图零件其余实体的造型

①拉伸增料。选中平面 *XZ*，单击右键在菜单中选择“创建草图”。单击曲线生成工具栏中的曲线投影按钮，然后用鼠标拾取截面(吊耳支撑板)轮廓，使轮廓线投影到草图上生成该截面轮廓的草图，投影后用曲线裁剪将多于的线段裁剪掉以保证草图的封闭性。结果如图 8.50 所示。

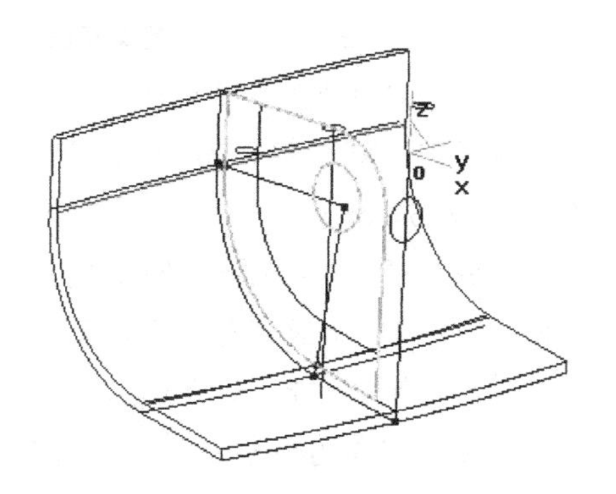

图 8.50　绘吊耳支撑板轮廓草图

②单击特征生成工具栏中的拉伸增料按钮，在拉伸对话框中选择“双向拉伸”、深度为“69”，增加向外拔模斜度“0.05”，选择草图，单击“确定”按钮。完成拉伸增料，如图 8.51 所示。

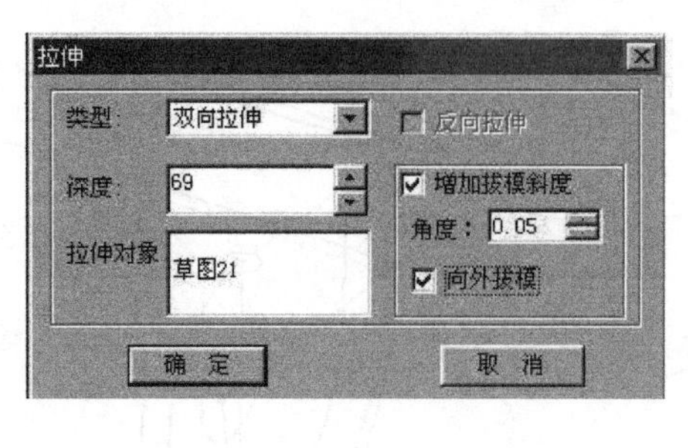


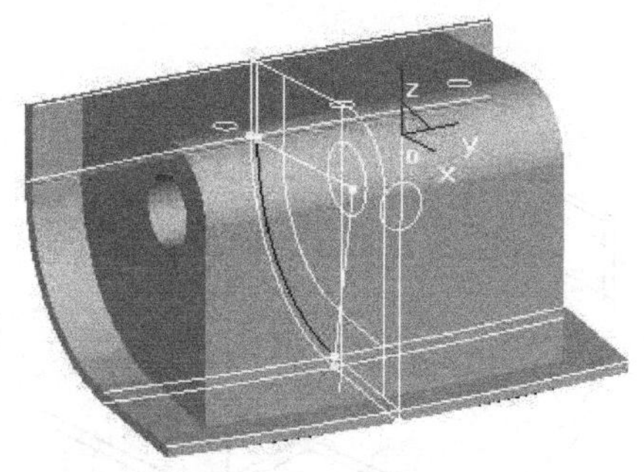

图 8.51 “拉伸增料”生成支撑板

③选中平面 $XZ$,单击右键在菜单中选择“创建草图”。单击曲线生成工具栏中的曲线投影按钮,然后用鼠标拾取截面轮廓,使轮廓线投影到草图上生成该截面轮廓的草图,投影后用曲线裁剪将多于的线段裁剪掉以保证草图的封闭性。结果如图 8.52 所示。

④除料部分在操作方法上基本与增料一样,只不过是使用工具栏中的拉伸除料按钮,除料深度“45”,这里不再复述了。结果如图 8.53 所示。

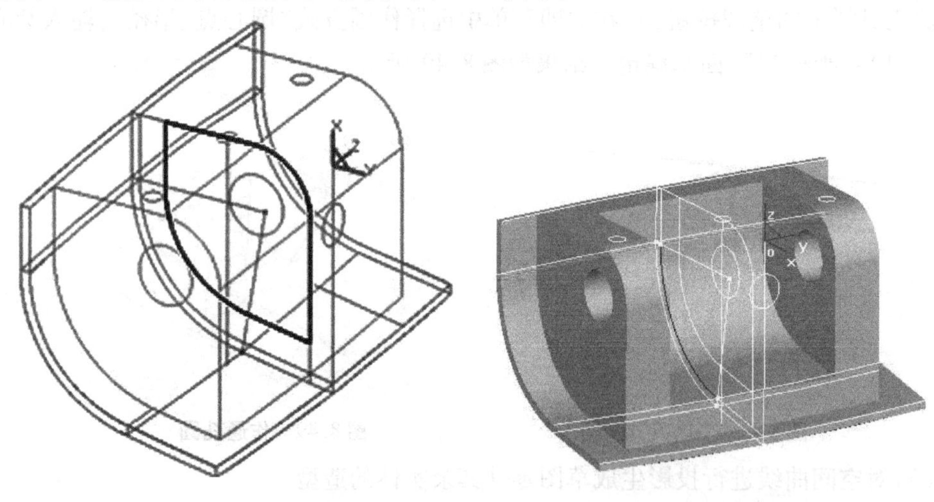

图 8.52 除料轮廓草图　　图 8.53 拉伸除料

⑤其余各孔在投影方法上与上面所讲的投影方法是一样的,不同之处在于曲线是向不同平面投影。例如两个盲孔就是向 $XOY$ 面投影生成草图,而通孔则是向 $ZOY$ 面投影生成草图,如图 8.54 所示。

⑥它们在选择拉伸类型上也有所不同,对应盲孔应选择“固定深度”并填入深度值“18”,单击确定生成盲孔。而对于通孔,就直接选取贯穿就可以实现实体造型,如图 8.55 所示。最后结果如图 8.56 所示。

⑦零件实体的圆角过渡。在过渡之前先将所有的空间曲线隐藏。选择“编辑”→“隐藏”命令,按“W”键全选,单击右键确认。结果如图 8.57 所示。

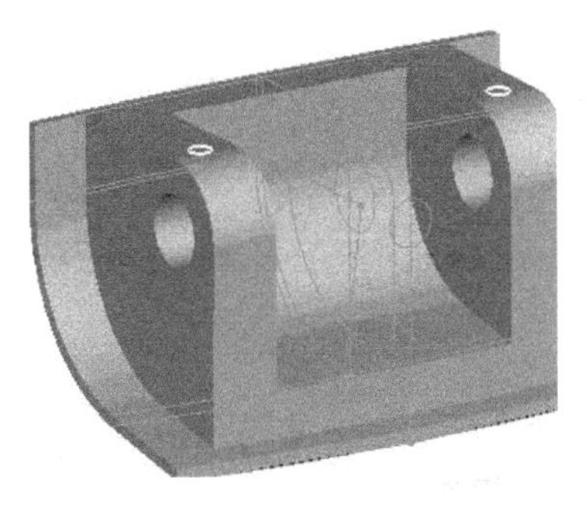

图 8.54　生成各孔草图

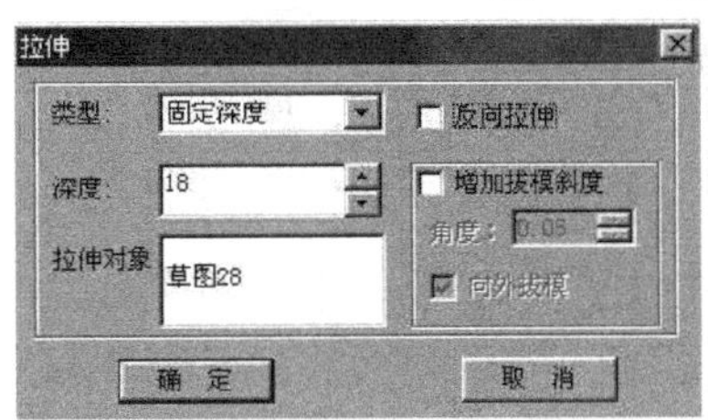


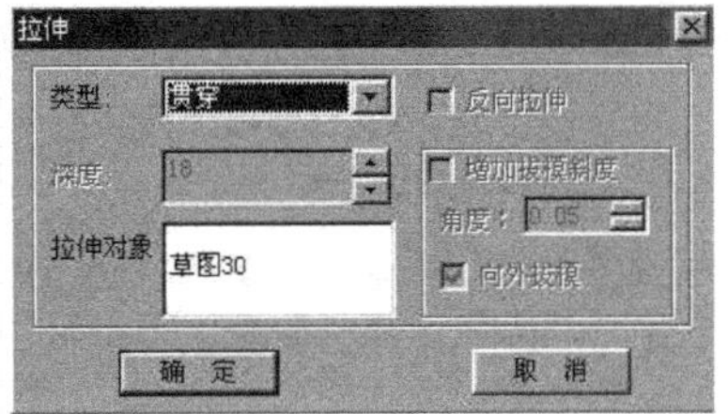


图 8.55　拉伸除料方式选择

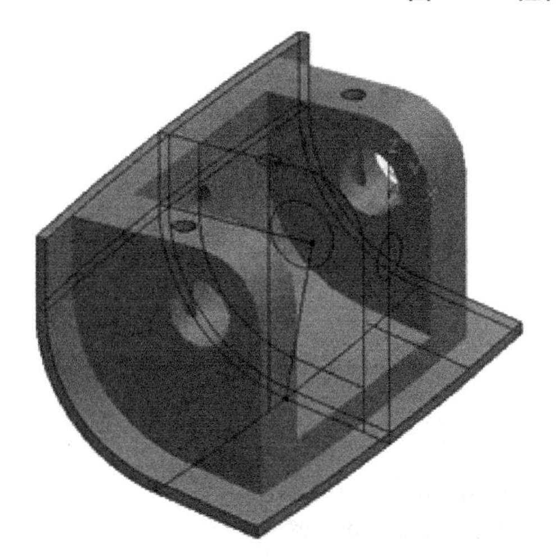

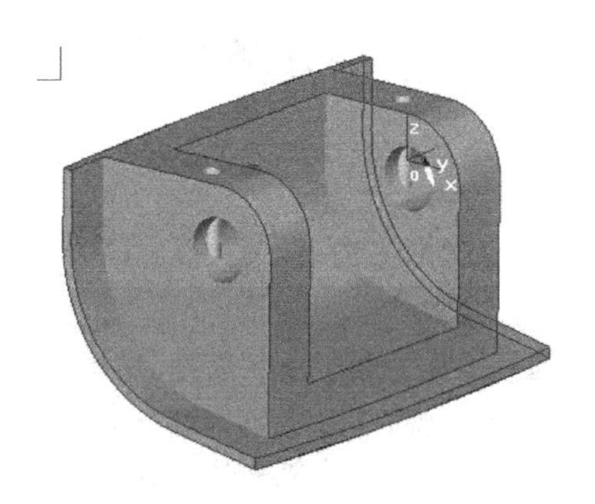


图 8.56　孔的拉伸除料　　　　图 8.57　显示吊耳实体

过渡时最好将零件实体分组。第一组:过渡放样曲面。第二组:零件两个支承板上的棱线。第三组:各个圆孔的过渡。第四组:支承板与放样曲面的过渡。

⑧首先单击过渡按钮 ,在半径对话框中填入“0.5”,然后用鼠标拾取放样曲面实体的各条线,然后单击“确定”按钮,完成放样曲面的过渡。接下来的第二组与第三组在操作方法上与第一组的方法完全一样,这里就不再复述了。结果如图 8.58 所示。

⑨单击过渡按钮,在半径对话框中填入“5”,然后用鼠标拾取支承板与放样曲面的交线,还有支承板内侧的交线,然后单击“确定”按钮,完成零件的过渡处理,如图 8.59 所示。至此,整个零件造型完成。

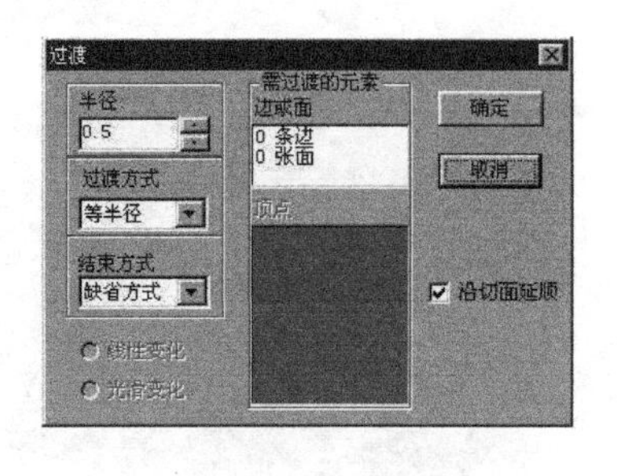


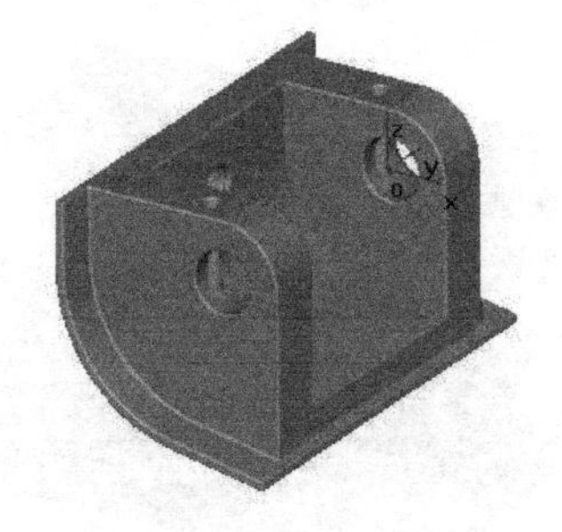

图 8.58 “过渡”棱边

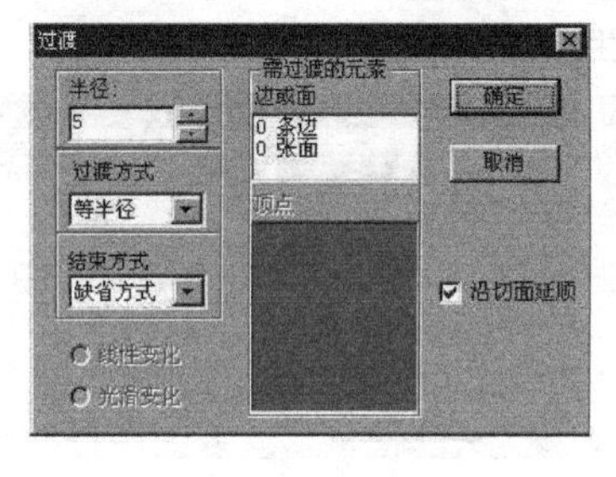


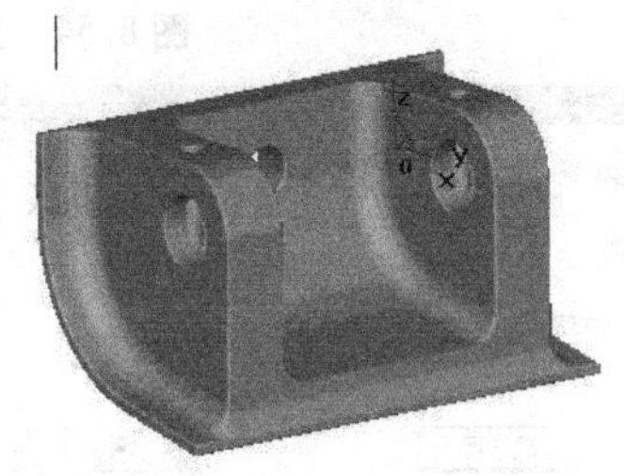

图 8.59 *R*5 圆弧过渡

# 任务 8.2 加工前的准备工作

## 8.2.1 设定加工刀具

①选择屏幕左侧的“加工管理”结构树，双击结构树中的刀具库,弹出刀具库管理对话框。单击“增加铣刀”按钮,在对话框中输入铣刀名称,如图 8.60 所示。

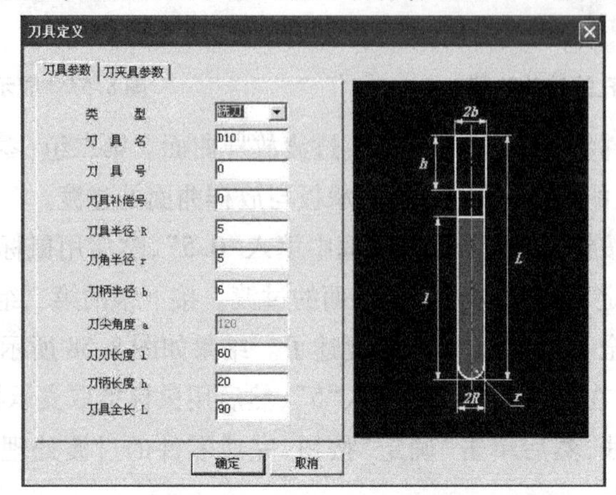


图 8.60 “刀具定义”对话框

②设定铣刀的参数。在刀具库管理对话框中键入正确的数值,刀具定义即可完成。其中,刀刃长度和刃杆长度与仿真有关而与实际加工无关,在实际加工中要正确选择吃刀量和吃刀深度,以免刀具损坏。

## 8.2.2 后置设置

用户可以增加当前使用的机床,给出机床名,定义适合自己机床的后置格式。系统默认的格式为 FANUC 系统的格式。

①选择屏幕左侧的"加工管理"结构树, 双击结构树中的"机床后置",弹出"机床后置"对话框。

②增加机床设置,选择当前机床类型,如图 8.61 所示。

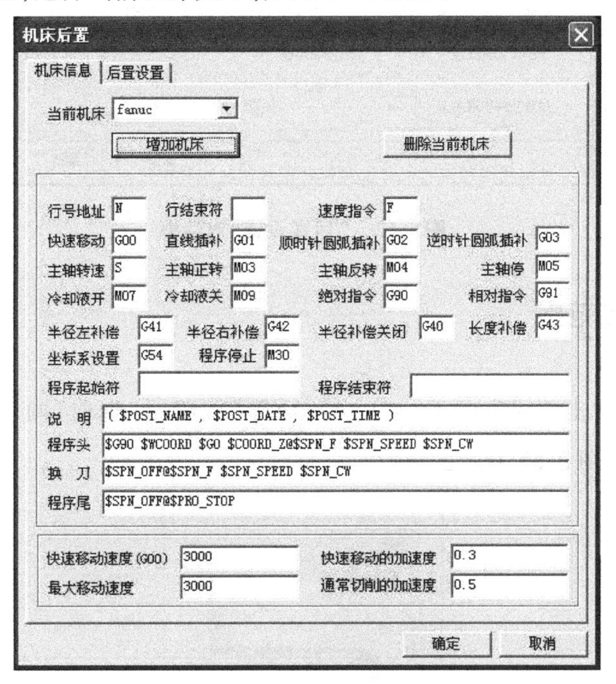


**图 8.61 "机床信息"对话框**

③后置处理设置。选择"后置处理设置"标签,根据当前的机床设置各参数,如图 8.62 所示。

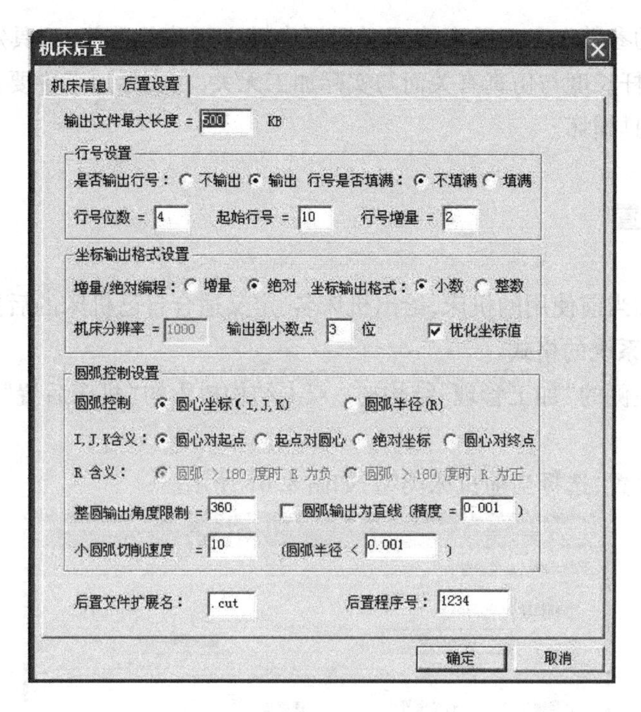


图 8.62 “后置设置”对话框

## 8.2.3 设定加工范围

①按下F5键，单击曲线生成工具栏上的“矩形”按钮，选取“两点矩形”，要求矩形包围吊耳实体，绘制如图 8.63 所示的矩形。

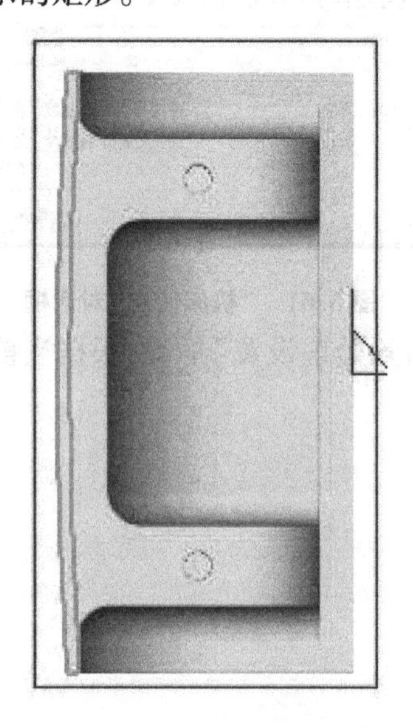

图 8.63 “毛坯”上表面轮廓

②按F8键显示其轴测图,单击“平移”按钮,选择“拷贝”方式,输入距离 DZ = -46,得到另一个矩形。这两个矩形形成的空间立方体就是其加工区域。

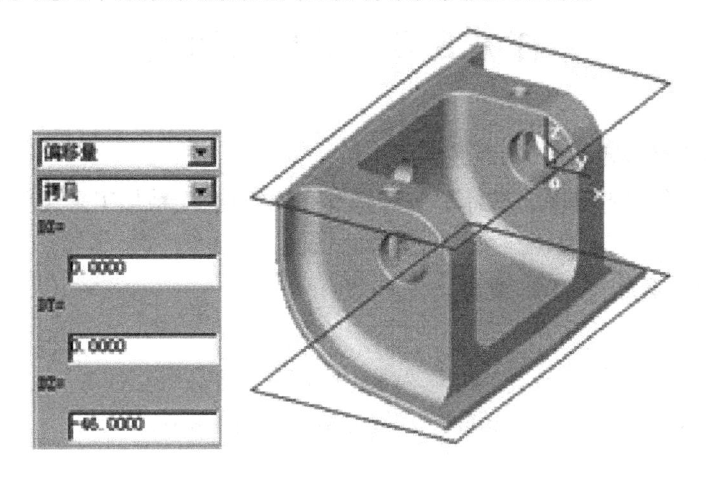


图 8.64 “毛坯”下表面轮廓

## 8.2.4 定义毛坯

选择屏幕左侧的“加工管理”结构树,双击结构树中的“毛坯”项,弹出“毛坯”对话框。选中“两点方式”复选框,再单击“拾取两点”按钮,系统提示拾取第一点和拾取第二点;选中下面矩形与上面矩形的两个对角点,右键确认返回到定义毛坯对话框,再单击右键确定。现有模型自动生成毛坯,如图 8.65 所示。

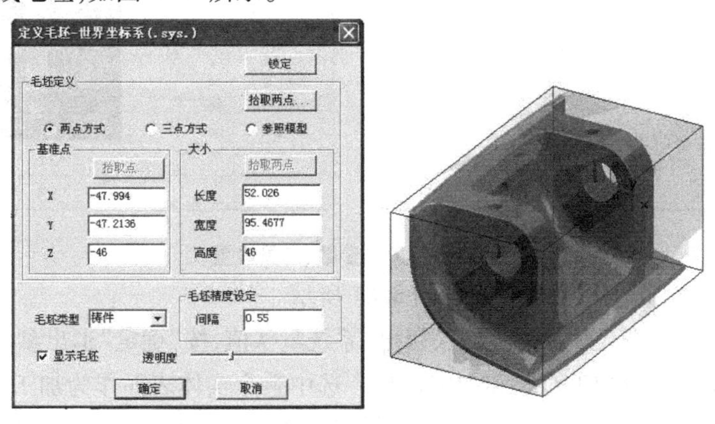


图 8.65 生成毛坯

# 任务 8.3　吊耳的加工

**加工思路:等高线粗加工、等高线精加工**

吊耳的整体形状较为陡峭,整体加工选择等高线粗加工,精加工采用等高线精加工。

## 8.3.1　等高线粗加工刀具轨迹

①设置“粗加工参数”。选择“加工”→“粗加工”→“等高线粗加工”命令,在弹出的“等高线粗加工”对话框中设置“粗加工参数”和“铣刀参数”,如图 8.66 所示。

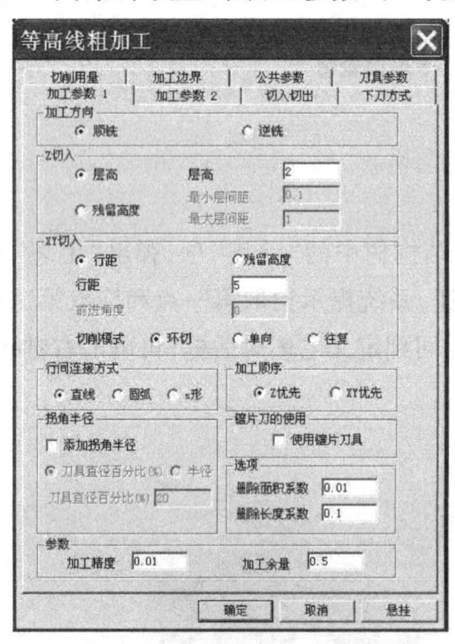


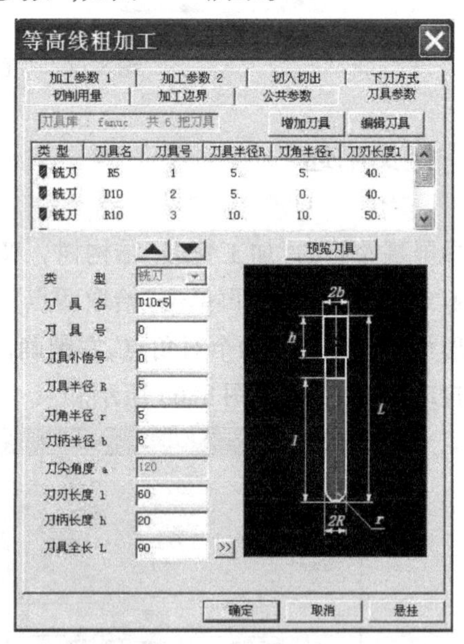


图 8.66　加工参数、刀具设置

②设置粗加工“切削用量”参数,如图 8.67 所示。

③确认“起始点”“下刀方式”“切入切出”系统默认值,按“确定”退出参数设置。

④按系统提示拾取加工对象和加工边界。选中整个实体表面作为加工对象,系统将拾取到的所有实体表面变红,然后单击鼠标右键确认拾取;再拾取矩形作为加工边界,单击右键确认。

⑤生成粗加工刀路轨迹。系统提示:“正在计算轨迹请稍候”,然后系统就会自动生成粗加工轨迹。结果如图 8.68 所示。

⑥隐藏生成的粗加工轨迹。拾取轨迹,单击鼠标右键在弹出菜单中选择“隐藏”命令,隐藏生成的粗加工轨迹,以便于后面的操作。

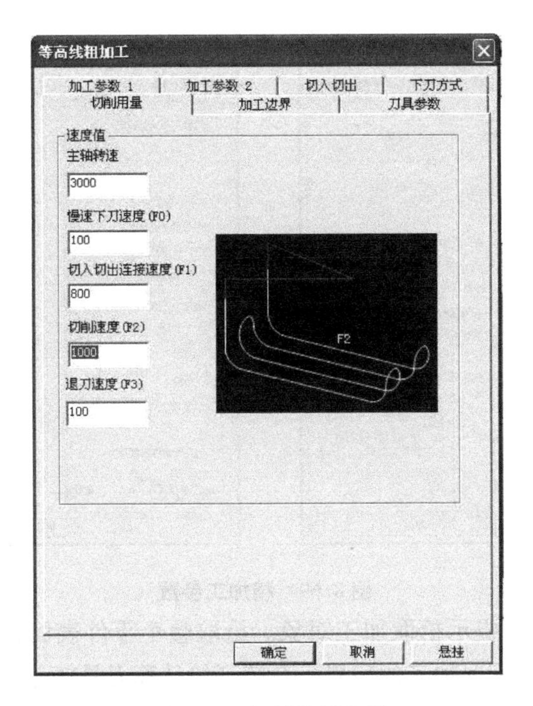


图 8.67 切削用量参数

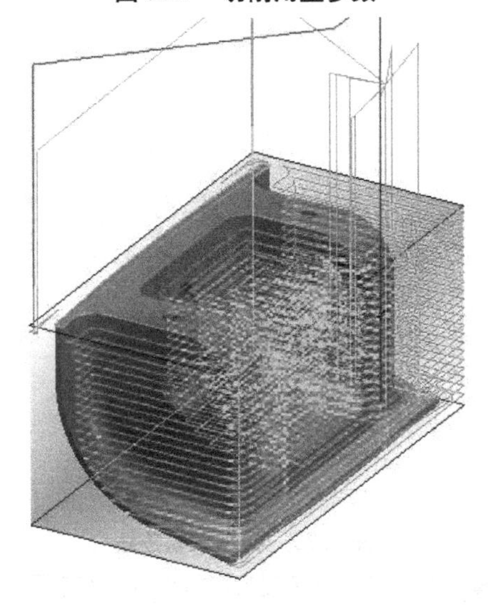

图 8.68 粗加工轨迹线

## 8.3.2 等高线精加工刀具轨迹

①设置精加工的等高线加工参数。选择“加工”→“精加工”→“等高线精加工”命令,在弹出加工参数表中设置精加工的参数,如图 8.69 所示。注意加工余量为“0”,路径生成方式选“等高线加工后加工平坦部”。

②切入切出、下刀方式、加工边界和刀具参数的设置与粗加工相同。

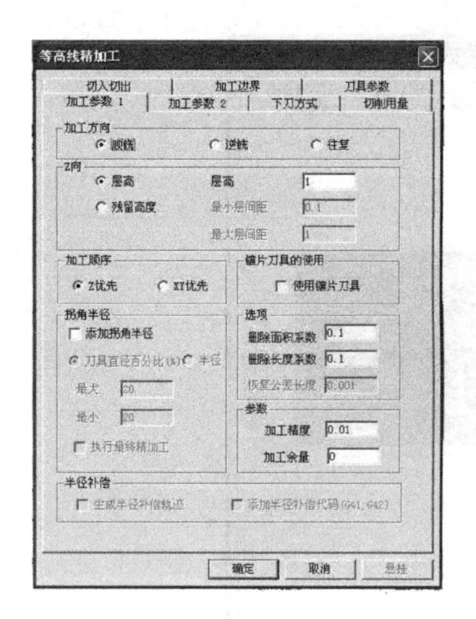


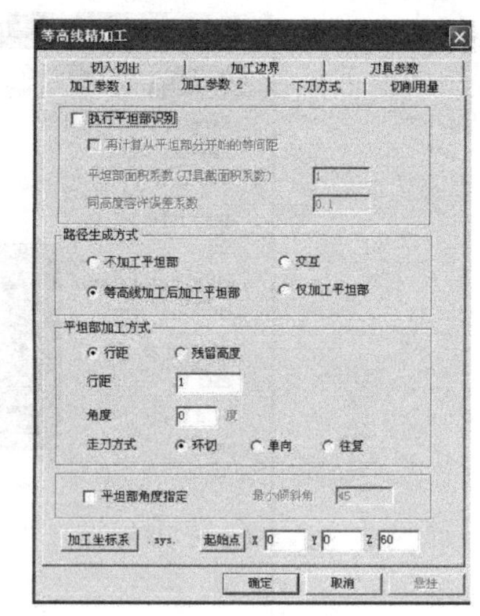


图 8.69 精加工参数

③根据左下角状态栏提示拾取加工对象。拾取整个零件表面,单击右键确定。再单击右键确认毛坯的边界,即需要加工的边界。系统开始计算刀具轨迹,如图 8.70 所示。

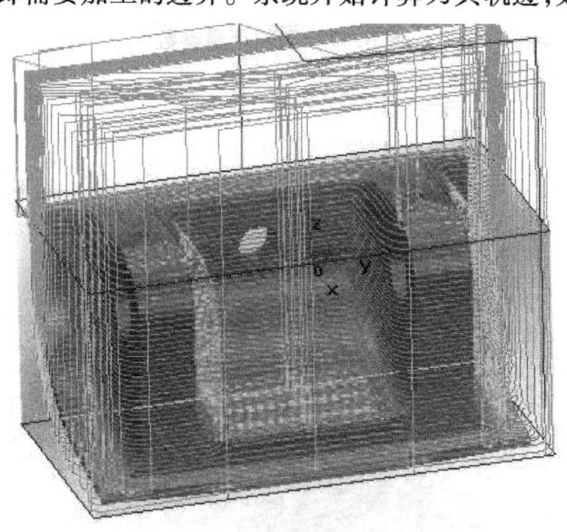

图 8.70 精加工轨迹线

***注意:精加工的加工余量=0。实际生产加工中为了加工吊耳后面的曲面需要多工位加工,处理方式:转为曲面,任意平移、旋转进行加工。这里介绍零件前面的面整体加工的概念。***

## 8.3.3 轨迹仿真、检验与修改

①单击"可见"铵扭,显示所有已生成的粗/精加工轨迹并将它们选中。

②选择"加工"→"轨迹仿真"命令,选择屏幕左侧的"加工管理"结构树,依次选中"等高线粗加工"和"扫描线精加工",单击右键确认。系统自动启动 CAXA 轨迹仿真器,单击仿真图标 ,弹出仿真加工对话框,如图 8.71 所示;调整 10 下拉菜单中的值为"10",单击 按钮

来运行仿真。

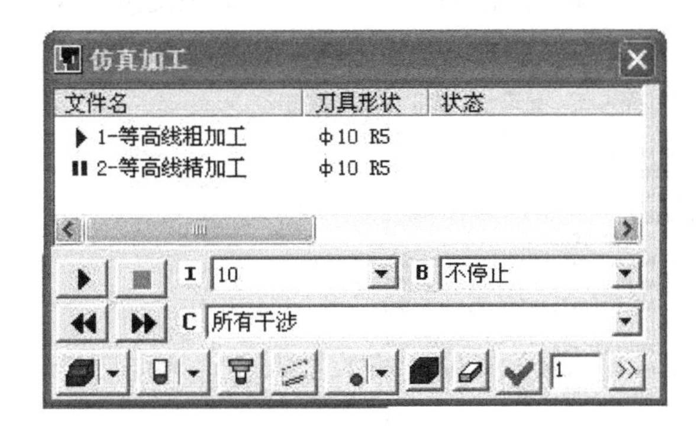


图 8.71　“仿真加工”对话框

③调整 C G00干涉+夹具干涉 下拉菜单中的值，可以帮助检查干涉情况，如有干涉会自动报警。

④在仿真过程中，可以按住鼠标中键来拖动旋转被仿真件，可以滚动鼠标中键来缩放被仿真件，如图 8.72 所示。

⑤仿真完成后，单击按钮，可以将仿真后的模型与原有零件进行对比。

⑥仿真检验无误后，可保存粗/精加工轨迹。

图 8.72　观察仿真过程

## 8.3.4　生成 G 代码

①选择“加工”→“后置处理”→“生成 G 代码”命令，在弹出的“选择后置文件”对话框中给定要生成的 NC 代码文件名(吊耳. cut)及其存储路径，单击“确定”按钮退出，如图 8.73 所示。

图 8.73　“G”代码存储路径

②分别拾取粗加工轨迹与精加工轨迹,单击右键确定,生成加工 G 代码,如图 8.74 所示。

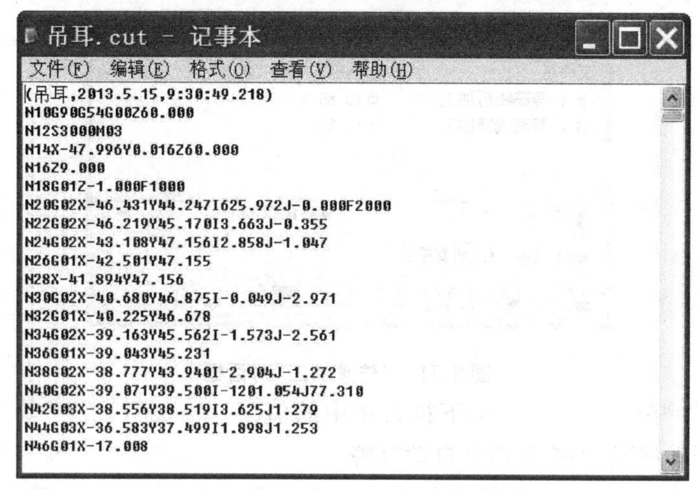


```
(吊耳,2013.5.15,9:30:49.218)
N10G90G54G00Z60.000
N12S3000M03
N14X-47.996Y0.016Z60.000
N16Z9.000
N18G01Z-1.000F1000
N20G02X-46.431Y44.247I625.972J-0.000F2000
N22G02X-46.219Y45.170I3.663J-0.355
N24G02X-43.108Y47.156I2.858J-1.047
N26G01X-42.501Y47.155
N28X-41.894Y47.156
N30G02X-40.680Y46.875I-0.049J-2.971
N32G01X-40.225Y46.678
N34G02X-39.163Y45.562I-1.573J-2.561
N36G01X-39.043Y45.231
N38G02X-38.777Y43.940I-2.904J-1.272
N40G02X-39.071Y39.500I-1201.054J77.310
N42G03X-38.556Y38.519I3.625J1.279
N44G03X-36.583Y37.499I1.898J1.253
N46G01X-17.008
```

图 8.74 "吊耳"加工"G"代码

### 8.3.5 生成加工工艺单

①选择"加工"→"工艺清单"命令,弹出工艺清单对话框。输入零件名等信息后,按拾取轨迹按钮,选中粗加工和精加工轨迹,单击右键确认后,单击"生成清单"按钮生成工艺清单,如图 8.75 所示。

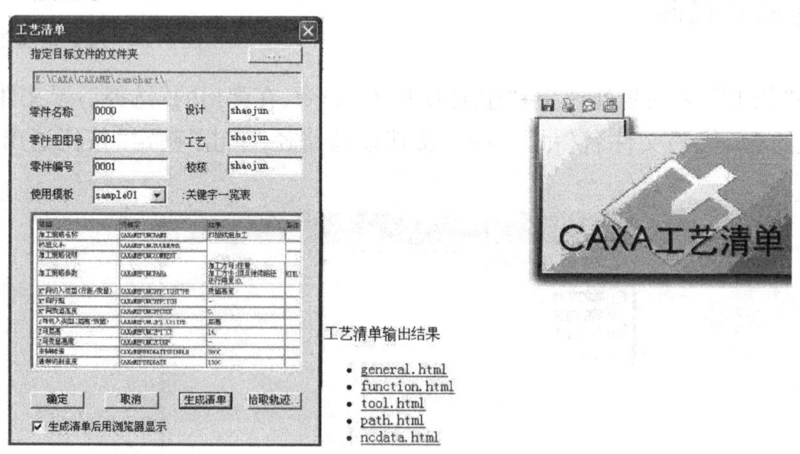


图 8.75 工艺清单

②选择工艺清单输出结果中的各项,可以查看到毛坯、工艺参数、刀具等信息,如图 8.76 所示。

| 项目 | 关键字 | 结果 | 备注 |
| --- | --- | --- | --- |
| 刀具顺序号 | CAXAMETOOLNO | 1 | |
| 刀具名 | CAXAMETOOLNAME | r5 | |
| 刀具类型 | CAXAMETOOLTYPE | 铣刀 | |
| 刀具号 | CAXAMETOOLID | 1 | |
| 刀具补偿号 | CAXAMETOOLSUPPLEID | 1 | |
| 刀具直径 | CAXAMETOOLDIA | 10. | |
| 刀角半径 | CAXAMETOOLCORNERRAD | 5. | |
| 刀尖角度 | CAXAMETOOLENDANGLE | 120. | |
| 刀刃长度 | CAXAMETOOLCUTLEN | 60. | |
| 刀杆长度 | CAXAMETOOLTOTALLEN | 90. | |
| 刀具示意图 | CAXAMETOOLIMAGE | Ball 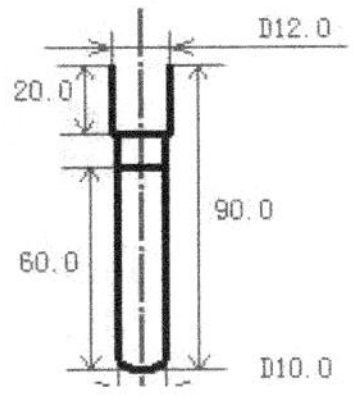 D12.0 20.0 90.0 60.0 D10.0 | HTML代码 |

图 8.76　“工艺清单”中“tool. html”选项

③加工工艺单可以用 IE 浏览器来看,也可以用 Word 进行修改和添加。

至此,吊耳的造型、生成加工轨迹、加工轨迹仿真检查、生成 G 代码程序,生成加工工艺单的工作已经全部做完。

# 项目9

# 曲面造型及其导动加工

## 任务9.1　曲面造型

造型思路：

根据图9.1所示的实体造型和图9.2所示的二维图，形体全部由面组成。图中的上表面边界线在一个平面中，可通过绘图工具绘制，在图形上方是一条圆弧和一条与圆弧相切并有一定角度的线。这两条曲线在一个平面内，直线可通过“角度线”绘制。因为轮廓由直线和圆弧构成，所以上图曲面共分两种（底面除外）：直纹面、旋转面。值得注意的是拐角处的曲面，由三部分组成：以圆弧为旋转母线的曲面；由直线的一段为母线的锥形面；直线的另一段是两个直纹面的交线。所用的功能为旋转曲面、曲线打断、曲面裁剪。由于上下两处圆角的曲面相同，故可以平面镜像功能复制。同理，此图形左右对称，故只需绘制上图的一半，通过平面镜像功能复制另一半即可。

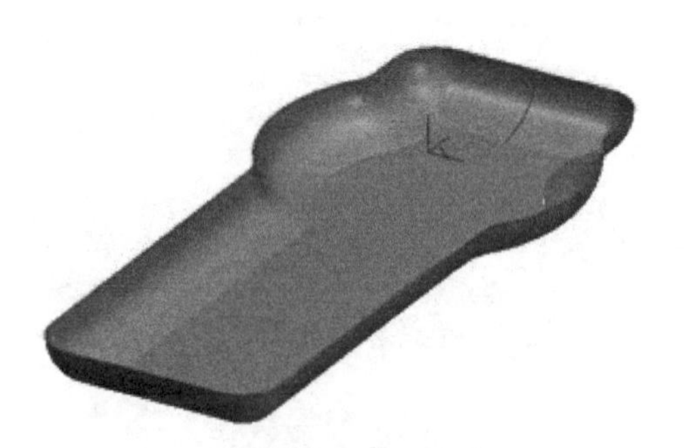

图9.1　导动加工实例的造型

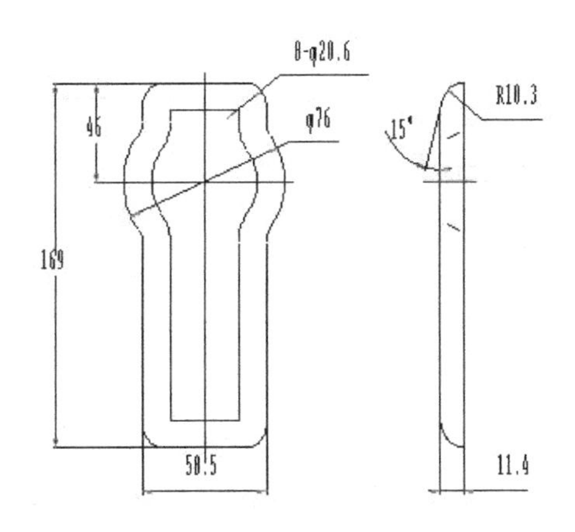


图9.2　导动加工造型实例的二维图

## 9.1.1　绘制截面线

①按下F5键,切换当前绘制平面为 *XOY* 平面。

②单击曲线工具栏"整圆"按钮,在立即菜单中选择"圆心_半径"方式,拾取原点为圆心点,然后按回车键,输入半径值"38",如图9.3所示。

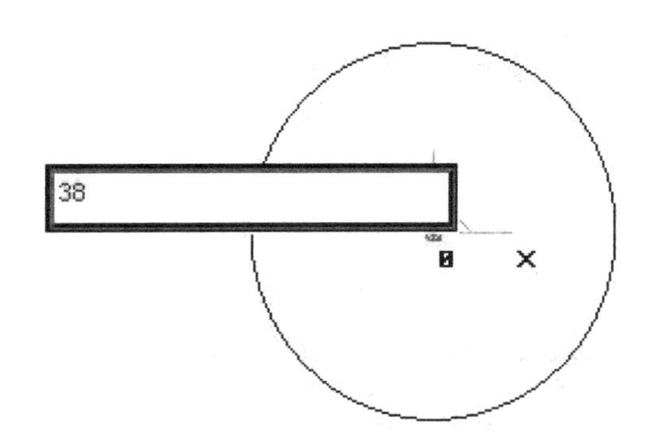


图9.3　绘 *R*38 圆

③单击"直线"按钮,在立即菜单中设置参数,画水平线,如图9.4所示。

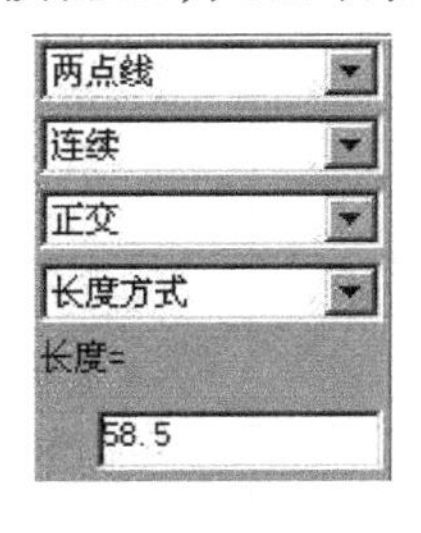


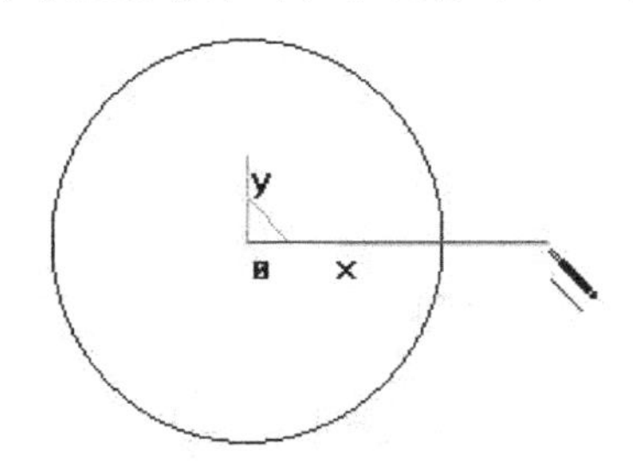


图9.4　绘长58.5 mm正交线

④单击几何变换工具栏中的"平移"按钮,在立即菜单中设置参数,选择刚才绘制的直线并单击鼠标右键,直线平移到如图9.5所示位置。

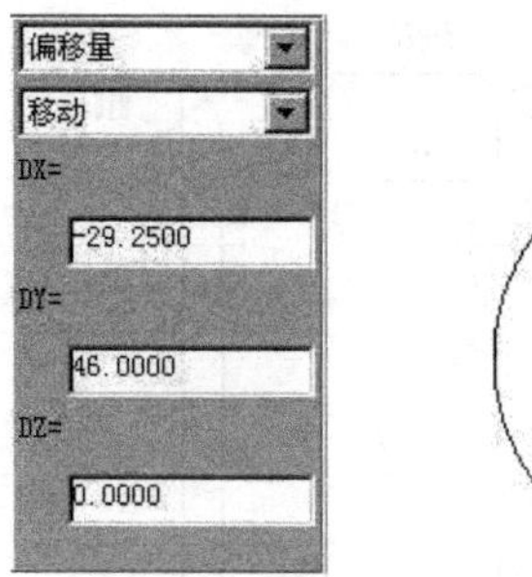

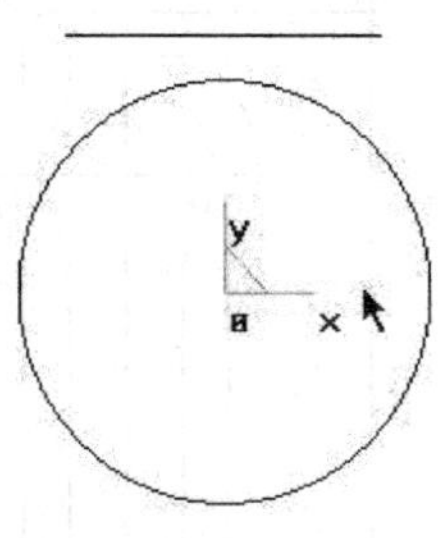


图 9.5 “平移”线段

⑤单击“平移”工具，设置参数，选择上步操作被移动的直线并点击鼠标右键，直线拷贝到如图 9.6 所示位置。

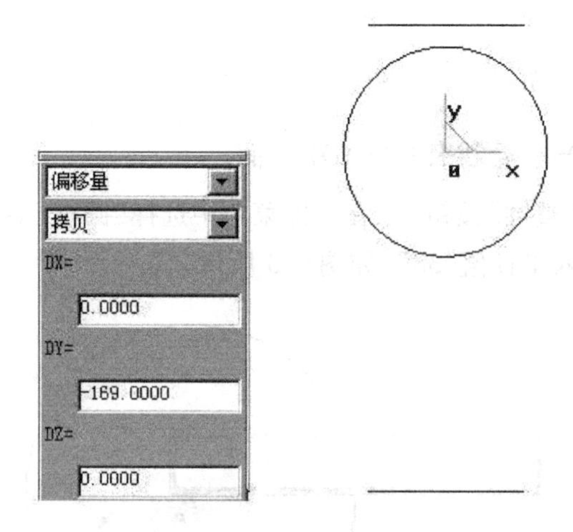


图 9.6 “平移”拷贝线段

⑥单击“直线”按钮，设置参数，拾取直线的各端点连接两条直线，如图 9.7 所示。

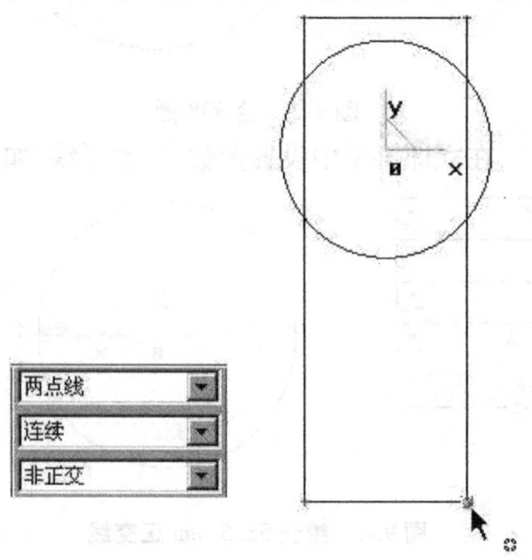


图 9.7 绘线段连接线

⑦单击线面编辑工具栏中的“曲线裁剪”工具 ,裁剪掉不需要的线段,结果如图9.8所示。

⑧单击“曲线过渡”工具 ,设置参数,过渡曲线如图9.9所示。

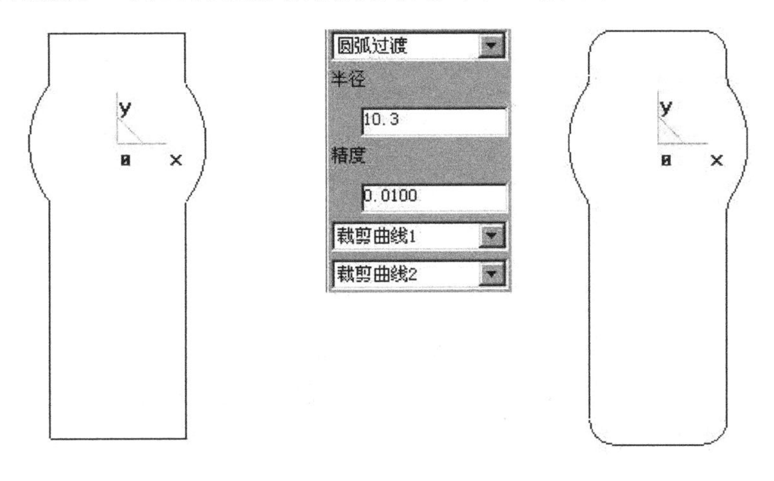


图9.8　裁剪线段　　　　图9.9　*R*10.3 圆弧过渡

注意:直线与圆弧相交处也要进行过渡。

⑨按 F8 键显示轴测图,然后按 F9 键切换绘图平面为 *YOZ* 平面。

⑩选择“直线”工具 ,设置参数;按空格键选择“中点”命令,拾取如图9.10所示直线的中点,然后按S键回到缺省点状态,绘制如图9.10所示直线。

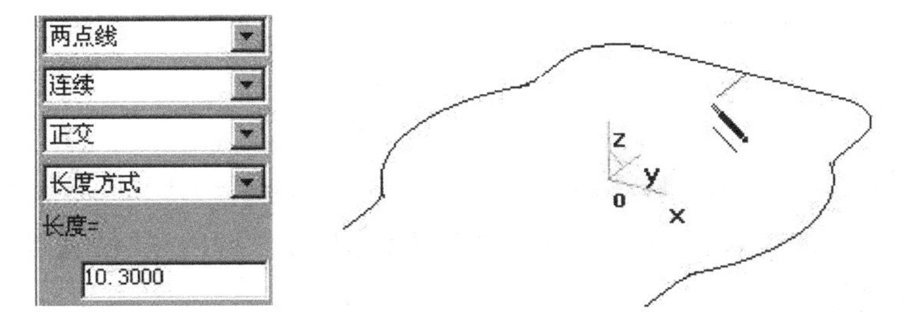


图9.10　绘长10.3线段

⑪单击“整圆”按钮 ,选择“圆心_半径”方式,拾取刚才绘制直线的两个端点,绘制圆形如图9.11所示。然后拾取直线,单击右键选择“删除”命令,将其删掉。

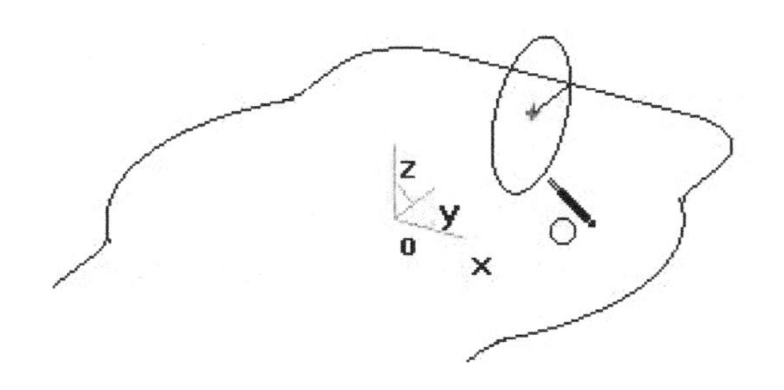


图9.11　绘 *R*10.3 圆

⑫选择“直线”工具，选择“正交”方式，分别拾取两条直线的中点，绘制中心线如图9.12所示。

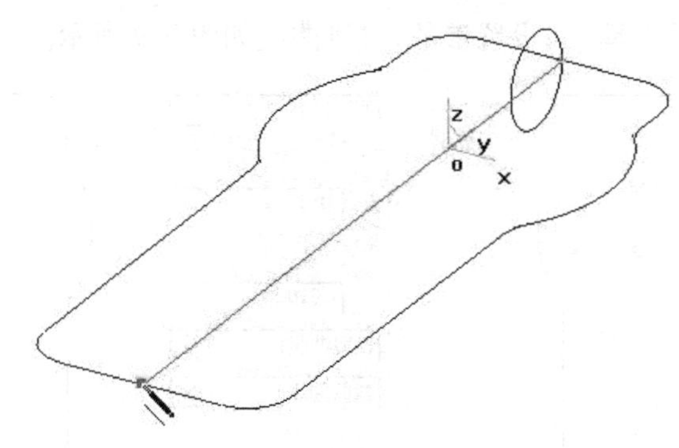


图 9.12　绘中心线

⑬选择“平移”工具，设置参数，选择上步操作绘制的直线并单击鼠标右键，直线移动到如图 9.13 所示位置。

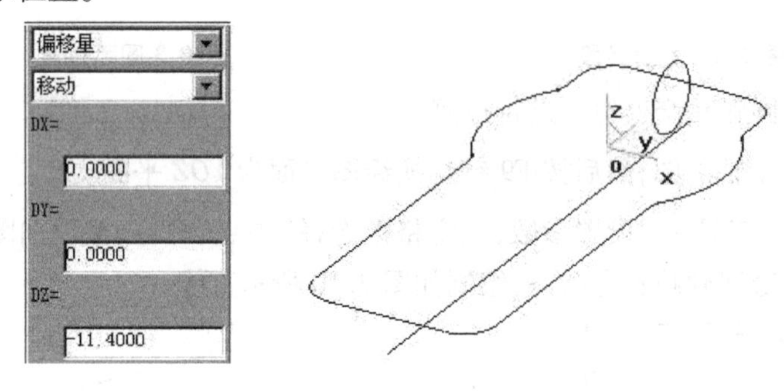


图 9.13　平移直线

⑭按 F6 键，将绘图平面切换到 *YOZ* 面；单击“直线”按钮，在立即菜单中设置参数；按空格键，在弹出的立即菜单中选择“切点”，然后拾取圆，按 S 键回到“缺省点”状态，得到如图 9.14 所示角度线。

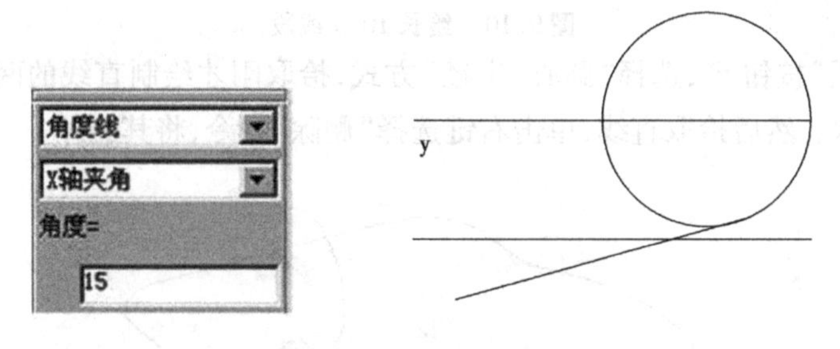


图 9.14　绘 15°圆的切线

⑮按 F8 键显示轴测图，单击“曲线裁剪”按钮，裁剪掉不需要的线段，结果如图 9.15 所示。

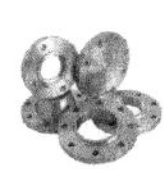

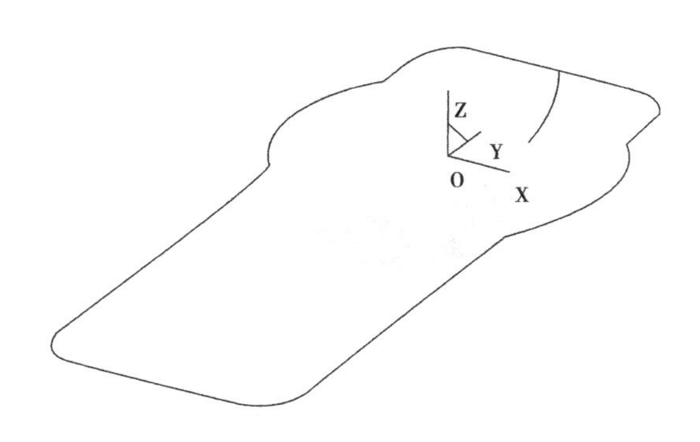


图 9.15 裁剪曲线

## 9.1.2 生成直纹面和旋转面

①单击“平移”按钮，在立即菜单选择“两点”“拷贝”方式，拾取上一步中的曲线和直线段，单击鼠标右键确认。

②状态栏提示“输入基点”，拾取曲线的端点 *A*，然后将鼠标移动到直线的端点 *B*，得到如图 9.16 所示的拷贝曲线。

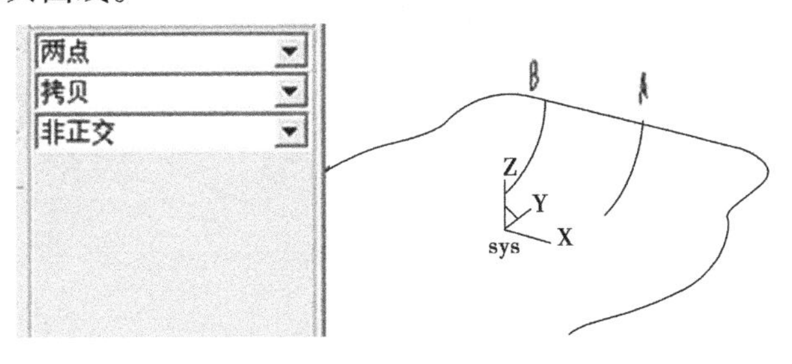


图 9.16 拷贝曲线

③单击曲面工具栏的“直纹面”按钮，选择“曲线 + 曲线”方式，分别拾取两条曲线（要选两曲线靠近的一侧），生成直纹面。结果如图 9.17 所示。

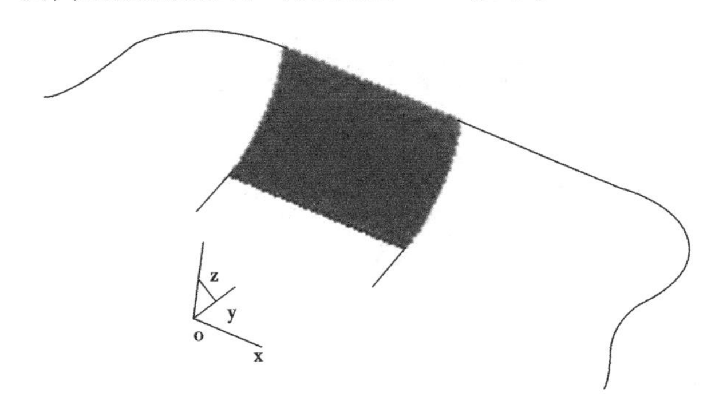


图 9.17 生成直纹面

④再拾取两条直线段生成直纹面，如图 9.18 所示。

⑤按 F9 键切换绘图平面为 *YOZ* 面，单击“直线”按钮，选择“两点线”“正交”方式，按

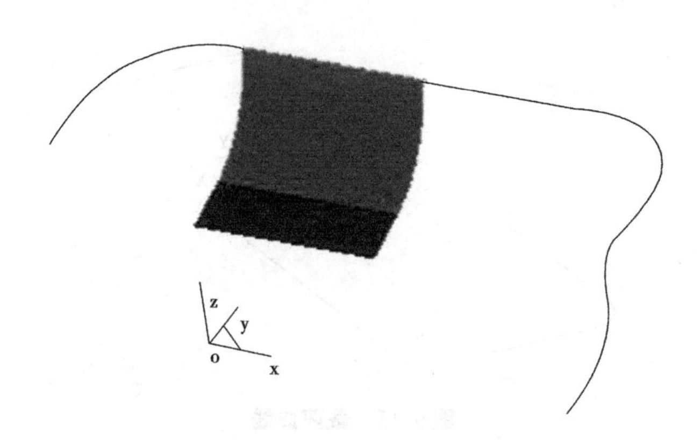


图 9.18 生成直线组成的直纹面

空格键,在弹出的立即菜单中选择“圆心”,拾取如图 9.19 所示圆弧;按 S 键切换为“缺省点”状态,沿 $Z$ 轴方向拖动鼠标,然后单击鼠标左键得到如图 9.19 所示直线 $L$。

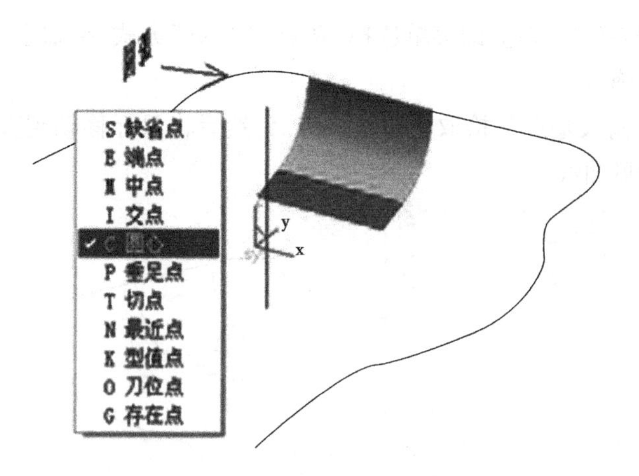


图 9.19 绘过圆心的直线

⑥单击“旋转面”按钮,在立即菜单中输入终止角 90°,此时状态栏提示“请选择旋转轴”,拾取直线 $L$,选择向上的箭头方向,如图 9.20 所示。

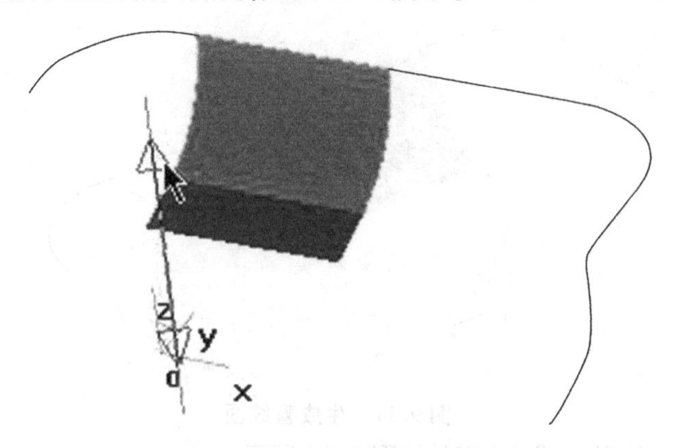


图 9.20 拾取旋转轴

⑦状态栏提示“拾取母线”,拾取如图 9.21 所示圆弧,旋转面立即生成。

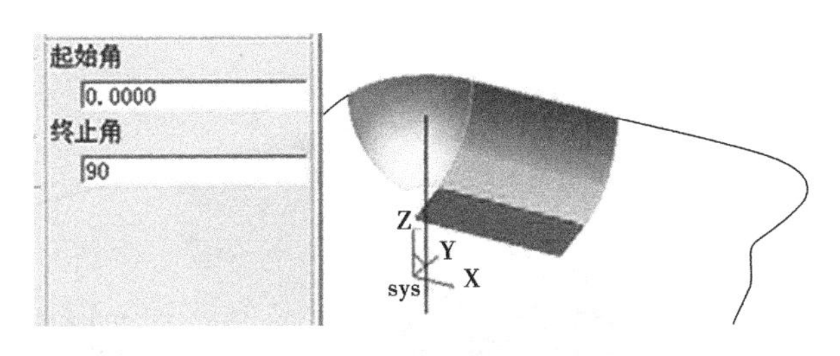


图9.21　生成旋转面

⑧单击“曲线打断”按钮，拾取将被打断的直线。此时状态栏提示“拾取点”，拾取直线的交点为打断点，此时直线被分成两个部分，如图9.22所示。

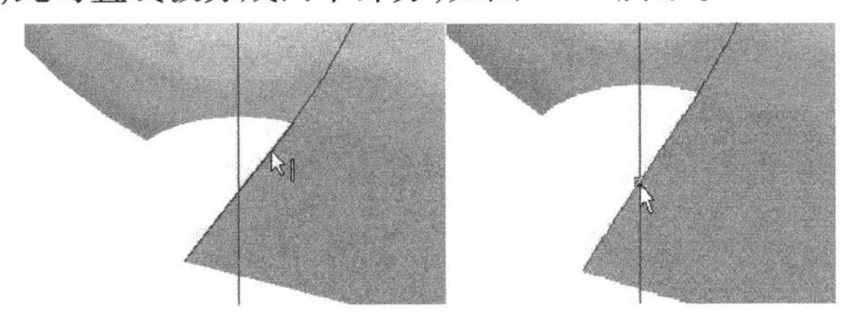

图9.22　曲线打断

⑨选择“旋转面”工具，在立即菜单中输入终止角90°，拾取同一旋转轴直线$L$，并选择向上箭头方向，然后拾取如图9.23所示直线段为母线。旋转面随即生成。

⑩绘制交叉处面。按F9键将绘图平面切换到$XOY$平面，单击“直线”按钮，选择“两点线”“正交”方式，绘一条平行于$X$轴的直线。裁剪掉多余部分，如图9.24所示。

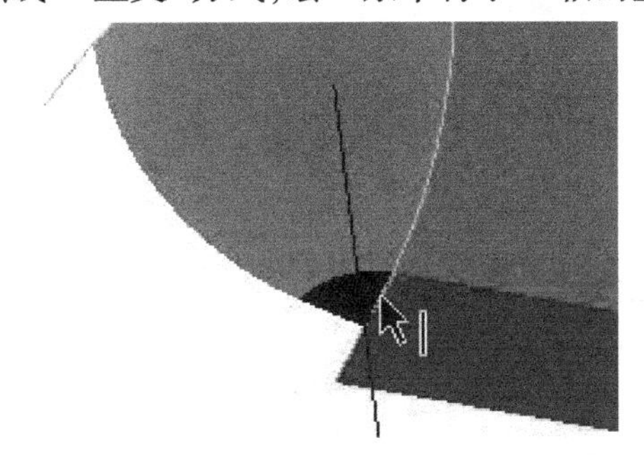

图9.23　生成直线旋转面

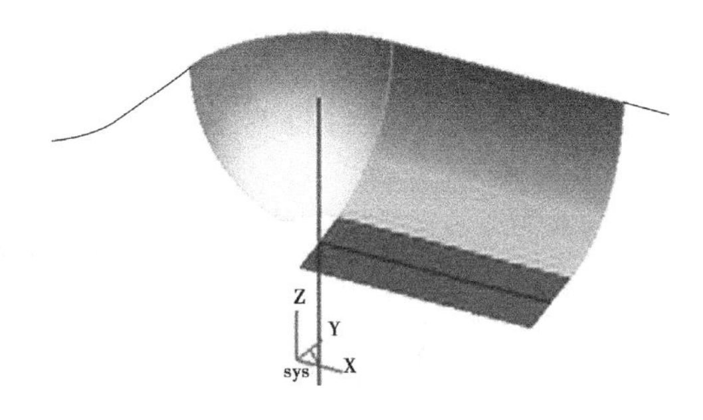


图9.24　绘“镜像”辅助轴线

⑪单击“平面镜像”按钮，选择“拷贝”方式。根据状态栏提示拾取如图9.25所示直线上两点作为旋转轴起末点。拾取两个面作为要旋转的元素，单击鼠标右键确认，平面镜像结果如图9.25所示。

⑫单击“平面旋转”按钮，选择旋转中心点为上圆弧的圆心，然后选择镜像形成的两个面，单击鼠标右键确认，两个面移动到如图9.26所示位置。

⑬单击显示旋转工具按钮，将图形翻转观察。单击“相关线”按钮，设置参数，根据提示选取相交的两个面，两个曲面的相交处形成一条线，如图9.27所示。

⑭选择“曲面裁剪”工具，设置参数。选择其中的一个相交面，选择上步操作生成的交线作为“剪刀线”；选择其中一个箭头并单击鼠标右键。同理操作将另一曲面裁剪，如图9.28所示。

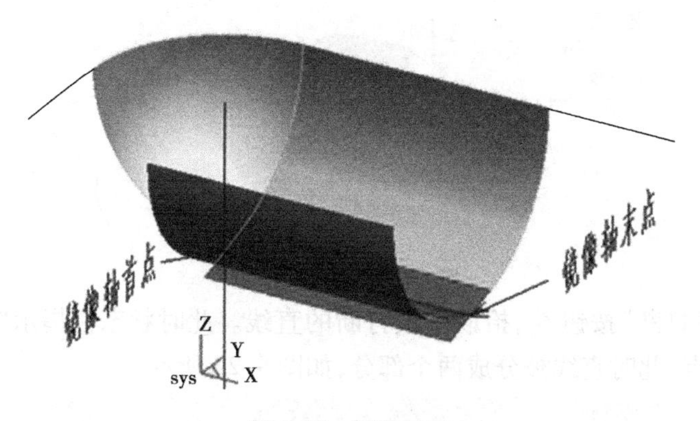


图 9.25　镜像结果

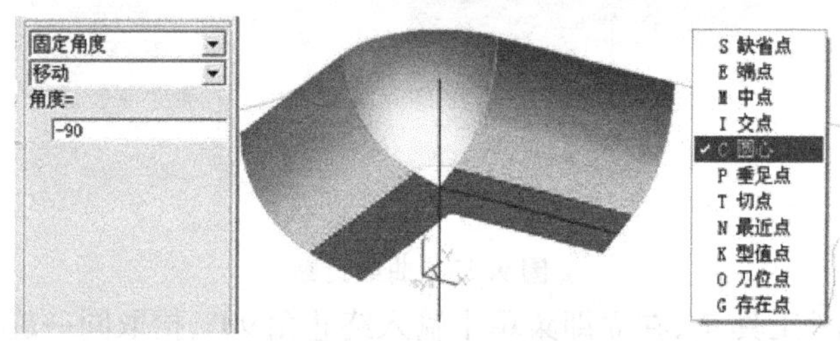


图 9.26　旋转两个面

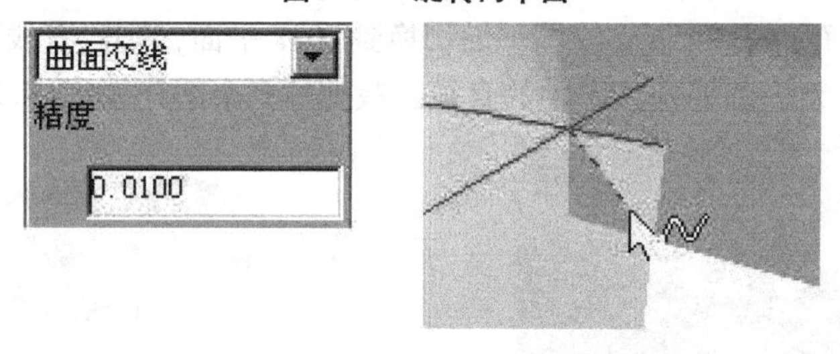


图 9.27　绘曲面交线

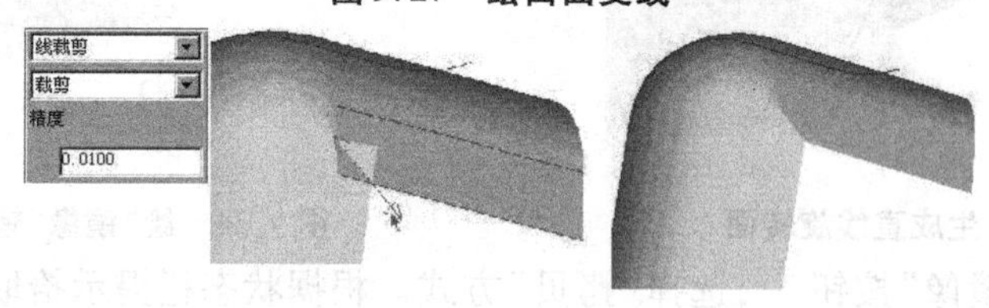


图 9.28　曲面裁剪

注意:选择平面要选择不被裁掉的部分。

### 9.1.3　裁剪曲面 a

①按[F8]键和[F3]键显示图形,选择"相关线"工具,参数设置和选择曲面如图 9.29 所示。

②选择如图 9.30 所示鼠标点和方向。单击鼠标右键,生成参数线,如图 9.30 所示。

③同法操作生成另一个曲面的参数线,如图 9.31 所示。

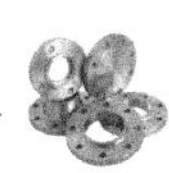

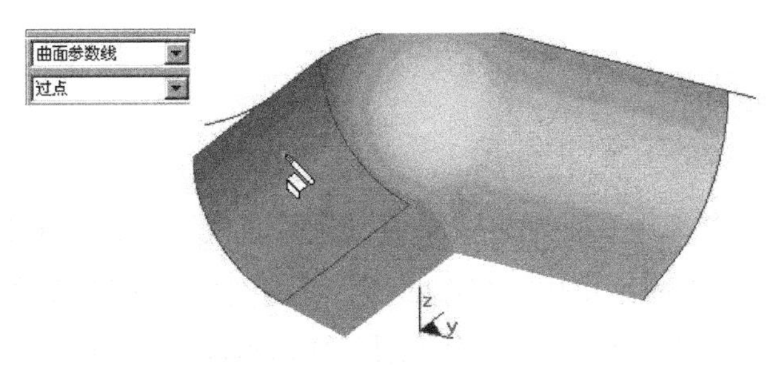


图 9.29　拾取曲面

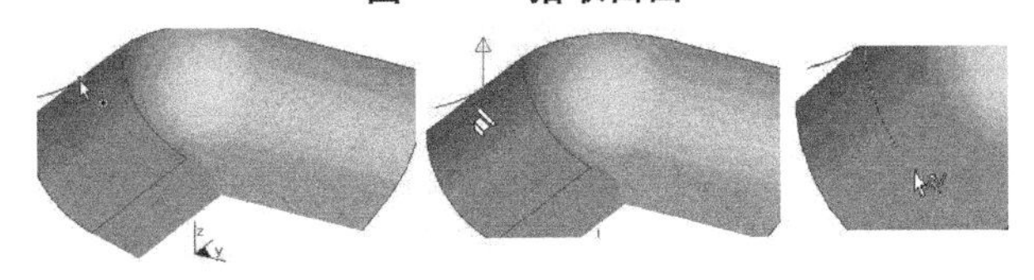

图 9.30　生成曲面参数线

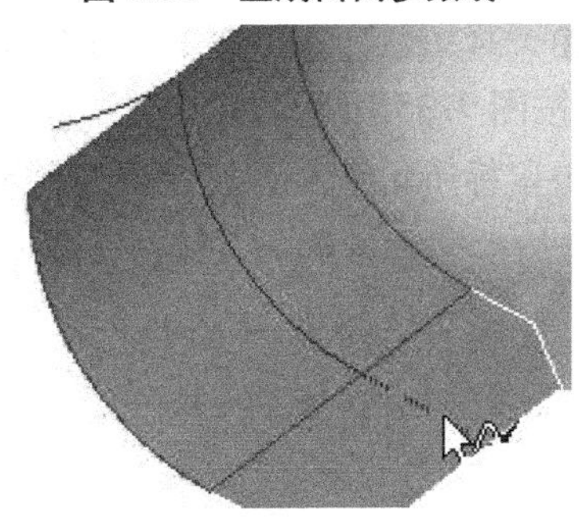

图 9.31　生成第二条曲面参数线

④单击“曲面裁剪”工具，设置参数，根据提示选择曲面，根据提示选择如图 9.32 所示剪刀线并选择其中一个箭头。单击鼠标右键，曲面裁剪如图 9.32 所示。

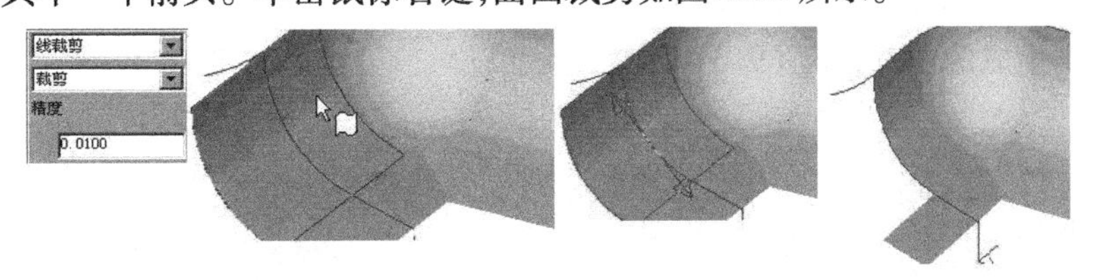


图 9.32　用曲面参数线裁剪曲面

⑤同法操作将曲线裁剪，如图 9.33 所示。

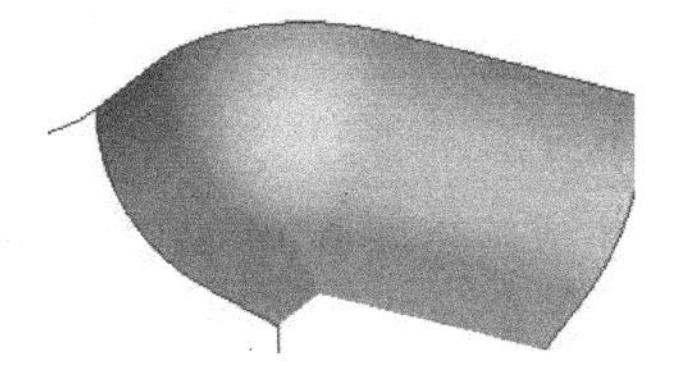

图 9.33　裁剪第二曲面

### 9.1.4 生成旋转平面 b

①按F9键选择当前工作平面为 *YOZ* 平面，选择“直线”工具，按图 9.34 所示设置参数，按空格键，在弹出的立即菜单中选择“圆心”；点击图中所示圆弧，按空格键选择“缺省点”，在平行 *Z* 轴方向的曲面下方单击鼠标左键。画线如图 9.34 所示。

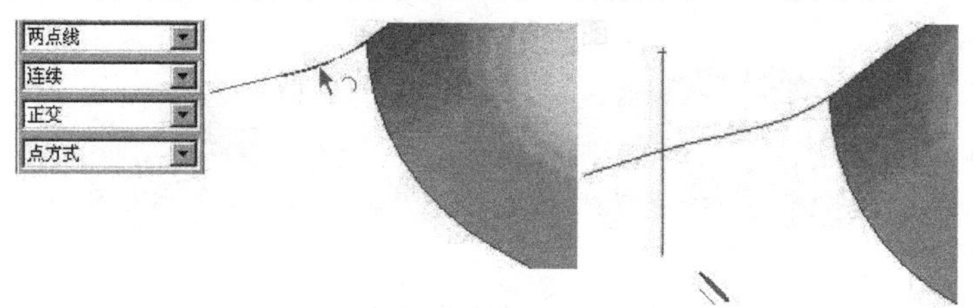



图 9.34　绘过圆心平行于 *Z* 轴的直线

②选择“旋转面”工具，按图 9.35 所示设置参数。此时状态栏提示“请选择旋转轴”，选择上步操作绘制的直线，点击鼠标所示箭头。然后根据提示选择图中所示母线，生成旋转曲面如图 9.35 所示。

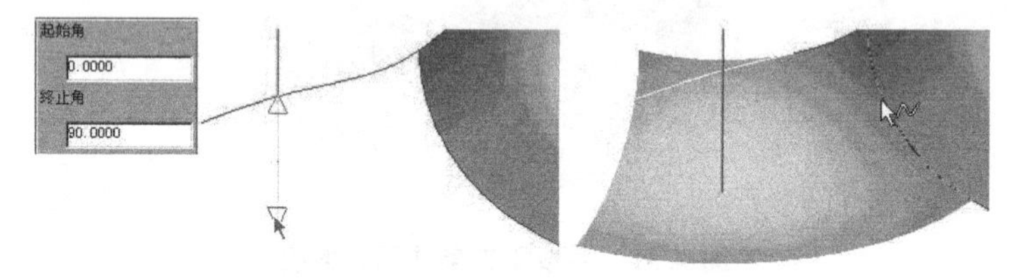



图 9.35　生成旋转曲面

③同法操作，生成曲面如图 9.36 所示。

④裁剪刚生成的曲面，如图 9.37 所示。

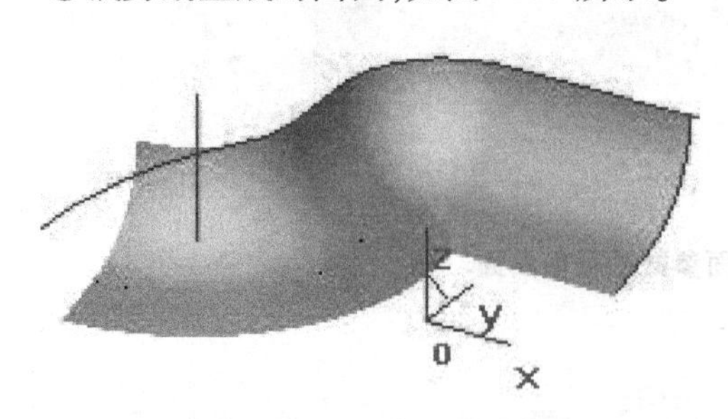



图 9.36　生成第二旋转曲面

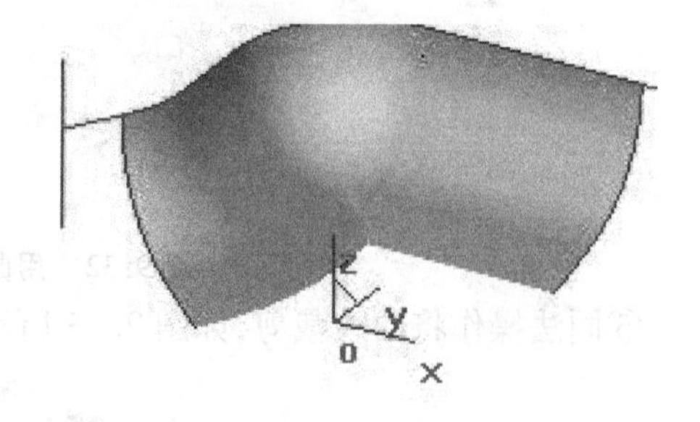



图 9.37　裁剪曲面

⑤旋转曲面并裁剪，同上述“生成旋转面 b”和“裁剪曲面 a”操作，生成两段圆弧处的曲面如图 9.38 所示。

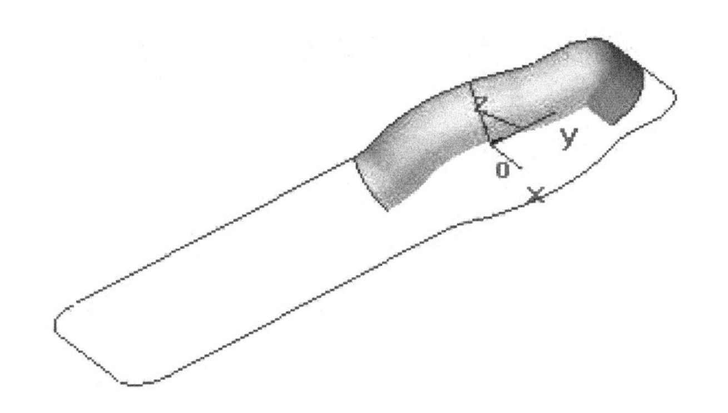


图9.38　生成圆弧处曲面

## 9.1.5　平面镜像和裁剪平面

①选择“平移”工具，选取“两点”“拷贝”“非正交”，在工作环境中选择如图9.39(a)所示的两条线。单击鼠标右键，此时状态栏提示“输入基点”，选择如图9.39(b)所示的点，然后将鼠标移动到直线的端点处，单击鼠标右键，直线移动到如图9.39(c)位置。

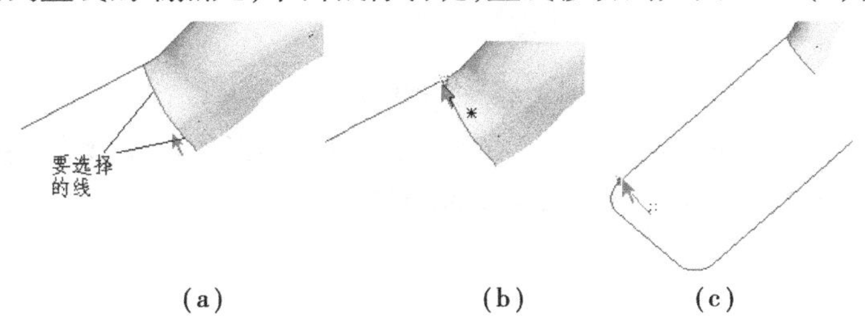


(a)　(b)　(c)

图9.39　拷贝两线段

②单击“直纹面”工具按钮，参数设置为曲线+曲线，选择两条曲线即生成曲面，如图9.40所示。

③按F9键选择当前工作平面为*YOZ*平面，绘制如图9.41所示的中点连线，在连线中点处作平行于*Z*轴的直线。

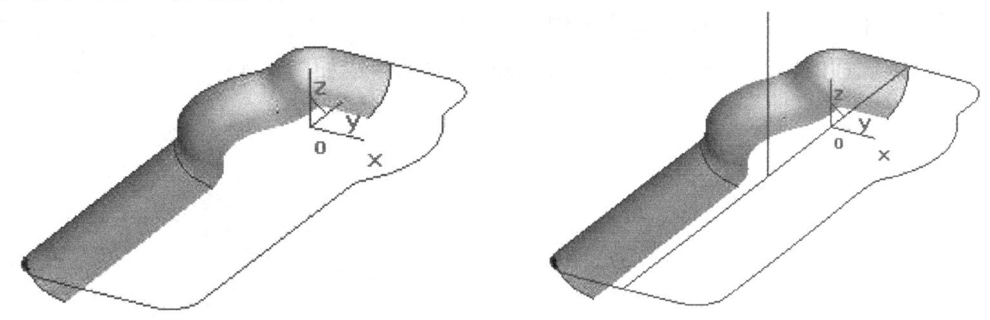


图9.40　生成直纹面　　图9.41　绘“镜像”的辅助线

④选择“平面镜像”工具，设置为拷贝形式，选择上步操作绘制的直线始末点，

然后选择对应的4个面,单击鼠标右键,镜像曲面如图9.42所示。

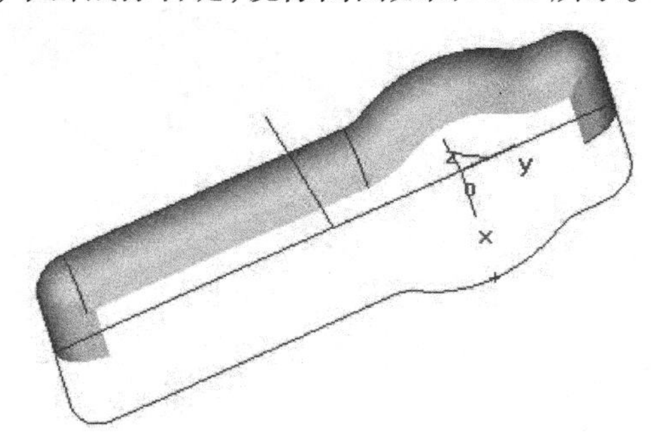

图9.42 镜像曲面

⑤单击显示旋转工具,将图形翻转观察,单击“曲面裁剪”工具,将多余的曲面裁剪掉,如图9.43所示。

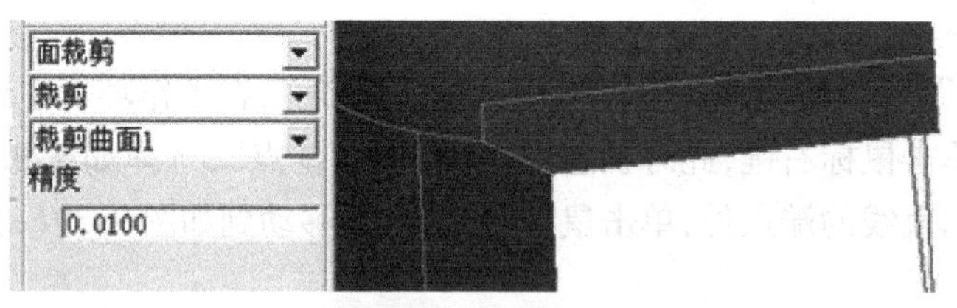


图9.43 “面裁剪”曲面

⑥镜像曲面。选择当前绘图平面为 *XOY* 面,将整个图形作镜像操作。选择如图9.44轴线,再选择所有曲面,单击右键,结果如图9.44所示。

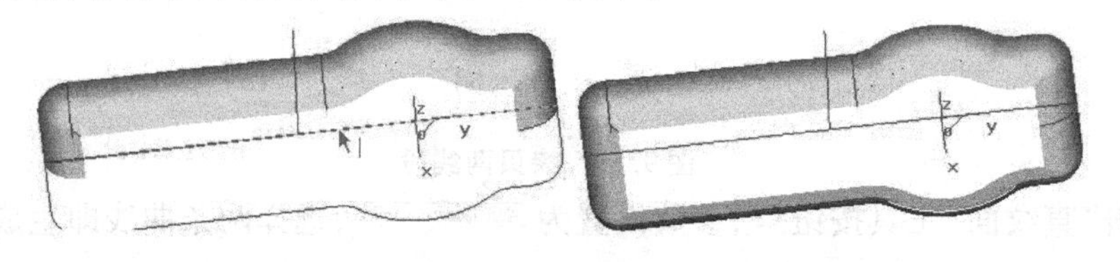

图9.44 镜像曲面

⑦生成裁剪平面。单击“相关线”按钮,在立即菜单中选择“曲面边界线”且“全部”方式,拾取曲面,得到所有的边界线,如图9.45所示。

⑧单击“平面”按钮,在立即菜单中选择“裁剪平面”方式。状态栏提示:拾取平面外轮廓,则拾取底面的所有曲面边界线,按右键确认,立即生成如图9.46所示裁剪平面。

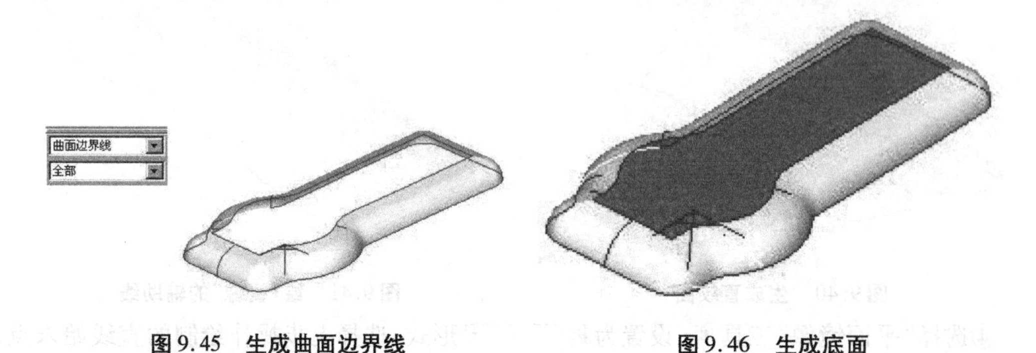


图9.45 生成曲面边界线

图9.46 生成底面

# 任务9.2 加工前的准备工作

## 9.2.1 设定加工刀具

①选择屏幕左侧的"加工管理"结构树，双击结构树中的刀具库,弹出刀具库管理对话框。单击"增加铣刀"按钮,在图9.47所示对话框中输入铣刀名称。

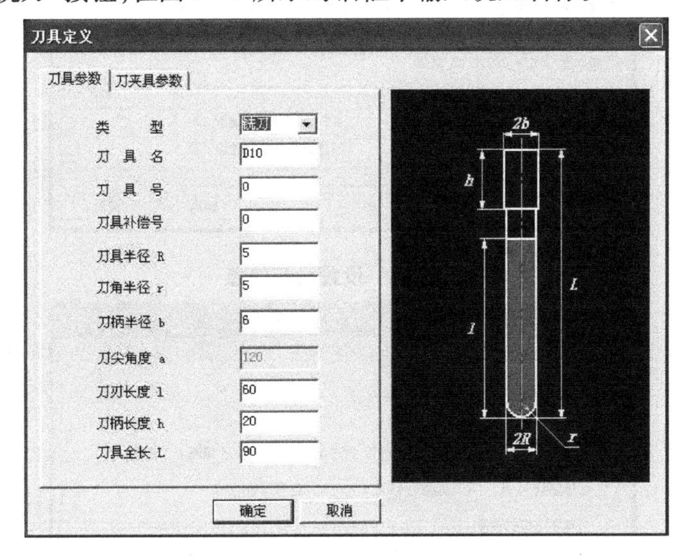


图9.47 增加刀具对话框

②设定铣刀的参数。在刀具库管理对话框中键入正确的数值,刀具定义即可完成。其中,刀刃长度和刃杆长度与仿真有关而与实际加工无关,在实际加工中要正确选择吃刀量和吃刀深度,以免刀具损坏。

## 9.2.2 后置设置

用户可以增加当前使用的机床,给出机床名,定义适合自己机床的后置格式。系统默认的格式为FANUC系统的格式。

①选择屏幕左侧的"加工管理"结构树，双击结构树中的"机床后置",弹出"机床后置"对话框。

②选择当前机床类型,如图9.48所示。

③选择"后置处理设置"标签,根据当前的机床设置各参数,如图9.49所示。

机床后置

机床信息 | 后置设置

当前机床 fanuc

增加机床　删除当前机床

行号地址 N　行结束符　速度指令 F

快速移动 G00　直线插补 G01　顺时针圆弧插补 G02　逆时针圆弧插补 G03

主轴转速 S　主轴正转 M03　主轴反转 M04　主轴停 M05

冷却液开 M07　冷却液关 M09　绝对指令 G90　相对指令 G91

半径左补偿 G41　半径右补偿 G42　半径补偿关闭 G40　长度补偿 G43

坐标系设置 G54　程序停止 M30

程序起始符　程序结束符

说　明 ( $POST_NAME , $POST_DATE , $POST_TIME )

程序头 $G90 $WCOORD $G0 $COORD_Z@$SPN_F $SPN_SPEED $SPN_CW

换　刀 $SPN_OFF@$SPN_F $SPN_SPEED $SPN_CW

程序尾 $SPN_OFF@$PRO_STOP

快速移动速度(G00) 3000　快速移动的加速度 0.3

最大移动速度 3000　通常切削的加速度 0.5

确定　取消

图 9.48　设置机床信息

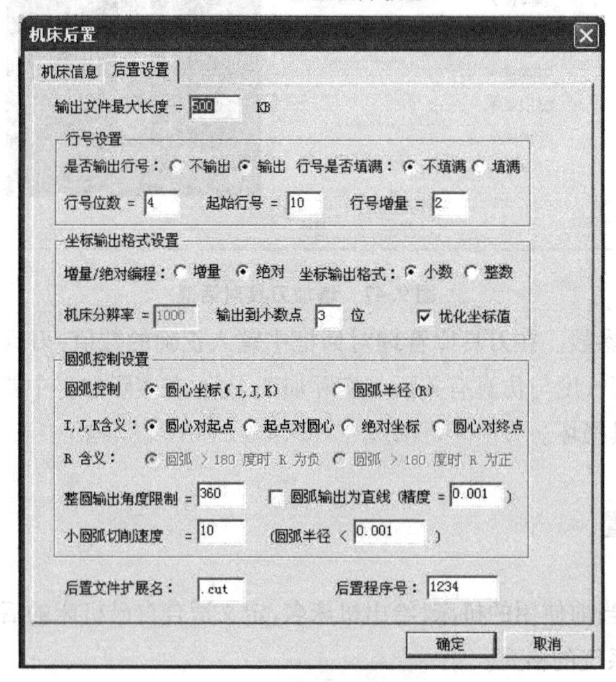
机床后置

机床信息 | 后置设置

输出文件最大长度 = 500 KB

行号设置

是否输出行号：○ 不输出 ● 输出　行号是否填满：● 不填满 ○ 填满

行号位数 = 4　起始行号 = 10　行号增量 = 2

坐标输出格式设置

增量/绝对编程：○ 增量 ● 绝对　坐标输出格式：● 小数 ○ 整数

机床分辨率 = 1000　输出到小数点 3 位　☑ 优化坐标值

圆弧控制设置

圆弧控制 ● 圆心坐标(I,J,K)　○ 圆弧半径(R)

I,J,K含义：● 圆心对起点 ○ 起点对圆心 ○ 绝对坐标 ○ 圆心对终点

R 含义：● 圆弧 > 180 度时 R 为负 ○ 圆弧 > 180 度时 R 为正

整圆输出角度限制 = 360　☐ 圆弧输出为直线 (精度 = 0.001 )

小圆弧切削速度 = 10　(圆弧半径 < 0.001 )

后置文件扩展名：.cut　后置程序号：1234

确定　取消

图 9.49　后置设置对话框

### 9.2.3　定义毛坯

①选择屏幕左侧的“加工管理”结构树，双击结构树中的“毛坯”，弹出“毛坯”对话框，如图9.50所示。

②选中“参照模型”复选框，再单击“参照模型”按钮，系统按现有模型自动生成毛坯，如图9.51所示。

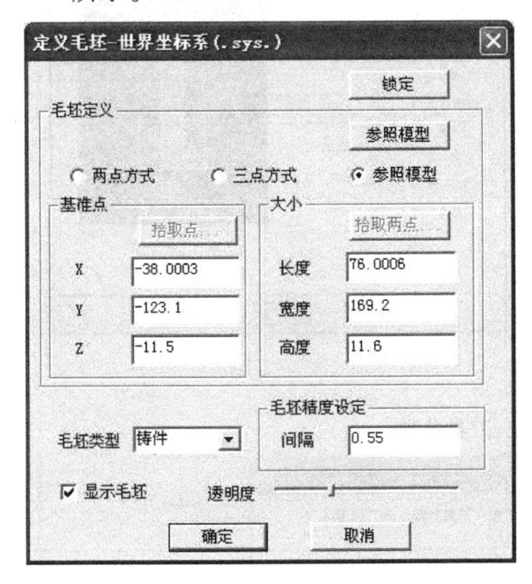


图9.50　设置毛坯

图9.51　毛坯模型

此任务的加工范围直接拾取实体造型上的轮廓线即可。

## 任务9.3　曲面加工

### 9.3.1　导动线粗加工刀具轨迹

①设置“粗加工参数”。选择“加工”→“粗加工”→“导动线粗加工”命令，在弹出的“导动线粗加工”中设置“粗加工参数”，如图9.52(a)所示。设置粗加工“铣刀参数”，如图9.52(b)所示。

②设置粗加工“切削用量”参数，如图9.53所示。

③拾取轮廓线和链搜索方向，这也是刀具轮廓加工的方向，如图9.54所示。

注意看系统提示栏的提示。轮廓封闭和不封闭的操作略有不同，不封闭时要点一下右

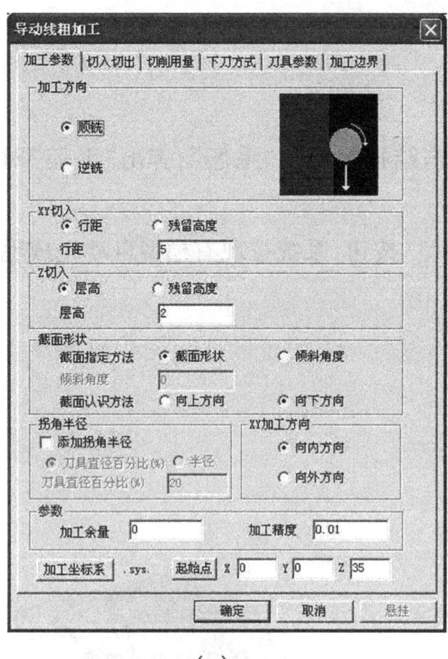


(a)

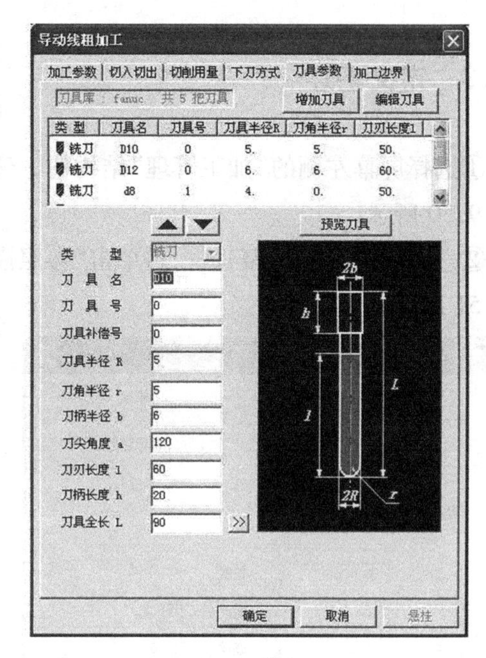


(b)

图 9.52　加工、刀具参数

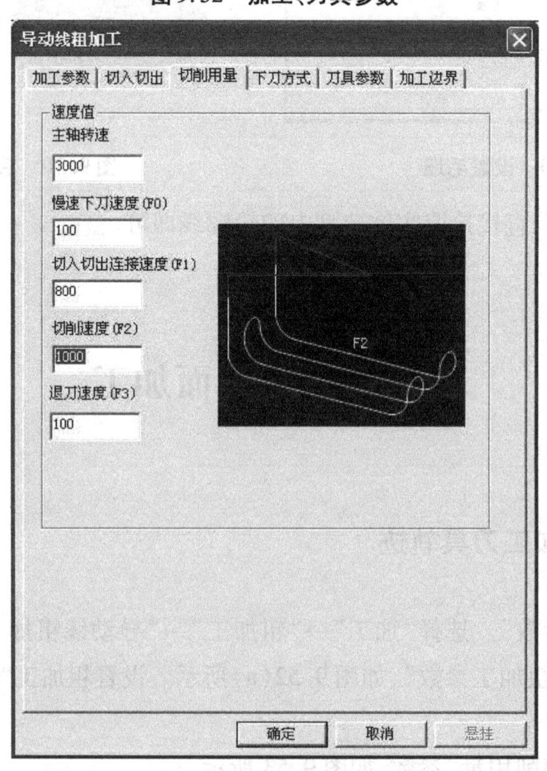


图 9.53　切削用量

键才能拾取截面线，请大家使用时体会一下。

④拾取截面线和链搜索方向,这也是刀具沿截面线进给的方向,如图 9.55 所示。

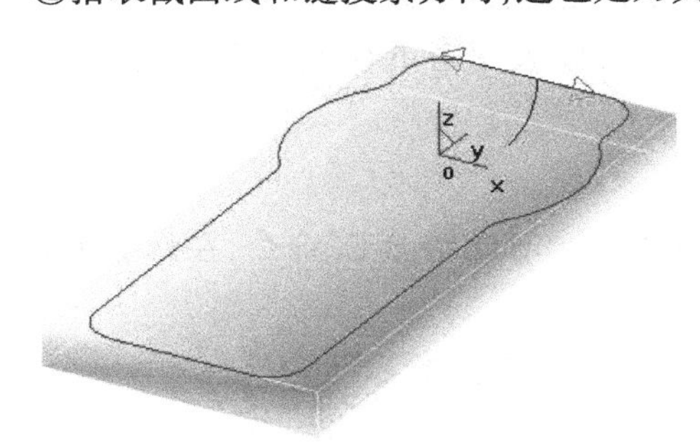


图 9.54 拾取加工轮廓线

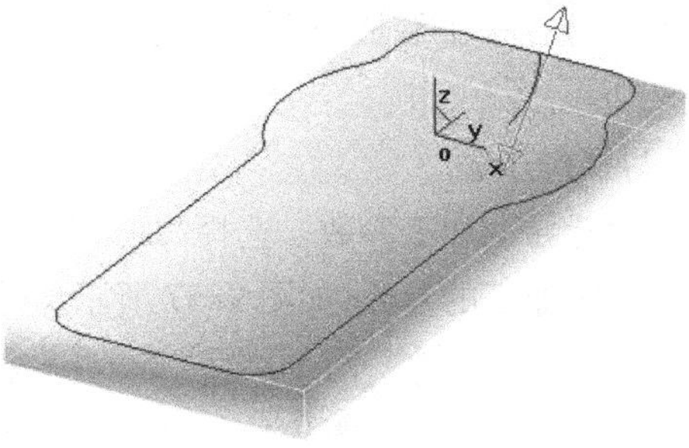

图 9.55 拾取截面线

⑤生成粗加工刀路轨迹。系统提示:“正在计算轨迹请稍候”,然后系统就会自动生成粗加工轨迹。结果如图 9.56 所示。

⑥隐藏生成的粗加工轨迹。拾取轨迹,单击鼠标右键,在弹出菜单中选择“隐藏”命令,隐藏生成的粗加工轨迹,以便于下步操作。

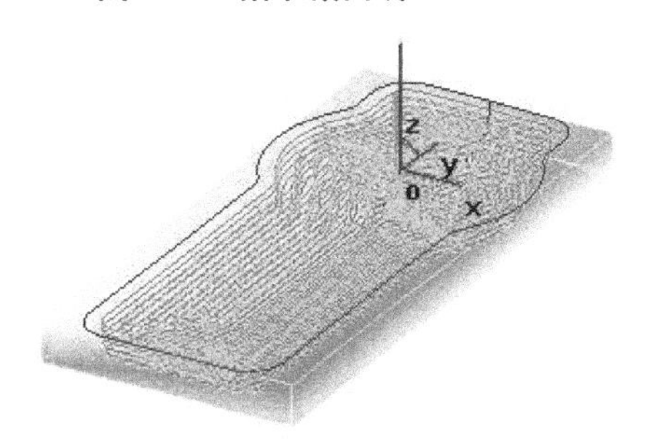


图 9.56 粗加工轨迹线

## 9.3.2 精加工——导动加工刀具轨迹

导动加工就是平面轮廓法平面内的截面线沿平面轮廓线导动生成加工轨迹,也可以理解为平面轮廓的等截面导动加工。它的本质是把三维曲面加工中能用二维方法解决的部分用二维方法来解决,可以说导动加工是三维曲面加工的一种特殊情况。

(1)导动加工的特点

①造型时,只作平面轮廓线和截面线,不用作曲面,简化了造型。

作加工轨迹时,因为它的每层轨迹都是用二维的方法来处理的,所以拐角处如果是圆弧,那么它生成的 G 代码中就是 G02 或 G03,充分利用了机床的圆弧插补功能。因此它生成的代码最短,但加工效果最好。比如加工一个半球,用导动加工生成的代码长度是用其他方式(如参数线)加工半球生成的代码长度的几十分之一到百分之一。

②生成轨迹的速度非常快。手动加工能够自动消除加工中的刀具干涉现象。无论是自身干涉还是面干涉,都可以自动消除,因为它的每一层轨迹都是按二维平面轮廓加工来处理的。平面轮廓加工中,在内拐角为尖角或内拐角 $R$ 半径小于刀具半径时,都不会产生过切,所以在导动加工中不会出现过切。

③加工效果最好。由于使用了圆弧插补,而且刀具轨迹沿截面线按等弧长均匀分布,所以可以达到很好的加工效果。

④适用于常用的三种刀具:端刀、R 刀和球刀。

⑤截面线由多段曲线组合,可以分段来加工。在有些零件的加工中,轮廓在局部会有所不同,而截面仍然是一样的。这样就可以充分利用这一特点,简化编程。

⑥沿截面线由下往上还是由上往下加工,可以根据需要任意选择。

当截面的深度不是很深(不超过刀刃长度),可以采用由下往上走刀,避免了扎刀的麻烦。

(2)操作步骤

①设置导动加工参数。选择"加工"→"精加工"→"导动精加工"命令,在弹出加工参数表中设置精加工的参数,如图 9.57 所示。

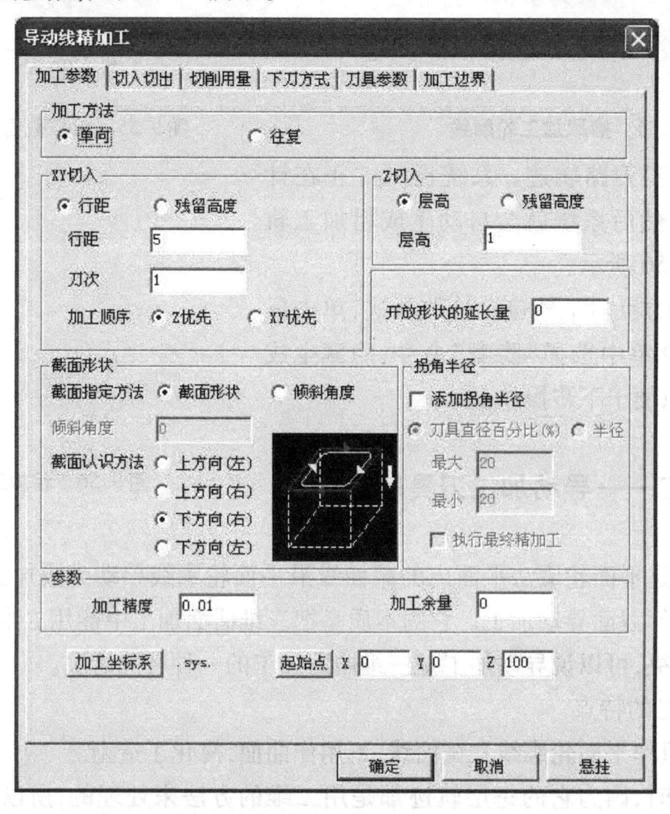


图 9.57　导动线精加工参数

②切削用量和铣刀参数按照粗加工的参数来设定,完成后单击"确定"按钮。

③拾取轮廓线和链搜索方向,这也是刀具轮廓加工的方向,如图 9.58 所示。

④拾取截面线和链搜索方向,这也是刀具沿截面线进给的方向,如图 9.59 所示。

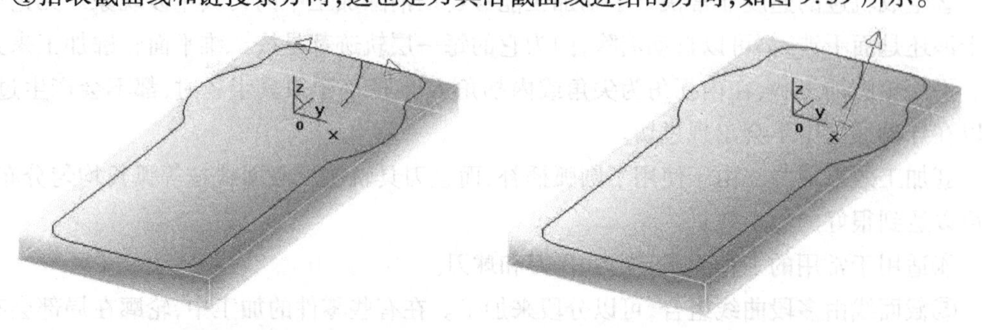

图 9.58　拾取轮廓线　　　　图 9.59　拾取截面线

⑤系统立即生成如图 9.60 所示的刀具轨迹。由图中可以看到4个内拐角处是会产生刀具干涉的地方,而在这个生成的轨迹里,是看不到干涉的,轨迹从上到下一气呵成。而如果用其他方法来做,则首要先作曲面,作刀具轨迹时如果用参数加工,那么轨迹不能整体作出,而且要检查干涉,代码长度要远远大于导动加工。

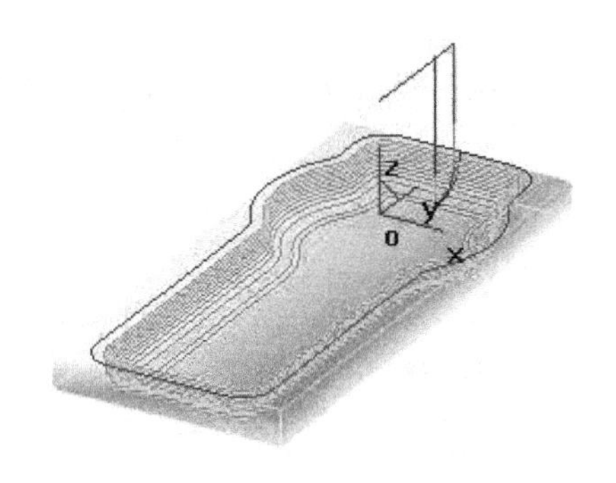

图 9.60　导动精加工轨迹线

注意:

- 轮廓线必须在平行于 *XY* 平面的平面上。(必须为平面曲线)
- 截面线必须在轮廓线上某一点的法平面内且与轮廓线相交。截面线应该画在轮廓加工的起点上。
- 加工应该在截面线所在的位置开始。
- 截面应该避免如下情况的出现:图 9.61 所示的截面线都是不正确的。如果把图 9.61 所示的三条曲线在标记点(曲线的最高点和最低点)处打断,那么它们就都是合格的截面线。因为系统在计算刀具轨迹时,这样曲线的不同部分,刀具偏置的方向是不一样的,所以一定要打断,分别做加工轨迹。

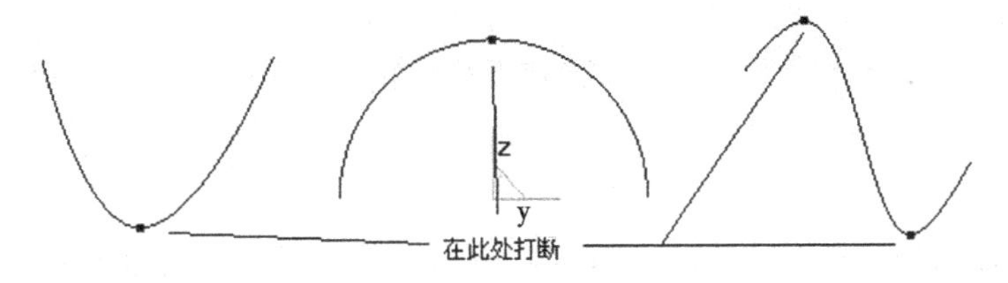

图 9.61　曲线打断

## 9.3.3　加工仿真、刀路检验与修改

①单击“可见”铵扭,显示所有已生成的粗/精加工轨迹并将它们选中。

②选择“加工”→“轨迹仿真”命令,选择屏幕左侧的“加工管理”结构树,依次选中“等高线粗加工”和“扫描线精加工”,单击右键确认。系统自动启动 CAXA 轨迹仿真器,单击仿真图标,弹出仿真加工对话框,如图 9.62 所示;调整 下拉菜单中的值为 10,单击 按钮来运行仿真。

③在仿真过程中,可以按住鼠标中键来拖动旋转被仿真件,可以滚动鼠标中键来缩放被仿真件,如图 9.63 所示。

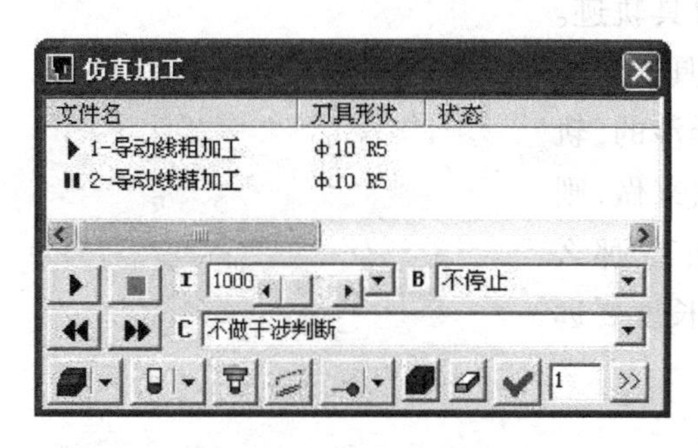


图 9.62　仿真加工选项

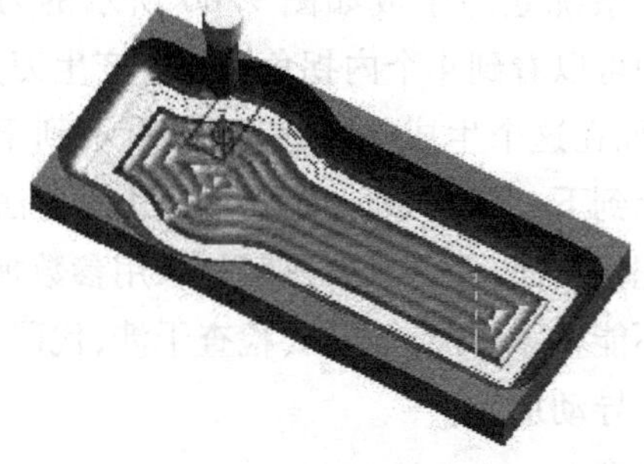

图 9.63　仿真加工观察

④调整 C G00干涉+夹具干涉 下拉菜单中的值，可以帮助检查干涉情况，如有干涉会自动报警。

⑤仿真完成后，单击 ✔ 按钮，可以将仿真后的模型与原有零件进行对比。

⑥仿真检验无误后，可保存粗/精加工轨迹。

## 9.3.4　生成 G 代码

①选择“加工”→“后置处理”→“生成 G 代码”命令，在弹出的“选择后置文件”对话框中给定要生成的 NC 代码文件名(导动.cut)及其存储路径，单击“确定”退出，如图9.64所示。

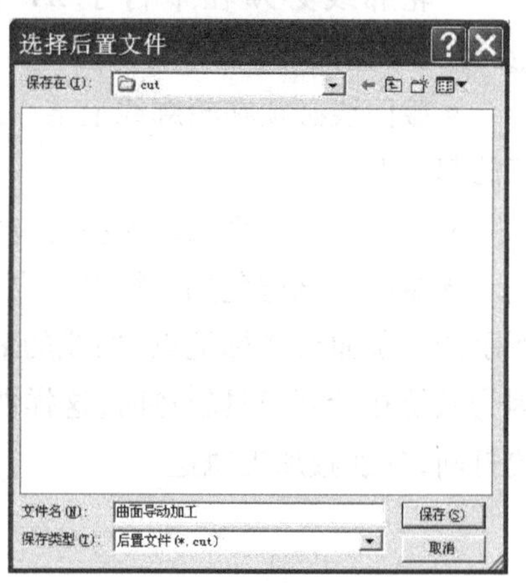


图 9.64　“G”代码存储路径

②分别拾取粗加工轨迹与精加工轨迹，单击右键确定，生成加工 G 代码，如图 9.65 所示。

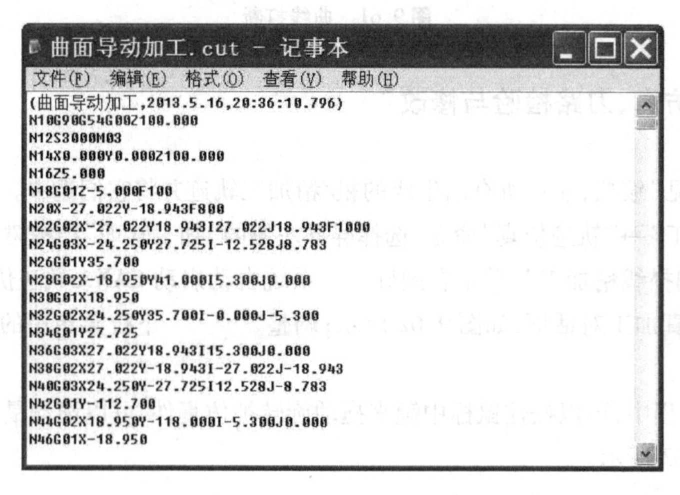


图 9.65　曲面导动加工“G”代码

## 9.3.5 生成加工工艺单

①选择“加工”→“工艺清单”命令，弹出工艺清单对话框，如图 9.66 所示。输入零件名等信息后，单击“拾取轨迹”按钮，选中粗加工和精加工轨迹，单击右键确认后，单击“生成清单”按钮生成工艺清单。

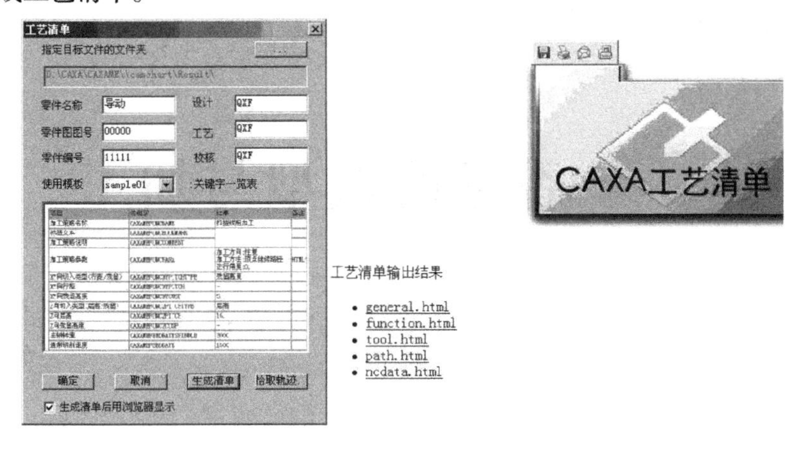


图 9.66　生成工艺清单

②选择工艺清单输出结果中的各项，可以查看到毛坯、工艺参数、刀具等信息，如图9.67所示。

| 项目 | 关键字 | 结果 | 备注 |
| --- | --- | --- | --- |
| 刀具顺序号 | CAXAMETOOLNO | 1 | |
| 刀具名 | CAXAMETOOLNAME | r5 | |
| 刀具类型 | CAXAMETOOLTYPE | 铣刀 | |
| 刀具号 | CAXAMETOOLID | 1 | |
| 刀具补偿号 | CAXAMETOOLSUPPLEID | 1 | |
| 刀具直径 | CAXAMETOOLDIA | 10. | |
| 刀角半径 | CAXAMETOOLCORNERRAD | 5. | |
| 刀尖角度 | CAXAMETOOLENDANGLE | 120. | |
| 刀刃长度 | CAXAMETOOLCUTLEN | 60. | |
| 刀杆长度 | CAXAMETOOLTOTALLEN | 90. | |
| 刀具示意图 | CAXAMETOOLIMAGE | Ball D12.0 20.0 90.0 60.0 D10.0 | HTML代码 |

图 9.67　工艺清单中刀具选项

③加工工艺单可以用 IE 浏览器来看，也可以用 Word 来看并进行修改和添加。

至此，曲面的造型、生成加工轨迹、加工轨迹仿真检查、生成 G 代码程序，生成加工工艺单的工作已经全部做完。

# 项目 10

# 香皂的造型与加工

## 任务 10.1 香皂实体造型

造型思路：

香皂的实体造型和剖面尺寸如图 10.1 和图 10.2 所示。香皂是上下对称造型，可做出一半造型再通过实体布尔运算合成香皂整体。通过剖面尺寸草图拉伸增料生成基体，对基体进行变半径过渡生成香皂模型；通过香皂横截面曲线生成放样面，拉伸除料生成香皂花纹。

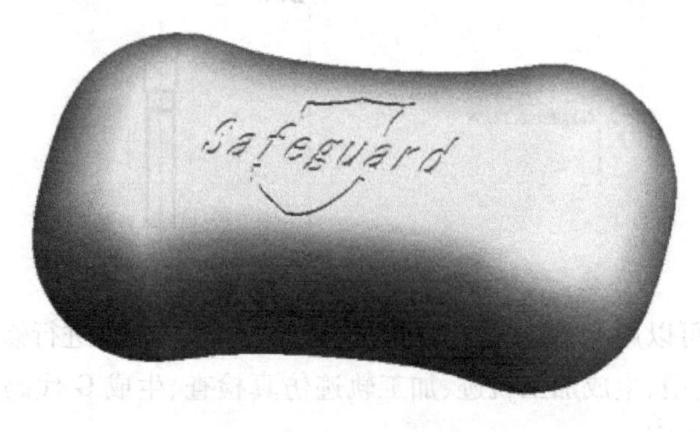


图 10.1 香皂造型

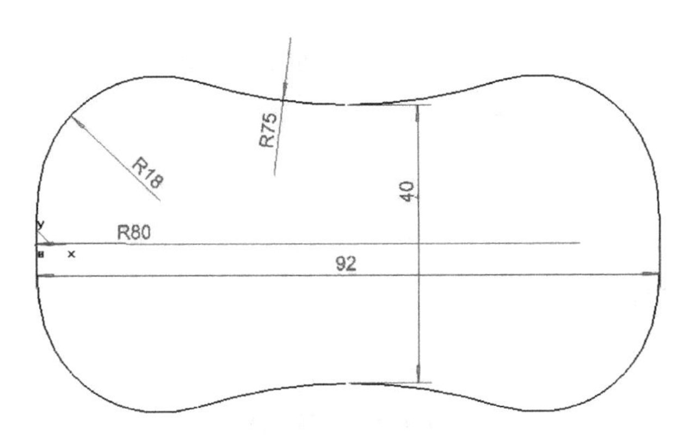


图 10.2　香皂剖面尺寸

### 10.1.1　生成剖面草图

①按F5键，将绘图平面切换到在平面 *XOY* 上。在“零件特征”中选 *XY* 平面，单击“绘制草图”按钮，进入草图绘制状态。

②单击矩形功能图标，在导航栏中选择“中心＿长＿宽”方式，输入长度“92”，宽度“40”，选取坐标原点为中心点，完成矩形绘制，如图 10.3 所示。

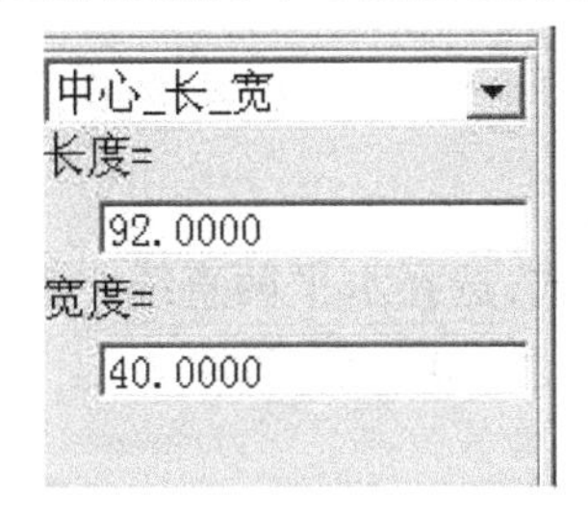


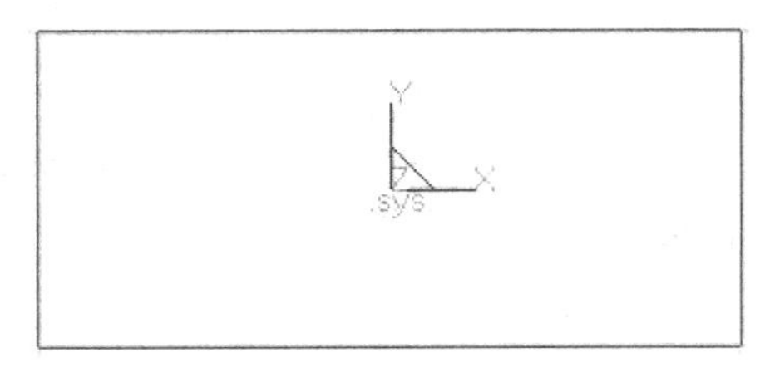


图 10.3　绘制矩形

③单击曲线工具栏“整圆”按钮，在立即菜单中选择“两点_半径”方式，拾取线段的中点、切点，分别输入半径“80”“75”。作圆，如图 10.4 所示。

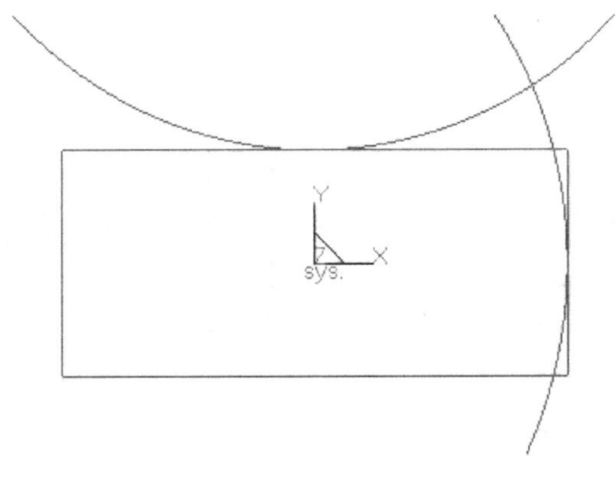


图 10.4　作圆

④单击“曲线过渡”工具，设置参数，过渡曲线如图 10.5 所示。

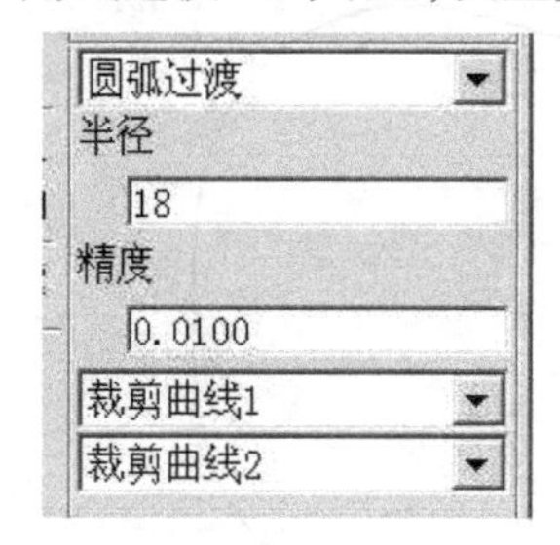


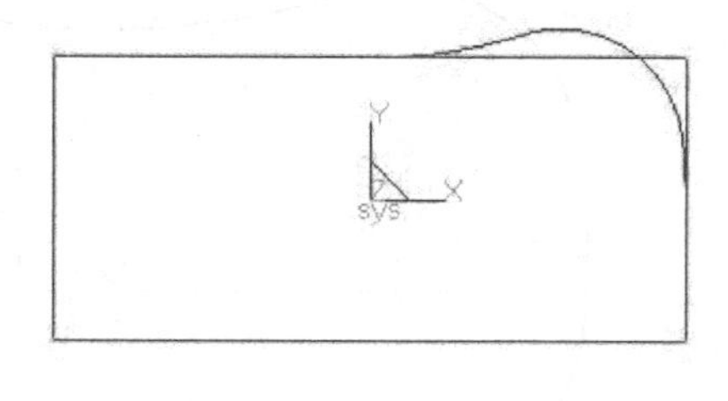


图 10.5　圆弧过渡

⑤选择“平面镜像”工具，设置为拷贝形式，选择垂直两直线中点为镜像轴的首、末点，然后生成圆弧曲线，单击鼠标右键，镜像曲线如图 10.6 所示。

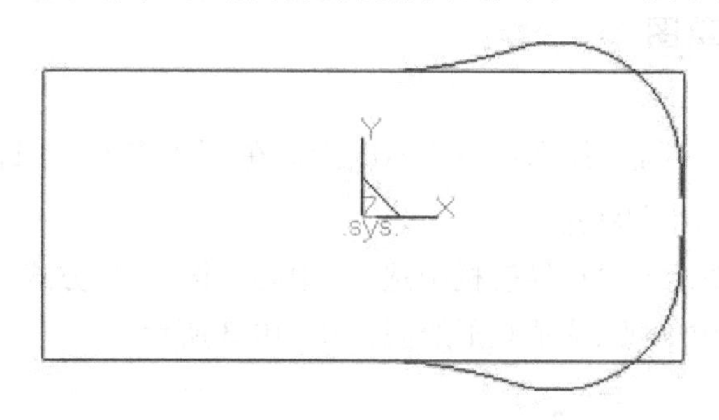


图 10.6　镜像圆弧

⑥选择“平面镜像”工具，设置为拷贝形式，选择水平两直线中点为镜像轴的首、末点，然后生成圆弧曲线，点击鼠标右键，镜像曲线如图 10.7 所示。

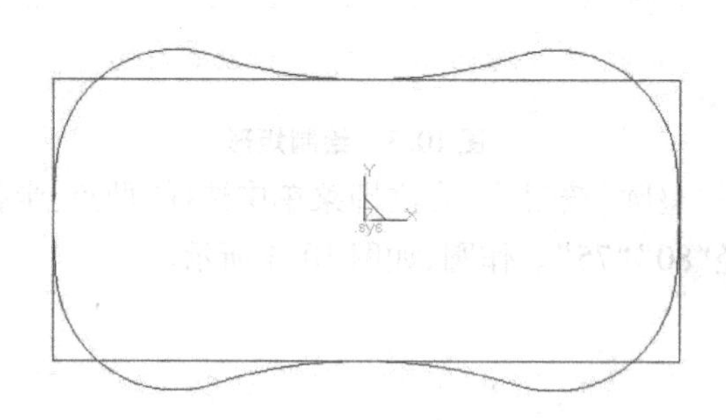

图 10.7　镜像圆弧

⑦删除矩形线段，选取“造型”→“草图环检查”命令或单击“检查草图环是否闭合”工具图标，检查草图是否闭合，如不闭合，则继续修改；如果闭合，将弹出如图 10.8 所示对话框。

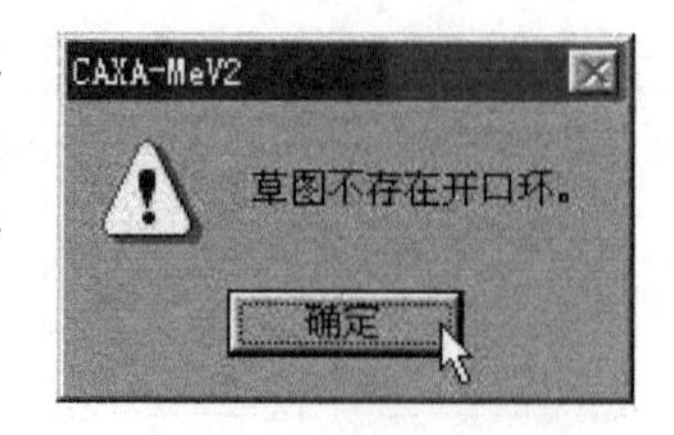


图 10.8　草图环检查

⑧单击图标，退出草图绘制。

## 10.1.2　香皂实体造型

①拉伸增料。按F8键,选择轴测视图。选择“拉伸增料”按钮,在弹出的对话框中设置参数,如图10.9所示。

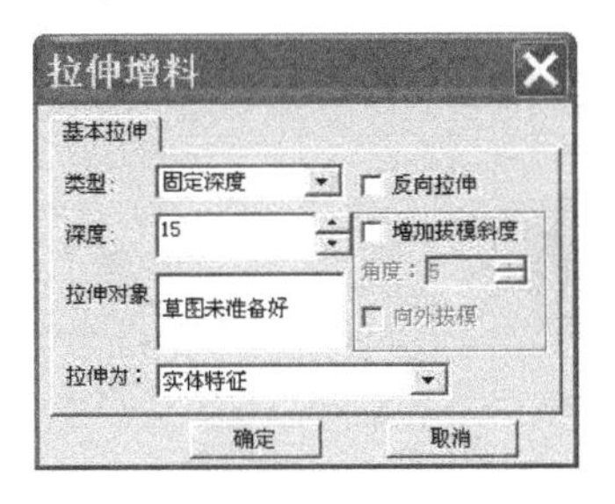


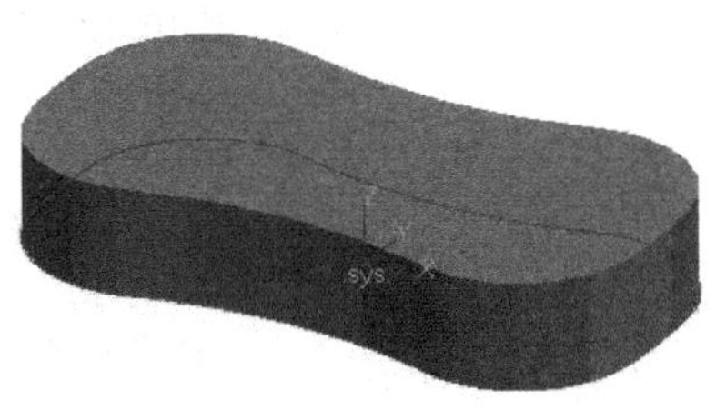

**图10.9　拉伸增料**

②变半径过渡。单击特征工具栏的“过渡”按钮,选择变半径、光滑变化,拾取上表面所有棱线,除顶点3和顶点9过渡半径为“13”外,其余顶点过渡半径为“15”,如图10.10所示。过渡造型如图10.11所示。

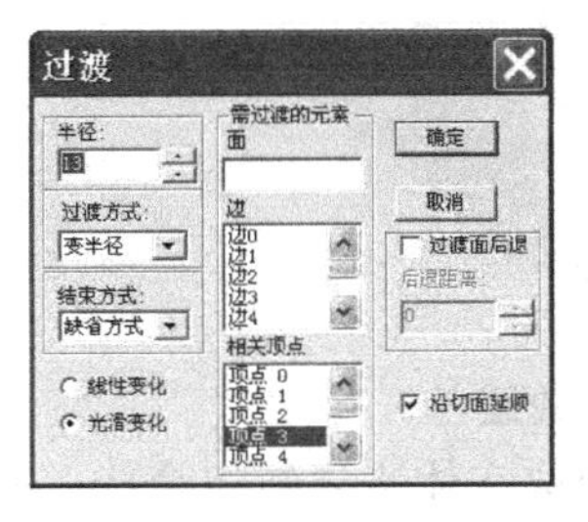


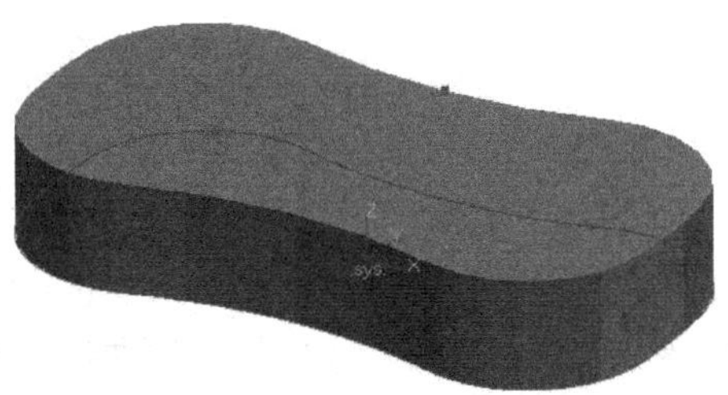

**图10.10　变半径过渡参数**

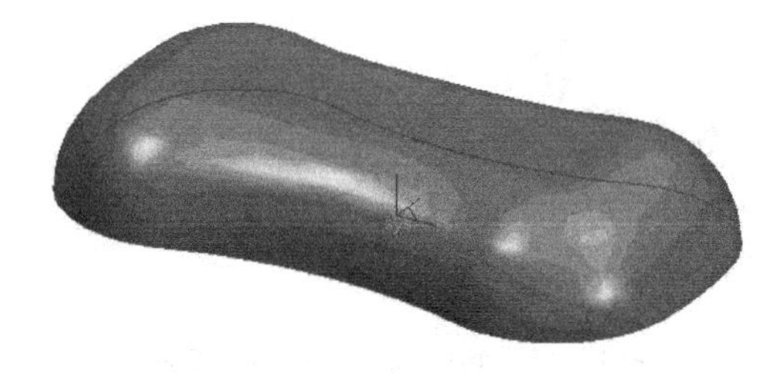

**图10.11　变半径过渡造型**

③按F5键,单击“直线”按钮,作一直线过R18圆弧和R75圆弧交点;单击“扫描面”按钮,输入起始距离“-10”,扫描距离“30”,扫描方向为$Z$轴正方向,拾取直线,作出扫描面,如图10.12所示。

④单击“曲面裁剪除料”按钮,拾取扫描面,确定后隐藏直线和扫描面,结果如图10.13所示。

⑤单击“相关线”按钮,选择实体边界,拾取实体边界确定,结果如10.14所示。

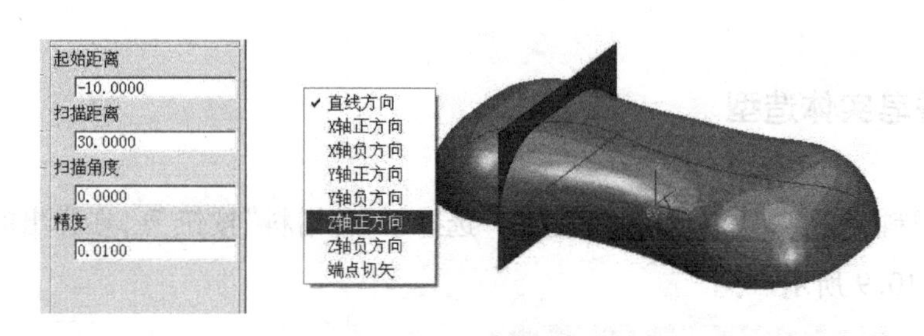


图 10.12　作出扫描面

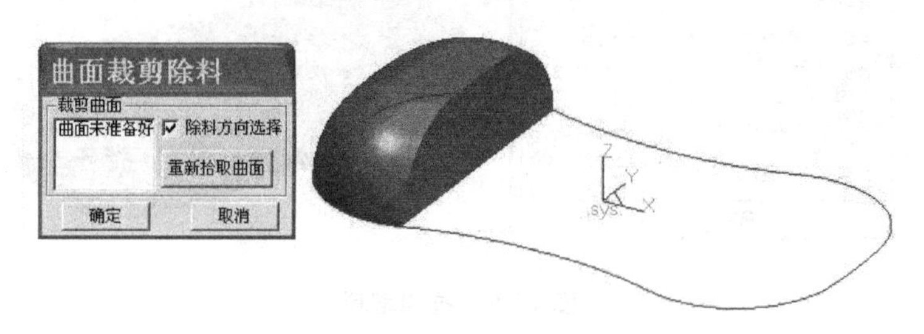


图 10.13　曲面裁剪除料

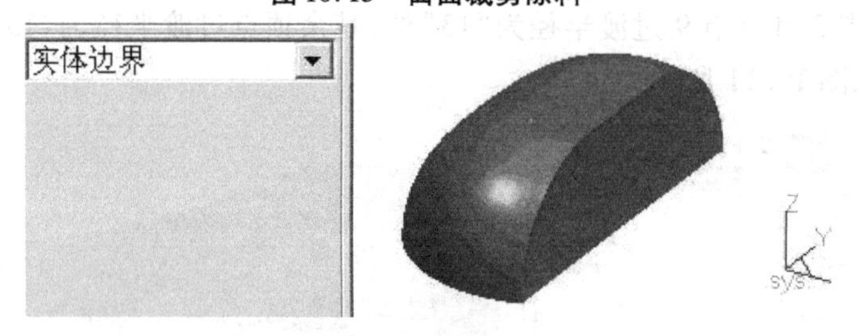


图 10.14　实体边界曲线

⑥单击“曲线组合”按钮，选择删除原曲线，拾取实体边界线组合成一条曲线后，将特征树中的裁剪特征删除，如图 10.15 所示。

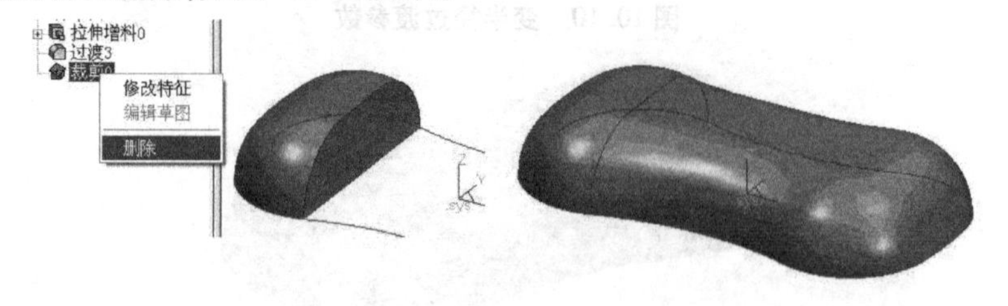


图 10.15　特征树中裁剪特征删除

⑦用同样的方法作出香皂中间和右侧的另外两条曲线，如图 10.16 所示。

⑧单击“放样面”按钮，选择单截面线，依次拾取三条曲线，生成放样面如图 10.17 所示。

⑨单击“等距面”按钮，选择放样面，等距距离为“0.5”，方向朝下，生成花纹所在曲面，如图 10.16 所示。

⑩单击“消隐显示”按钮，结果如图 10.18 所示。

⑪单击香皂上平面，按 F2 键，进入草图状态。选择“造型”→“文字”命令，在弹出的“文字输入”对话框中选取“设置”按钮，如图 10.19 所示；在“字体设置”对话框中设置字体格式

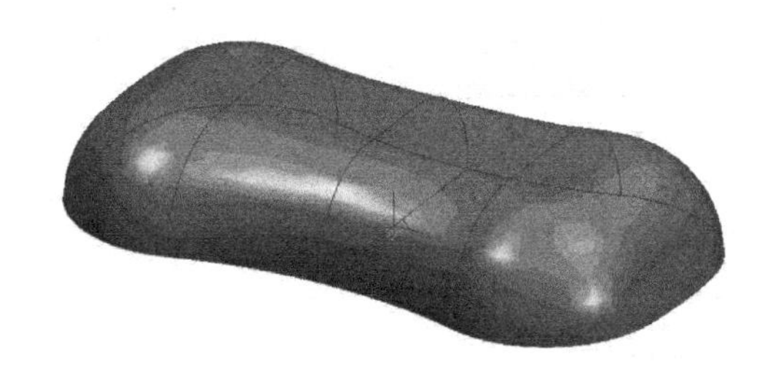

图 10.16　截面曲线

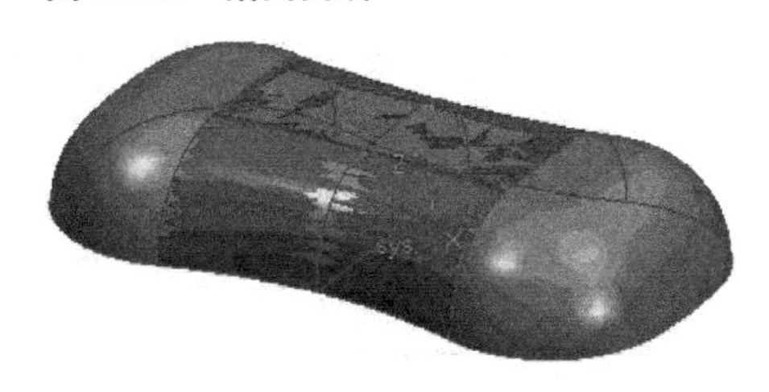

图 10.17 放样面

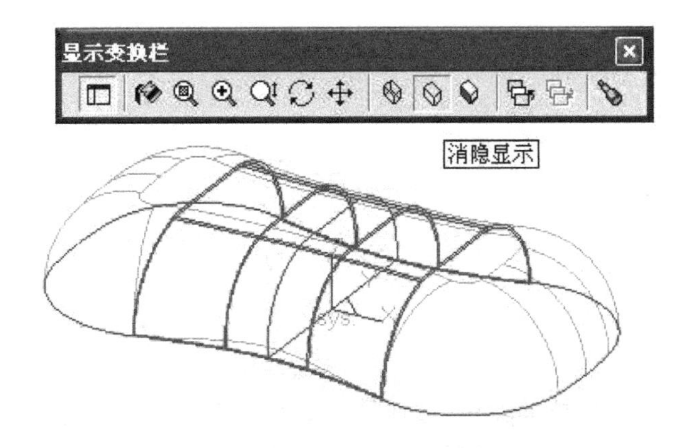


图 10.18　消隐显示

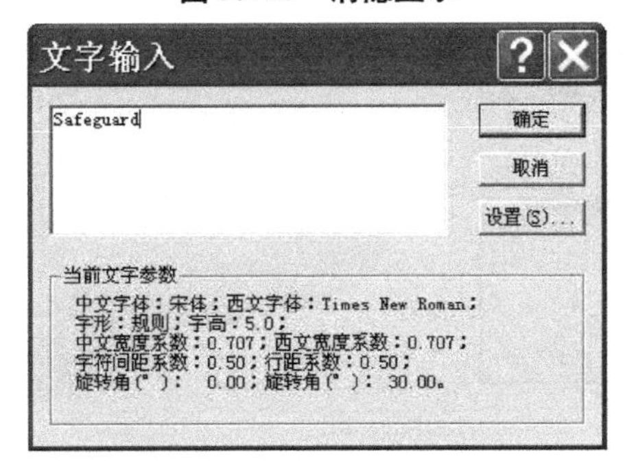


图 10.19　文字输入对话框

如图 10.20 所示；输入文字“Safeguard”，用“样条曲线”绘制图案，绘制草图如图 10.21 所示。选取“造型”→“草图环检查”命令检查草图是否闭合，单击图标 ，退出草图绘制。

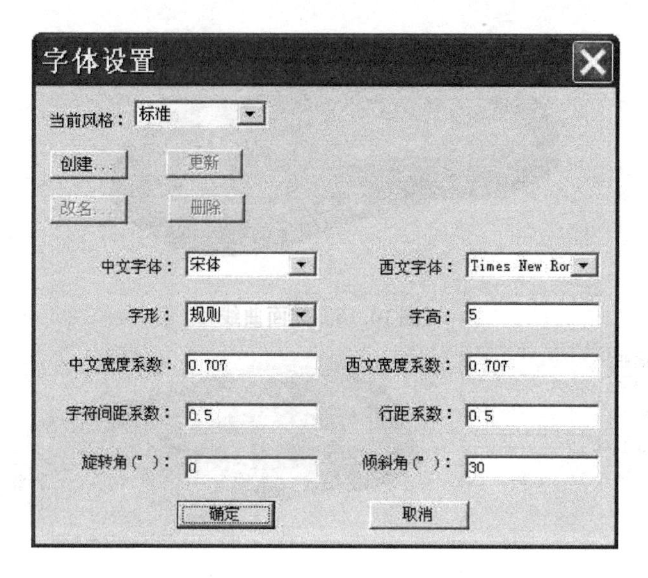


图 10.20　字体设置对话框

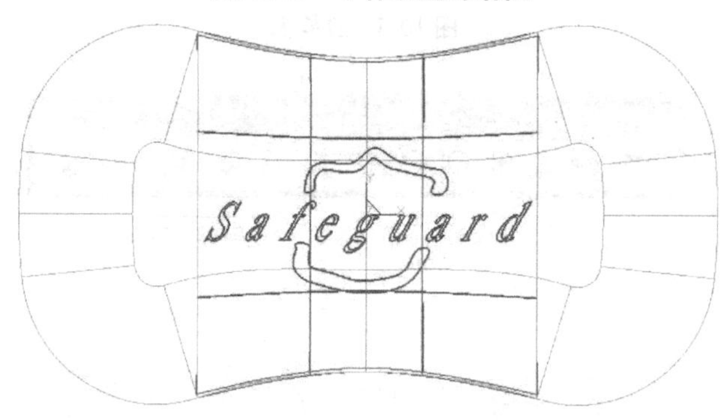


图 10.21　香皂花纹

⑫单击特征工具栏的“拉伸除料”按钮，选择拉伸到面，拾取等距面后确定；隐藏扫描面，单击“真实感显示”按钮。结果如图 10.22 所示。

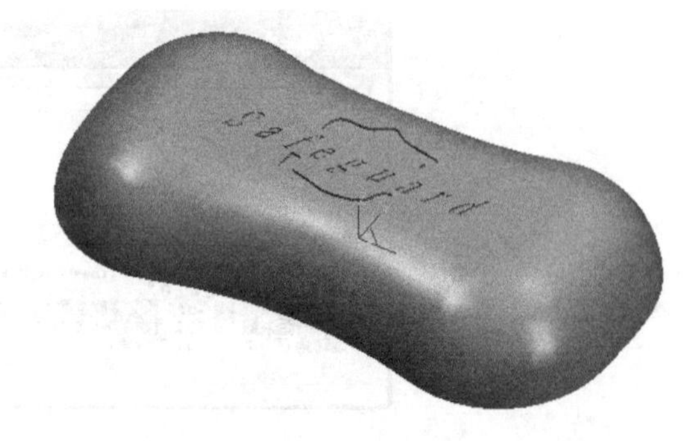


图 10.22　香皂实体造型

⑬选择“文件”→“另存为”命令，将文件保存为“香皂. X－t”文件。

⑭按F5键，单击“直线”按钮，作一过原点的水平线。单击“实体布尔运算”按钮，

打开“香皂. X－t”文件。选择当前零件并输入零件,拾取原点为定位点,定位方式选择拾取定位的 $X$ 轴,拾取水平线为 $X$ 轴,输入旋转角度“180”,如图 10. 23 所示。结果如图 10. 24 所示。

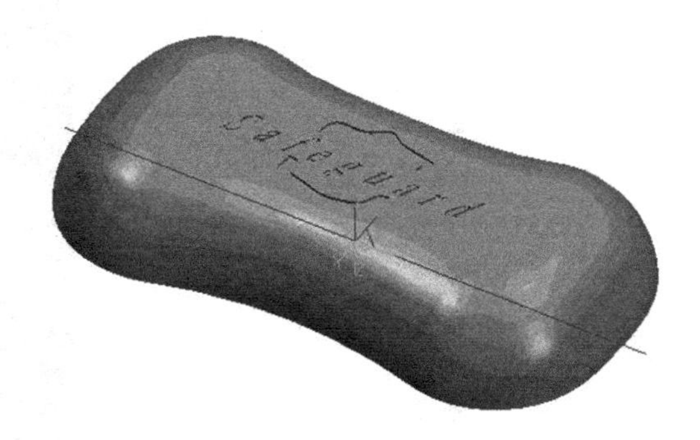


图 10.23　香皂实体布尔运算

图 10.24　香皂实体造型完型

# 任务 10.2　香皂实体加工

**加工思路:等高线精加工、轮廓线精加工、扫描线精加工**

因为香皂的整体形状是一个曲面体,较为平坦。所以粗加工和精加工都采用等高线加工方式,剖面轮廓采用轮廓线精加工,香皂花纹采用扫描线精加工。

## 10.2.1　加工前的准备工作

(1)设定加工刀具

选择屏幕左侧的“加工管理”结构树，双击结构树中的刀具库,弹出刀具库管理对话框。单击“增加铣刀”按钮,在对话框中输入铣刀名称,如图 10.25 所示。

A:用直径为 $\Phi8$ mm 的端铣刀做等高线粗加工。

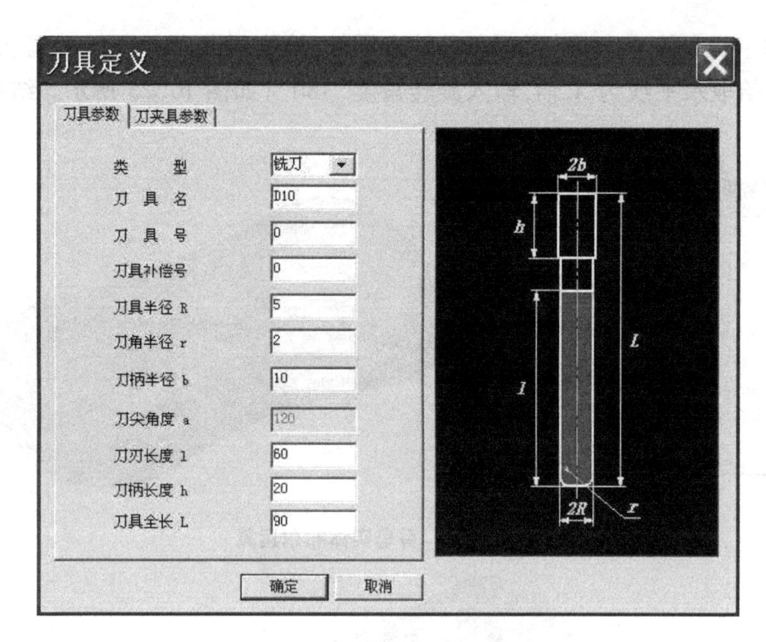


**图 10.25　刀具定义对话框**

B:用直径为 $\Phi10$ mm,圆角为 $r2$ 的圆角铣刀做等高线精加工。

C:用直径为 $\Phi8$ mm 的端铣刀做轮廓线精加工。

D:用直径为 $\Phi0.2$ mm 的雕铣刀做扫描线精加工铣花纹。

(2)设定加工范围

按下 F5 键,单击曲线生成工具栏上的“矩形”按钮 ,绘制如图 10.26 所示的矩形。

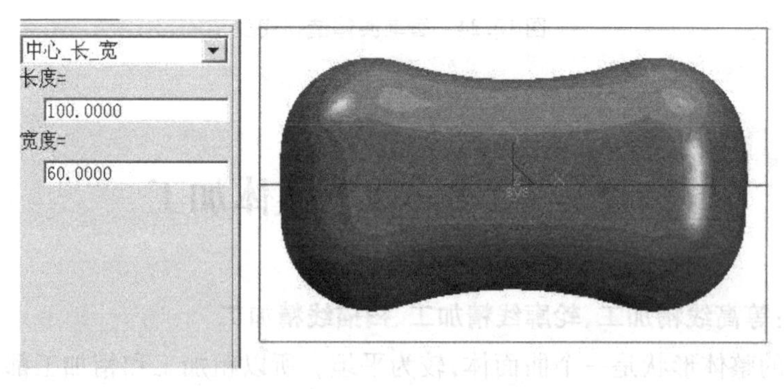


**图 10.26　设定加工范围**

(3)设定毛坯

选择屏幕左侧的“加工管理”结构树，双击结构树中的“毛坯”,弹出“毛坯”对话框。按图 10.27 所示,在“基准点”和“大小”填入数值。现有模型自动生成毛坯,如图 10.28 所示。

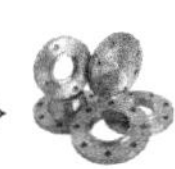

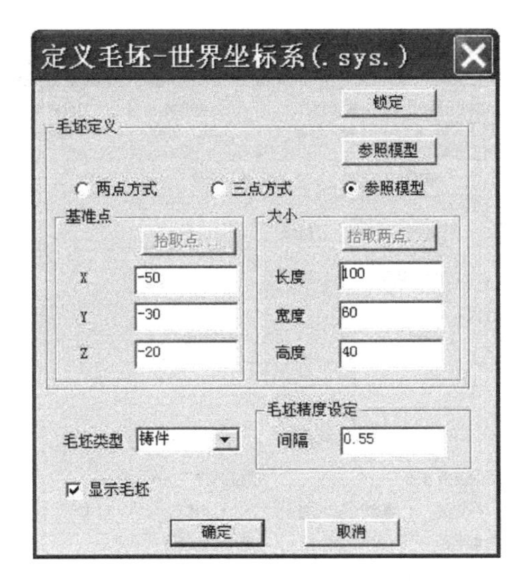


图 10.27　设定毛坯尺寸

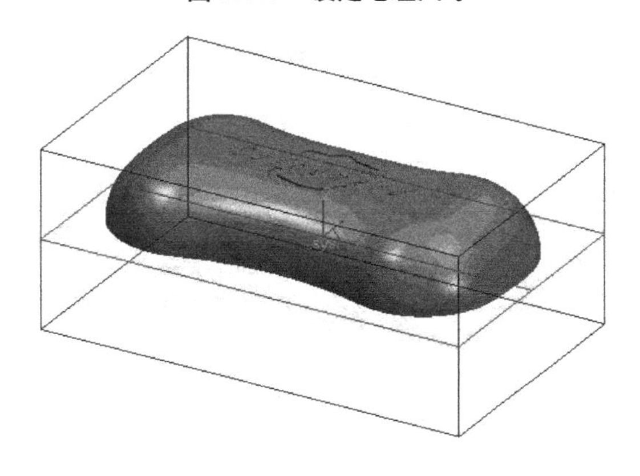

图 10.28　香皂毛坯

## 10.2.2　香皂的等高线粗加工

①设置“粗加工参数”。选择“加工”→“粗加工”→“等高线粗加工”命令，在弹出的“等高线粗加工”中设置“粗加工参数”，如图 10.29 所示。

②设置粗加工“铣刀参数”，如图 10.30 所示。

③设置粗加工“切削用量”参数，如图 10.31 所示。

④确认“起始点”“下刀方式”“切入切出”系统默认值，单击“确定”参数退出参数设置。

⑤按系统提示拾取加工对象和加工边界。选中整个实体表面作为加工对象，系统将拾取到的所有实体表面变红，然后单击鼠标右键确认拾取；再拾取矩形作为加工边界，单击右键确认，如图 10.32 所示。

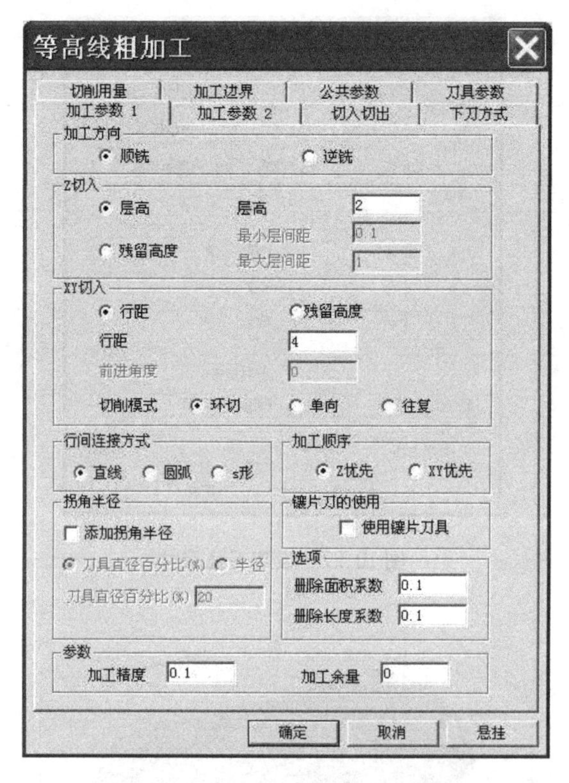


图 10.29　等高线粗加工参数

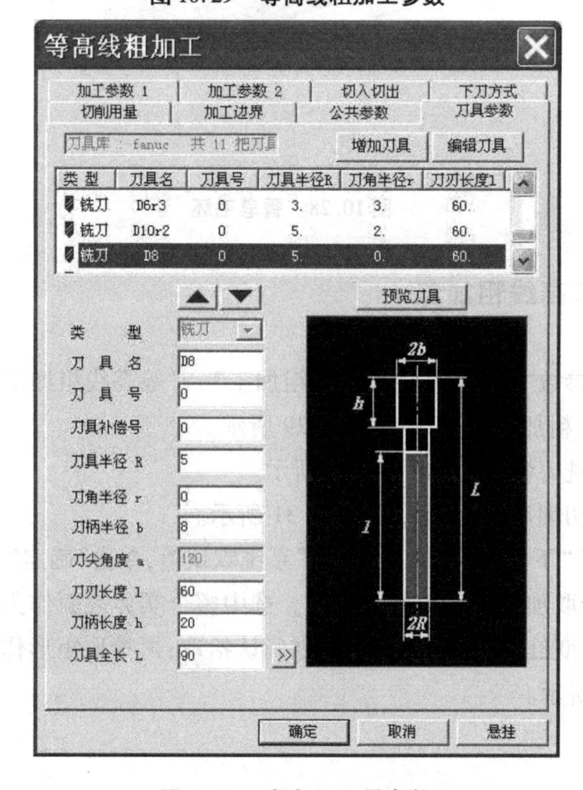


图 10.30　粗加工刀具参数

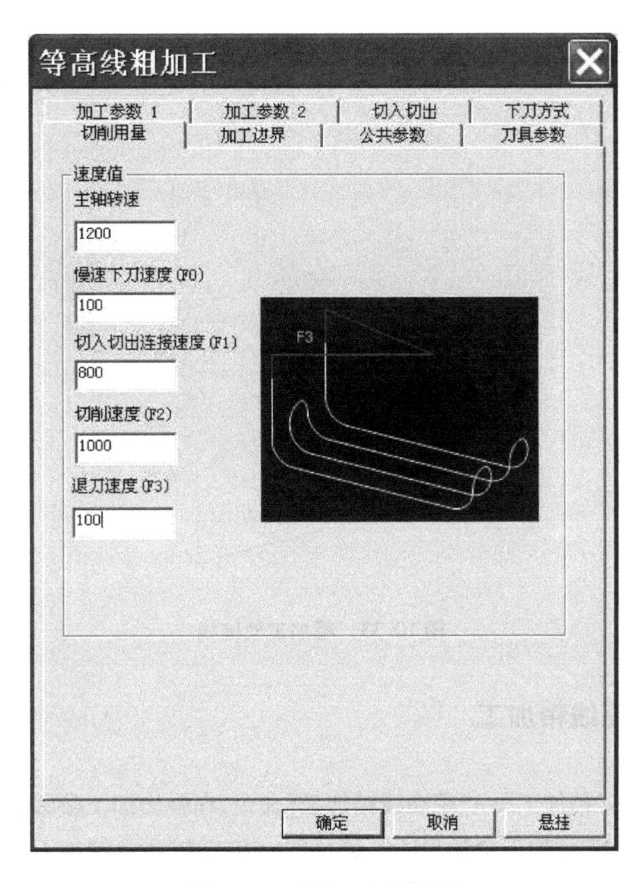


图 10.31　粗加工切削用量

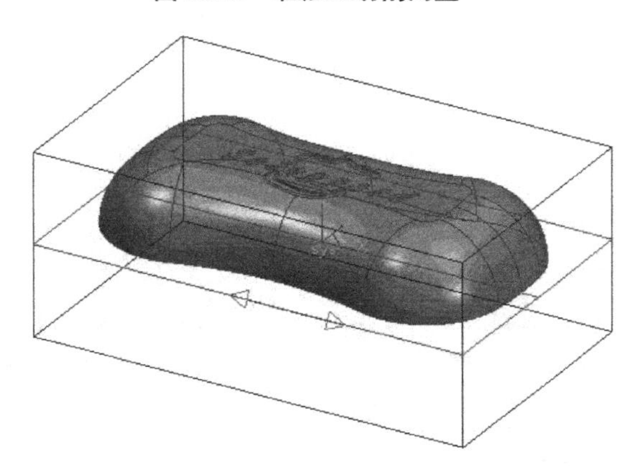

图 10.32　拾取加工对象和加工边界

⑥生成粗加工刀路轨迹。系统提示:"正在计算轨迹请稍候",然后系统就会自动生成粗加工轨迹。结果如图 10.33 所示。

⑦隐藏生成的粗加工轨迹。拾取轨迹,单击鼠标右键,在弹出菜单中选择"隐藏"命令,隐藏生成的粗加工轨迹,以便于下步操作。

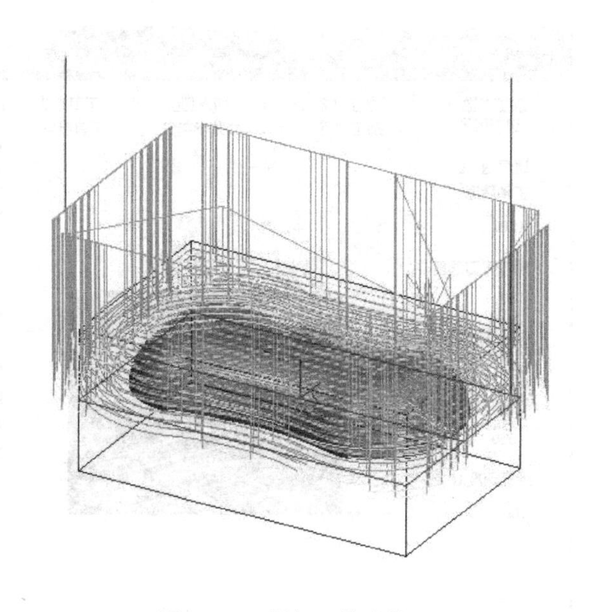

图 10.33　粗加工轨迹线

## 10.2.3　香皂等高线精加工

①选择“加工”→“精加工”→“等高线精加工”命令，在弹出加工参数表中设置精加工的参数，如图 10.34 所示。注意加工余量为“0”，路径生成方式选“等高线加工后加工平坦部”。

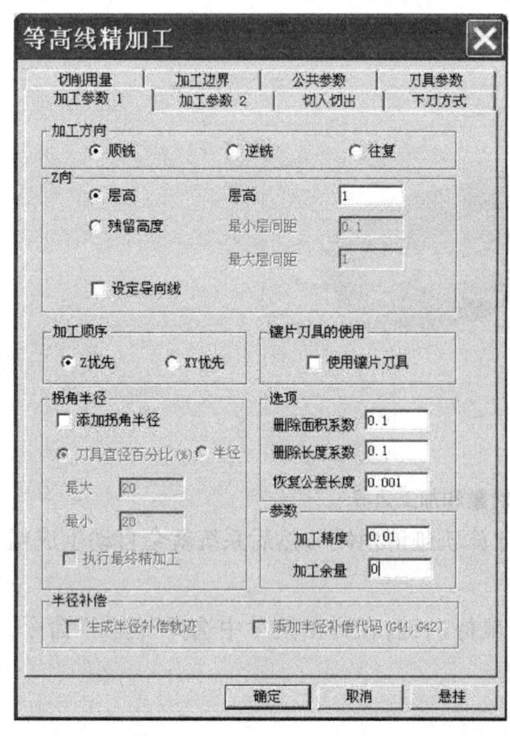


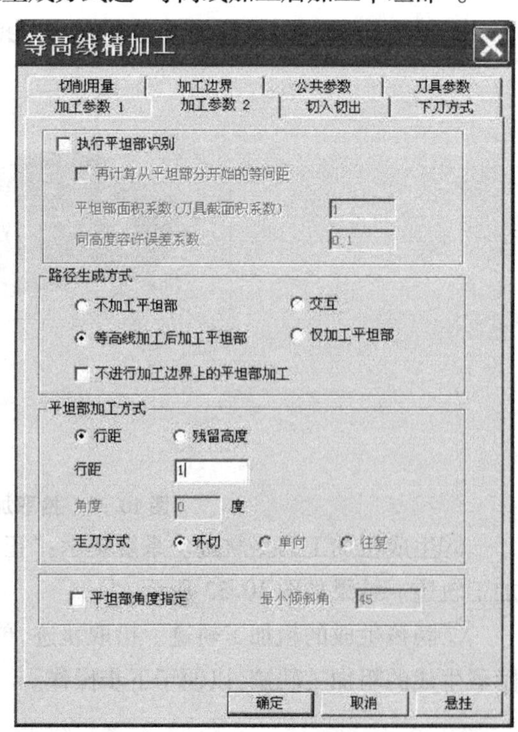


图 10.34　精加工参数

②设置刀具参数，如图 10.35 所示。

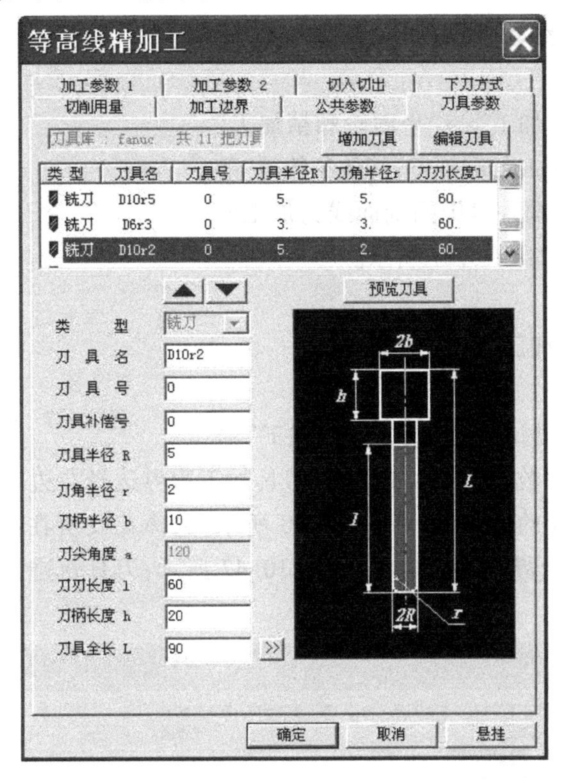


**图 10.35　精加工刀具参数**

③根据左下角状态栏提示拾取加工对象。拾取整个零件表面，单击右键确定，再单击右键确认毛坯的边界就是需要加工的边界。系统开始计算刀具轨迹，如图 10.36 所示。

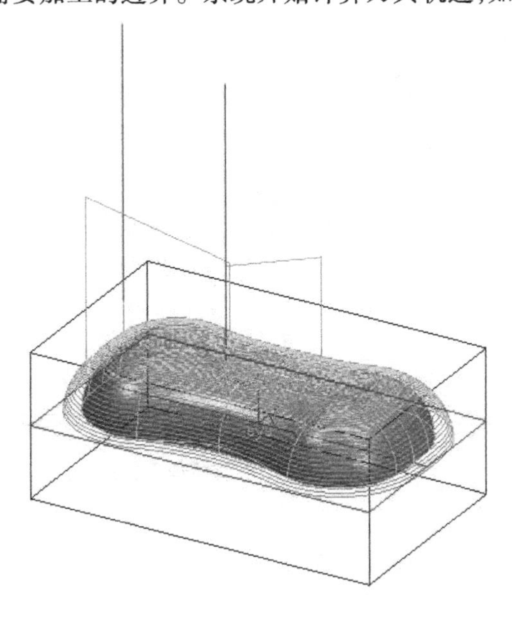

**图 10.36　精加工轨迹线**

### 10.2.4　香皂轮廓线精加工

选择“加工”→“精加工”→“平面轮廓精加工”命令，选用直径为 Φ8 mm 的端铣刀，其他参数与“等高线精加工”一致。拾取香皂中间剖面线为加工轮廓线，生成加工轨迹线如图 10.37 所示。

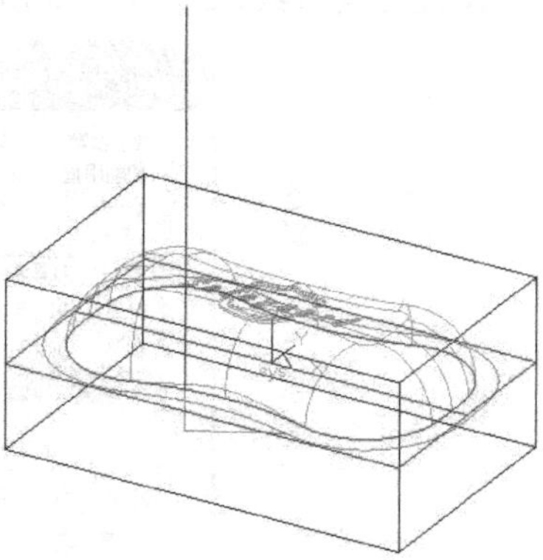

图 10.37　轮廓精加工轨迹线

### 10.2.5　香皂花纹加工

选择“加工”→“精加工”→“扫描线精加工”命令，弹出对话框，设置参数如图 10.38 所示；刀具加工边界选择在边界上，如图 10.39 所示；选取直径为 Φ0.2 mm 的雕铣刀，如图 10.40 所示；选择花纹所在曲面为加工对象，如图 10.41所示；拾取花纹边界为加工边界，如图 10.42 所示；刀具轨迹及仿真结果如图 10.43 所示。

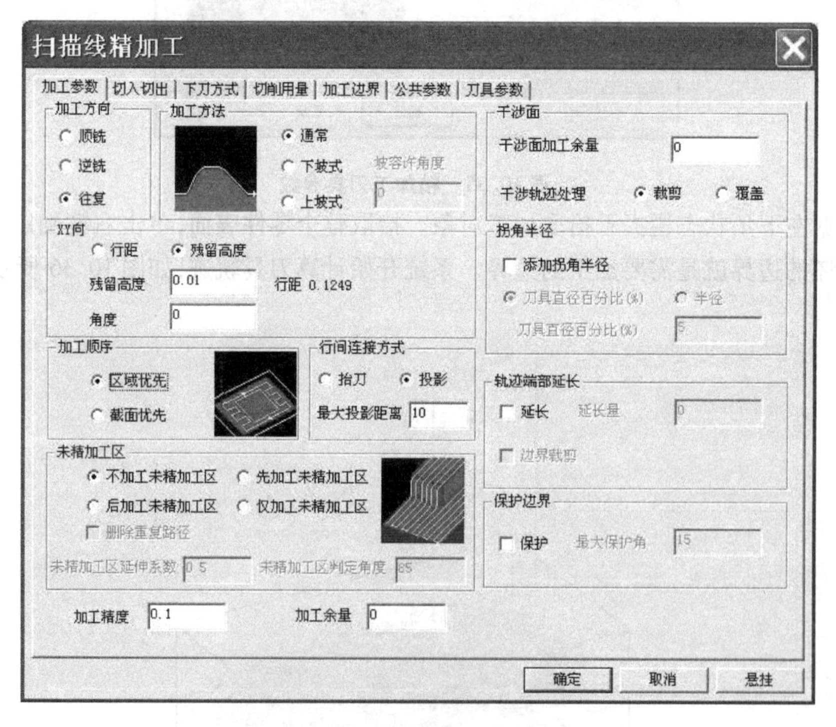


图 10.38　扫描线精加工参数

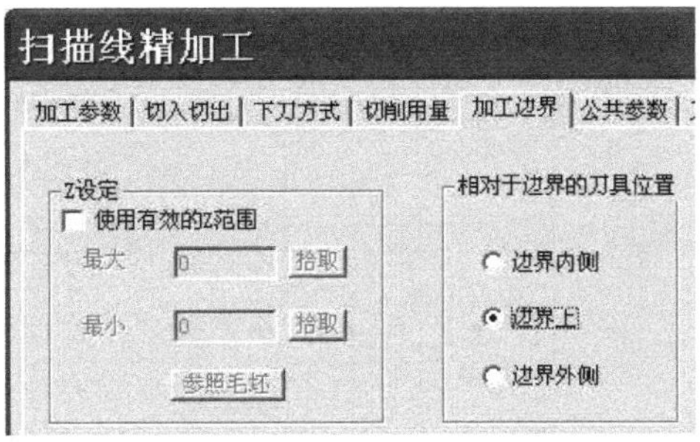

扫描线精加工
加工参数 | 切入切出 | 下刀方式 | 切削用量 | 加工边界 | 公共参数
Z设定
使用有效的Z范围
最大 0 拾取
最小 0 拾取
参照毛坯
相对于边界的刀具位置
边界内侧
边界上
边界外侧

图 10.39　加工边界

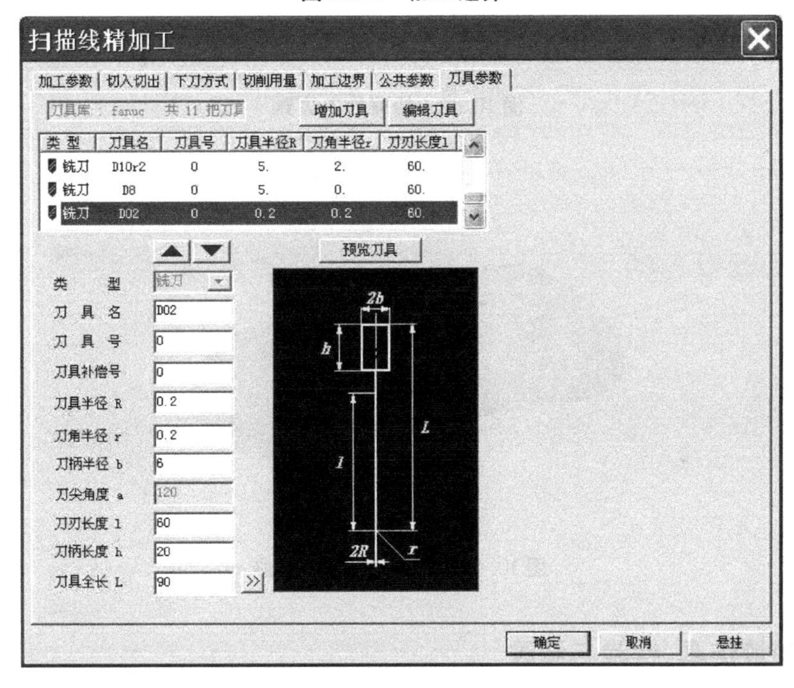


图 10.40　扫描线精加工刀具参数

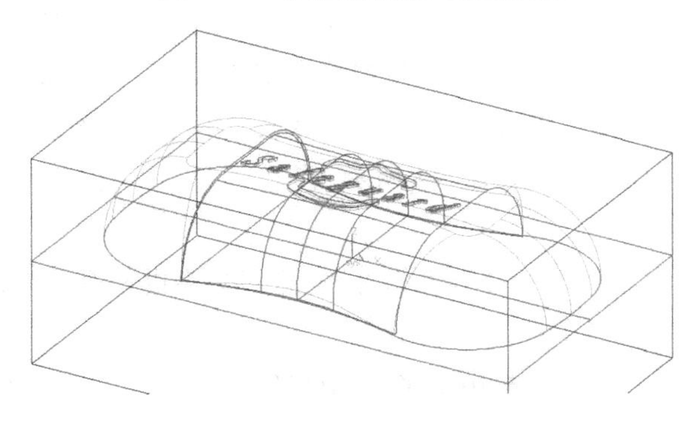

图 10.41　拾取加工对像

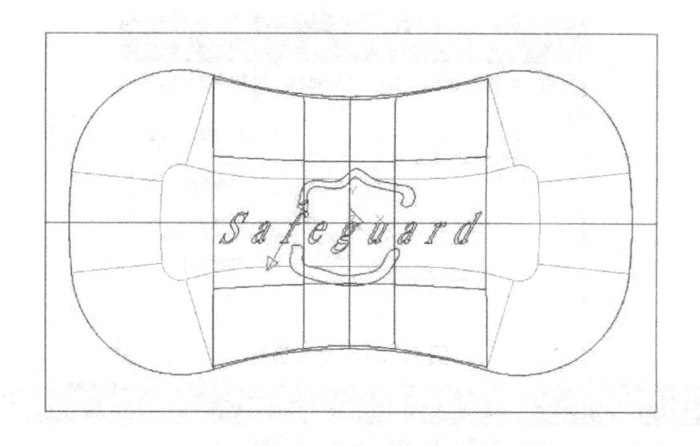


图 10.42　拾取加工边界

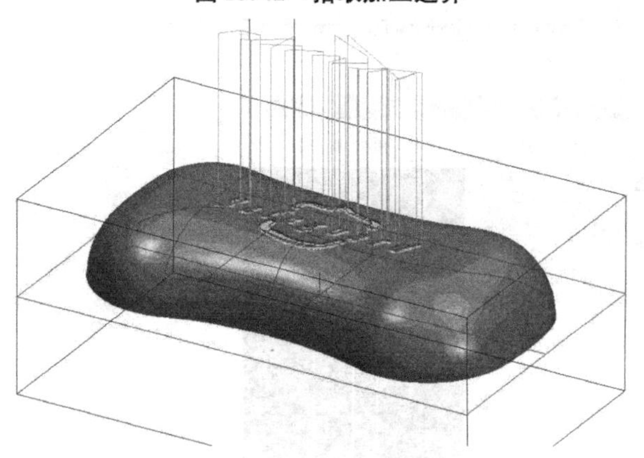

图 10.43　扫描线精加工轨迹

## 10.2.6　轨迹仿真、检验与修改

①单击“可见”铵扭，显示所有已生成的粗/精加工轨迹并将它们选中。

②选择“加工”→“轨迹仿真”命令，选择屏幕左侧的“加工管理”结构树，依次选中“等高线粗加工”和“扫描线精加工”，单击右键确认。系统自动启动 CAXA 轨迹仿真器，单击仿真图标，弹出仿真加工对话框，如图 10.44 所示；调整下拉菜单中的值为 10，单击按钮来运行仿真。

③调整下拉菜单中的值，可以帮助检查干涉情况，如有干涉会自动报警。

④在仿真过程中，可以按住鼠标中键来拖动旋转被仿真件，可以滚动鼠标中键来缩放被仿真件。

⑤仿真完成后，单击按钮，可以将仿真后的模型与原有零件作对比，如图 10.45 所示。

⑥仿真检验无误后，可保存粗/精加工轨迹。

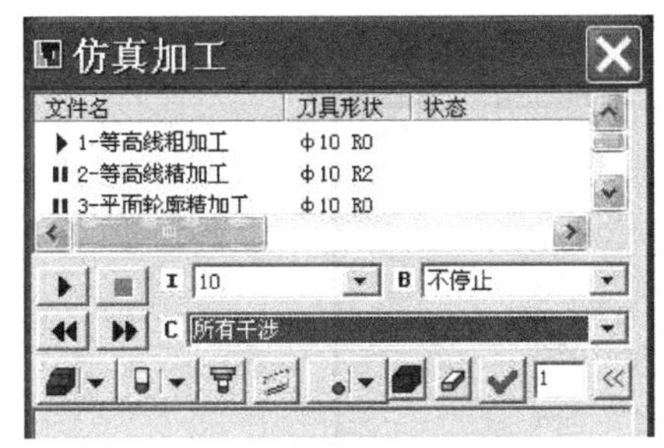


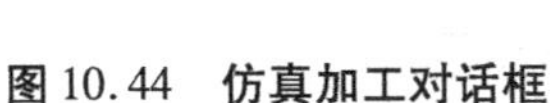
图 10.44　仿真加工对话框

图 10.45　香皂仿真加工

## 10.2.7　生成 G 代码

①选择“加工”→“后置处理”→“生成 G 代码”命令，在弹出的“选择后置文件”对话框中给定要生成的 NC 代码文件名（香皂. cut）及其存储路径，单击“确定”按钮退出。

②分别拾取粗加工轨迹与精加工轨迹，单击右键确定，生成加工 G 代码，如图 10.46 所示。

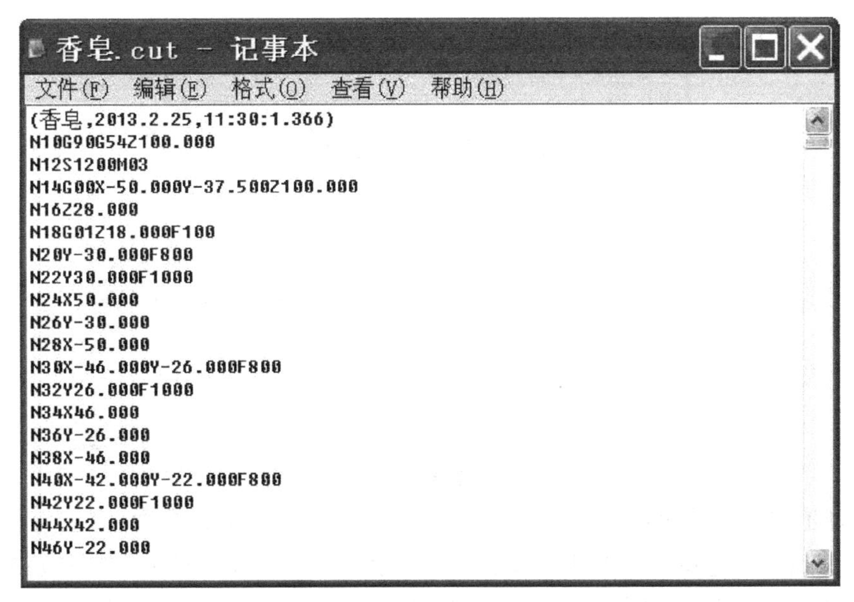
香皂. cut － 记事本
文件(F)　编辑(E)　格式(O)　查看(V)　帮助(H)

```
(香皂,2013.2.25,11:30:1.366)
N10G90G54Z100.000
N12S1200M03
N14G00X-50.000Y-37.500Z100.000
N16Z28.000
N18G01Z18.000F100
N20Y-30.000F800
N22Y30.000F1000
N24X50.000
N26Y-30.000
N28X-50.000
N30X-46.000Y-26.000F800
N32Y26.000F1000
N34X46.000
N36Y-26.000
N38X-46.000
N40X-42.000Y-22.000F800
N42Y22.000F1000
N44X42.000
N46Y-22.000
```

图 10.46　香皂加工 G 代码

## 10.2.8　生成加工工艺单

①选择“加工”→“工艺清单”命令，弹出工艺清单对话框，如图 10.47 所示。输入零件名等信息后，按拾取轨迹按钮，选中粗加工和精加工轨迹，单击右键确认后，单击“生成清单”

按钮生成工艺清单,如图 10.48 所示。

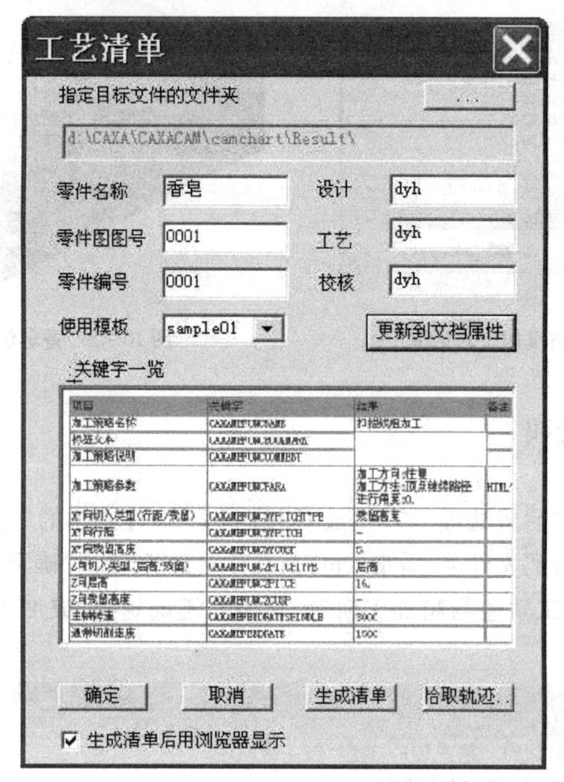


图 10.47　香皂工艺清单

工艺清单输出结果

- general.html
- function.html
- tool.html
- path.html
- ncdata.html

图 10.48　香皂工艺清单选项

②选择工艺清单输出结果中的各项,可以查看到毛坯、工艺参数、刀具等信息,如图 10.49所示。加工工艺单可以用 IE 浏览器来看,也可以用 Word 来看并进行修改和添加。

至此,香皂的造型、生成加工轨迹、加工轨迹仿真检查、生成 G 代码程序、生成加工工艺单的工作已经全部完成。

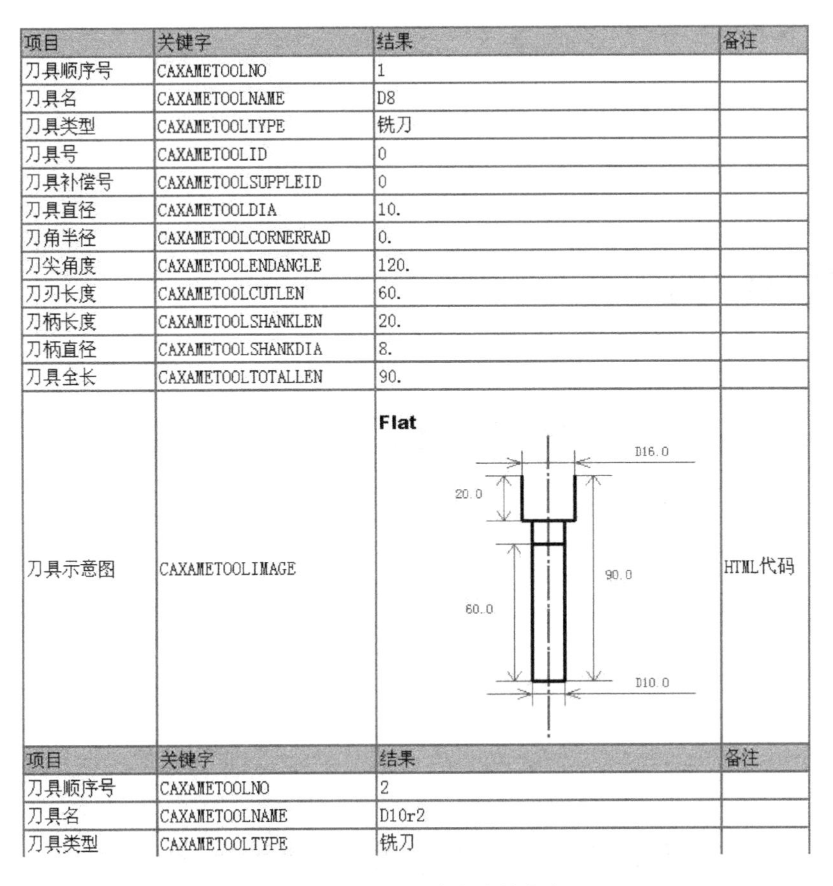

| 项目 | 关键字 | 结果 | 备注 |
| --- | --- | --- | --- |
| 刀具顺序号 | CAXAMETOOLNO | 1 | |
| 刀具名 | CAXAMETOOLNAME | D8 | |
| 刀具类型 | CAXAMETOOLTYPE | 铣刀 | |
| 刀具号 | CAXAMETOOLID | 0 | |
| 刀具补偿号 | CAXAMETOOLSUPPLEID | 0 | |
| 刀具直径 | CAXAMETOOLDIA | 10. | |
| 刀角半径 | CAXAMETOOLCORNERRAD | 0. | |
| 刀尖角度 | CAXAMETOOLENDANGLE | 120. | |
| 刀刃长度 | CAXAMETOOLCUTLEN | 60. | |
| 刀柄长度 | CAXAMETOOLSHANKLEN | 20. | |
| 刀柄直径 | CAXAMETOOLSHANKDIA | 8. | |
| 刀具全长 | CAXAMETOOLTOTALLEN | 90. | |
| 刀具示意图 | CAXAMETOOLIMAGE | Flat<br>D16.0<br>20.0<br>90.0<br>60.0<br>D10.0 | HTML代码 |
| 项目 | 关键字 | 结果 | 备注 |
| 刀具顺序号 | CAXAMETOOLNO | 2 | |
| 刀具名 | CAXAMETOOLNAME | D10r2 | |
| 刀具类型 | CAXAMETOOLTYPE | 铣刀 | |

**图 10.49　关键字输出清单内容**

# 项目 11

# 四轴加工

## 任务 11.1　矿泉水瓶波浪线造型

造型思路：

由图 11.1 可知矿泉水瓶曲线是沿柱面分布的波浪线，可用“公式曲线”绘制。

图 11.1　矿泉水瓶曲线造型

### 11.1.1　矿泉水瓶波浪线造型

①按 F8 键，以轴测图显示；按 F9 键在 *XOY* 平面内绘图。选择菜单“应用”→“曲线生

成”→“公式曲线”命令或者单击“曲线生成栏”中的图标 f(x)，在弹出的公式曲线对话框中设置参数，如图 11.2 所示。

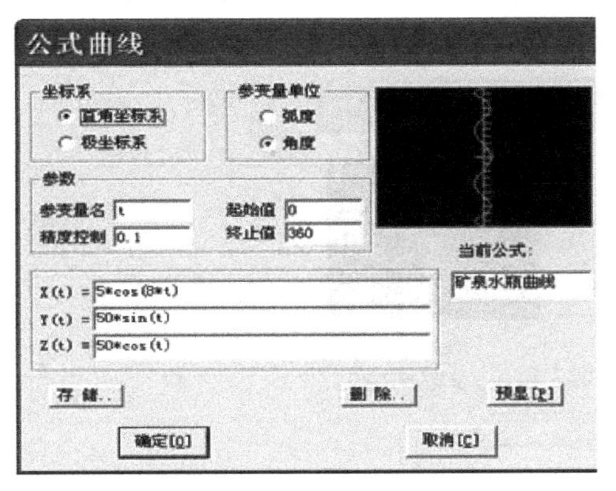


**图 11.2　矿泉水瓶曲线参数**

②选择坐标原点为插入点，绘制图形如图 11.3 所示。

③选择“几何变换栏”中的“平移”工具，设置平移参数，如图 11.4 所示。选中上述曲线，单击鼠标右键，选中的直线移动到指定的位置。

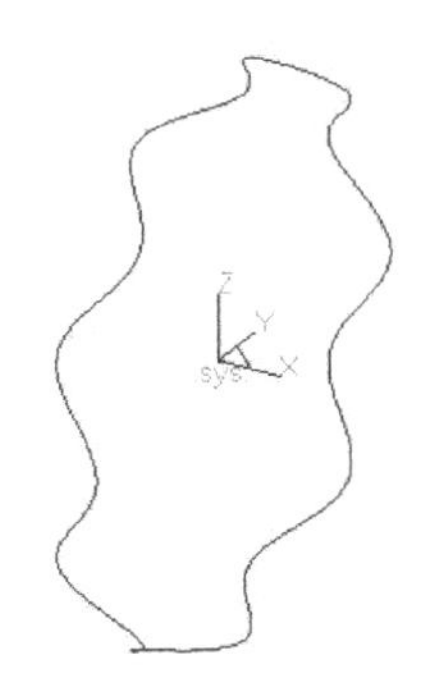

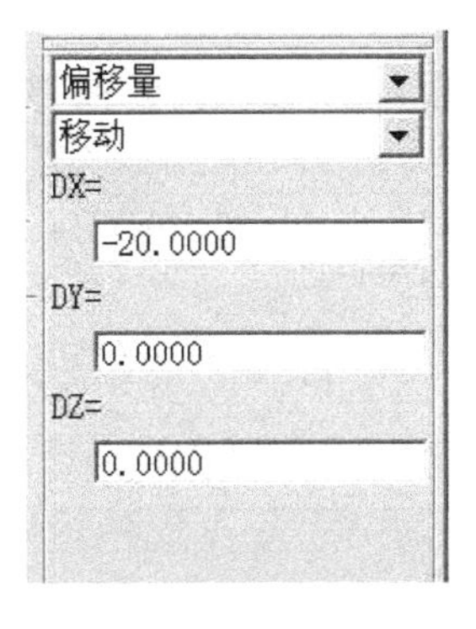


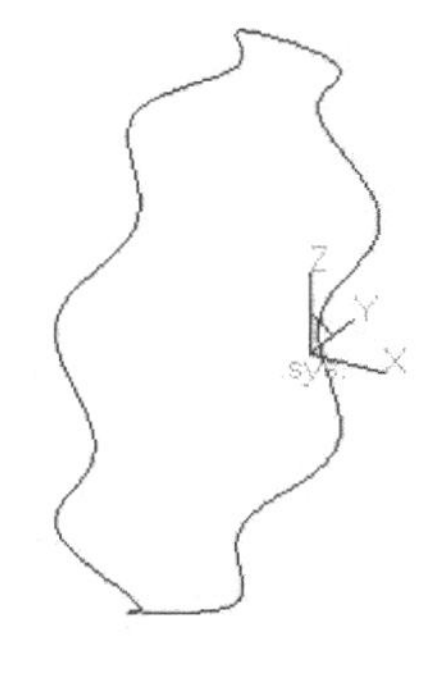

**图 11.3　矿泉水瓶曲线**　　　　**图 11.4　偏移参数**

④选择“几何变换栏”中的“阵列”工具，设置阵列参数；选中上述曲线，单击鼠标右键，阵列后的图形如图 11.5 所示。

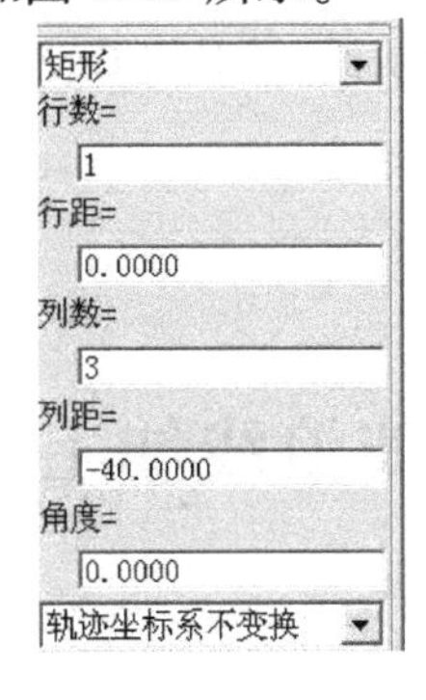


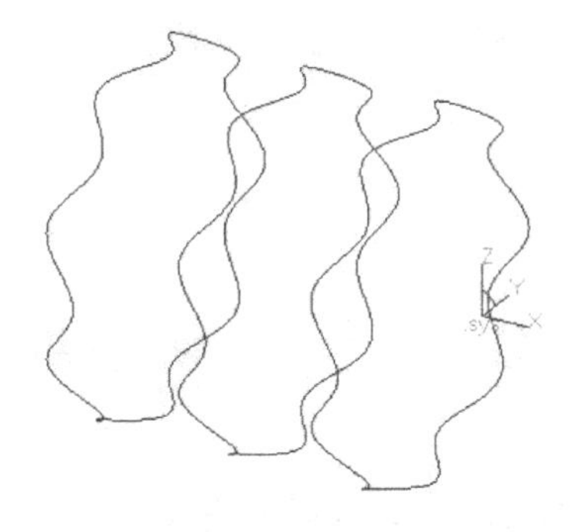

**图 11.5　阵列图形**

⑤作第二条曲线，选择“应用”→“曲线生成”→“公式曲线”命令或者单击“曲线生成栏”中的 f(x) 图标，在弹出的公式曲线对话框中设置参数，如图 11.6 所示。

⑥选择坐标原点为插入点，绘制图形如图 11.7 所示。

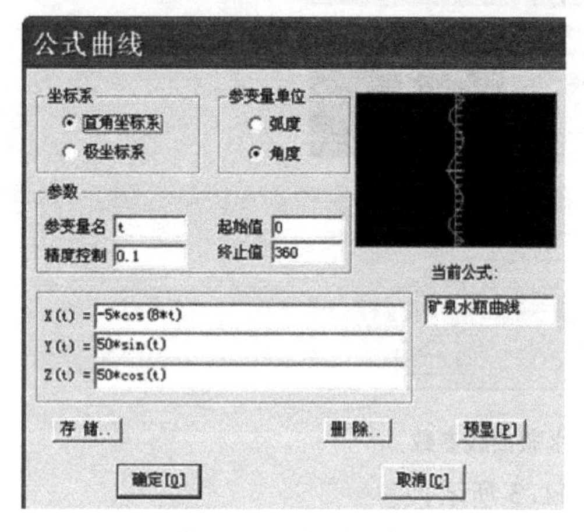


图 11.6　曲线参数

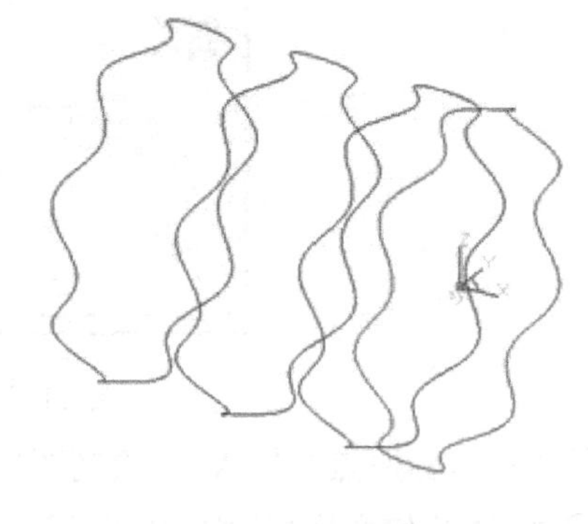

图 11.7　第二条曲线

⑦选择“几何变换栏”中的“阵列”工具，设置阵列参数，选中第二条曲线，单击鼠标右键，阵列后的图形如图 11.8 所示。

⑧单击“整圆”工具，选择“圆心_半径”方式，以“30,0,0”为圆心，“50”为半径，作圆如图 11.9 所示。

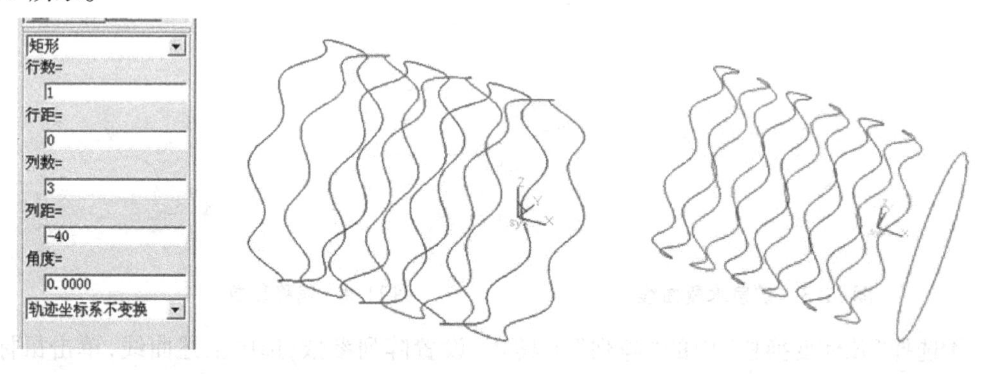


图 11.8　第二条曲线

图 11.9　作圆

⑨选择“几何变换栏”中的“平面旋转”工具，将所绘的圆原位旋转 90°，这样产生的进刀点就在 $Z$ 轴上。

# 任务 11.2　矿泉水瓶波浪线加工

**加工思路：多轴加工、四轴柱面曲线加工**

矿泉水瓶曲线是沿柱面分布封闭曲线，采用四轴柱面曲线加工。

## 11.2.1　矿泉水瓶曲线加工

①选择“加工”→“多轴加工”→“四轴柱面曲线加工”命令，在弹出的“四轴柱面曲线加工”中设置“四轴柱面曲线加工”参数，如图11.10所示。

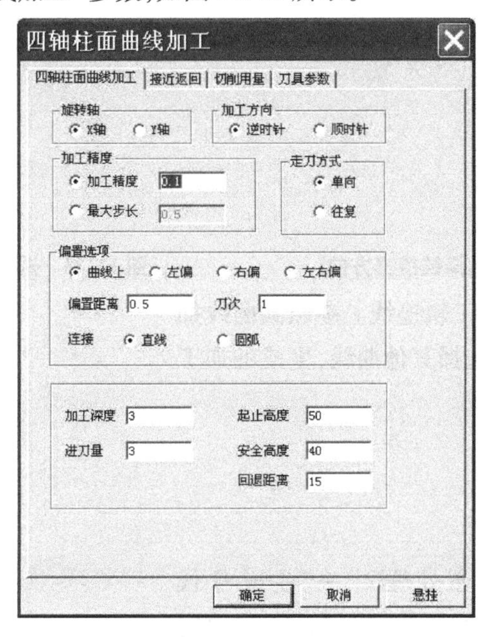


图11.10　四轴柱面曲线加工参数

②选择$R3$的球形铣刀，如图11.11所示。

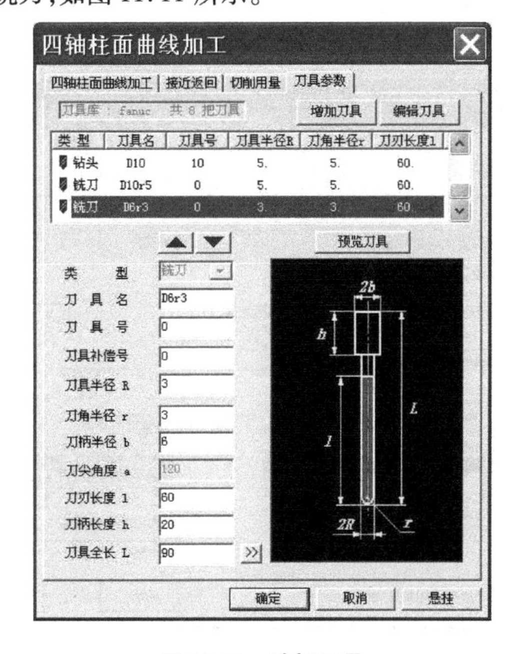


图11.11　选择刀具

③生成加工轨迹,拾取圆曲线,选择向左的箭头为链搜索方向,如图 11.12 所示。选择向上的箭头为加工侧边,如图 11.13 所示。

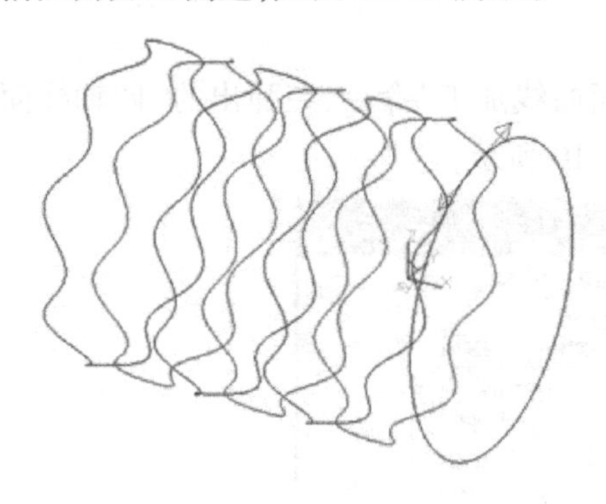

图 11.12　选择链搜索方向

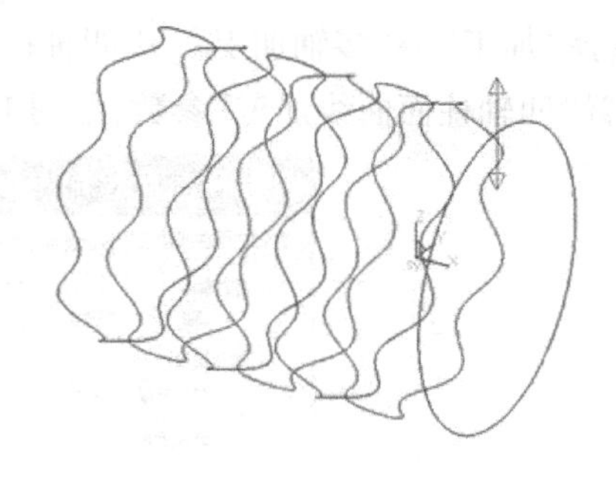

图 11.13　选择加工侧边

④生成其他曲线的加工轨迹线。参照圆曲线加工轨迹线生成过程,依次选择其他曲线,生成的加工轨迹线如图 11.14 所示。

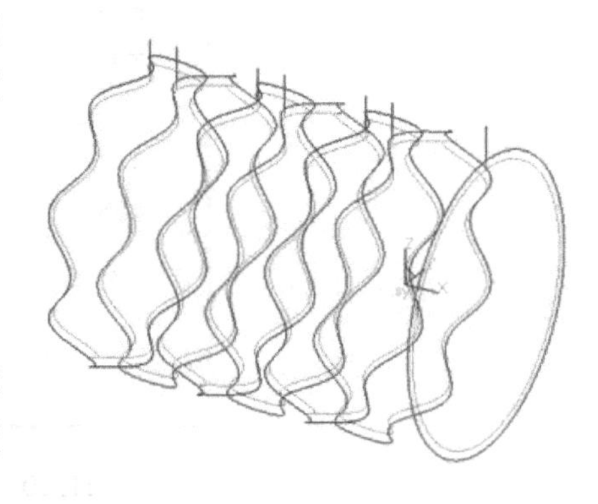

图 11.14　矿泉水瓶曲线加工轨迹线

## 11.2.2　生成 G 代码

①选择“加工”→“后置处理 2”→“生成 G 代码”命令,在弹出的“生成后置代码”对话框中给定要生成的 NC 代码文件名(矿泉水瓶曲线加工. cut)及其存储路径,选择“fanuc-4-A”数控系统,单击“确定”按钮,如图 11.15 所示。

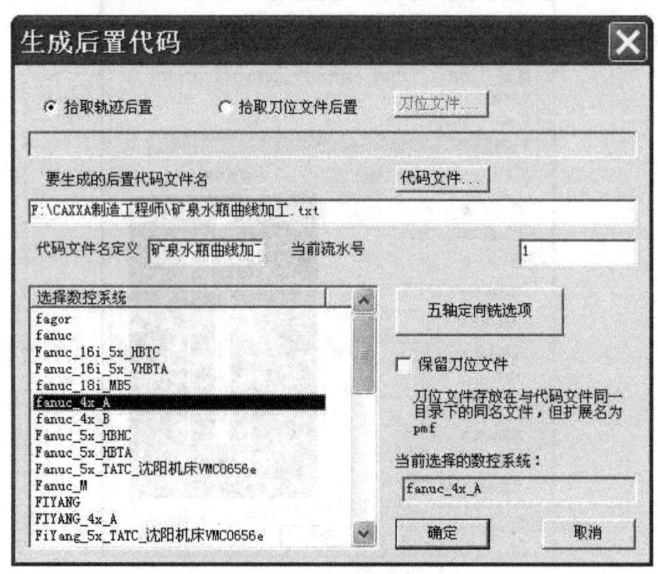


图 11.15　生成后置代码

②按提示分别拾取曲线加工轨迹,单击右键确定,生成四轴加工 G 代码,如图 11.16 所示。

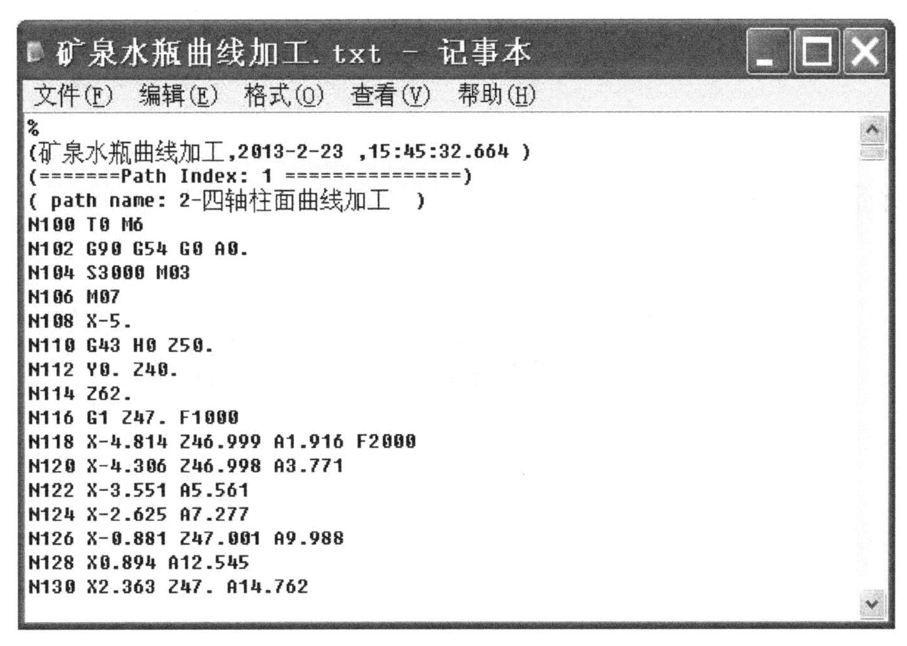
矿泉水瓶曲线加工.txt - 记事本

文件(F)　编辑(E)　格式(O)　查看(V)　帮助(H)

```
%
(矿泉水瓶曲线加工,2013-2-23 ,15:45:32.664 )
(=======Path Index: 1 ===============)
( path name: 2-四轴柱面曲线加工  )
N100 T0 M6
N102 G90 G54 G0 A0.
N104 S3000 M03
N106 M07
N108 X-5.
N110 G43 H0 Z50.
N112 Y0. Z40.
N114 Z62.
N116 G1 Z47. F1000
N118 X-4.814 Z46.999 A1.916 F2000
N120 X-4.306 Z46.998 A3.771
N122 X-3.551 A5.561
N124 X-2.625 A7.277
N126 X-0.881 Z47.001 A9.988
N128 X0.894 A12.545
N130 X2.363 Z47. A14.762
```

**图 11.16　生成四轴加工 G 代码**

# 项目 12

# 叶轮的造型与加工

## 任务 12.1　叶轮的造型

叶轮造型如图 12.1 所示。

图 12.1　叶轮造型

### 12.1.1　叶轮空间线架的构成

①首先在桌面上新建一个记事本文件，以图 12.2 所示的方法输入所给的空间点坐标。

保存后，将其后缀名改为“. DAT”的格式。

```
SPLINE
7
15.0578,-38.5221, -0.0000
 9.7506,-40.4552, -3.9523
 4.9017,-41.9681, -8.5921
 0.8008,-41.9681,-13.7361
-2.3747,-47.3994,-18.7416
-4.8445,-52.5897,-22.4812
-7.3561,-58.6341,-24.5000
SPLINE
7
17.0533,-37.6813, -0.0000
11.8545,-39.8895, -3.9523
 7.0914,-41.6541, -8.5921
 3.1003,-43.8554,-13.7361
 0.1093,-47.4587,-18.7416
-2.0856,-52.7712,-22.4812
-4.2774,-58.9387,-24.5000
SPLINE
7
 5.8562,-15.8937,-10.0000
 2.0282,-20.1342,-17.1110
-0.6451,-25.5343,-23.7352
-2.3108,-32.8384,-28.6366
-3.5797,-41.2836,-31.3550
-5.1602,-50.0458,-32.4837
-8.0303,-58.5456,-32.5000
SPLINE
7
 8.5272,-14.6354,-10.0000
 5.2380,-19.5435,-17.0893
 2.7895,-25.3057,-23.5652
 1.1626,-32.7485,-28.5652
-0.2986,-41.2614,-31.3441
-1.6591,-50.1741,-32.4780
-3.9268,-58.9631,-32.5000
EOF
```

图 12.2 “记事本”空间曲线点

②选择主菜单中的“打开”命令再选择叶轮曲线参数的 DAT 数据文件，如图 12.3 所示。打开后就能够看到 4 条空间曲线，如图 12.4 所示。

图 12.3 “打开”DAT 数据文件

③按 F9 键，将作图平面切换到 $YOZ$ 平面，单击曲线工具栏中的“直线”按钮，选择“正交”中的“长度方式”，长度为“50”。选择坐标原点，得到图 12.5 所示轴线。

④单击曲线工具栏中的“直线”按钮。选择“非正交”，连接点 $AE$、$BF$、$GI$、$HJ$、$AB$、$EF$、$GH$ 和 $IJ$，如图 12.6 所示。

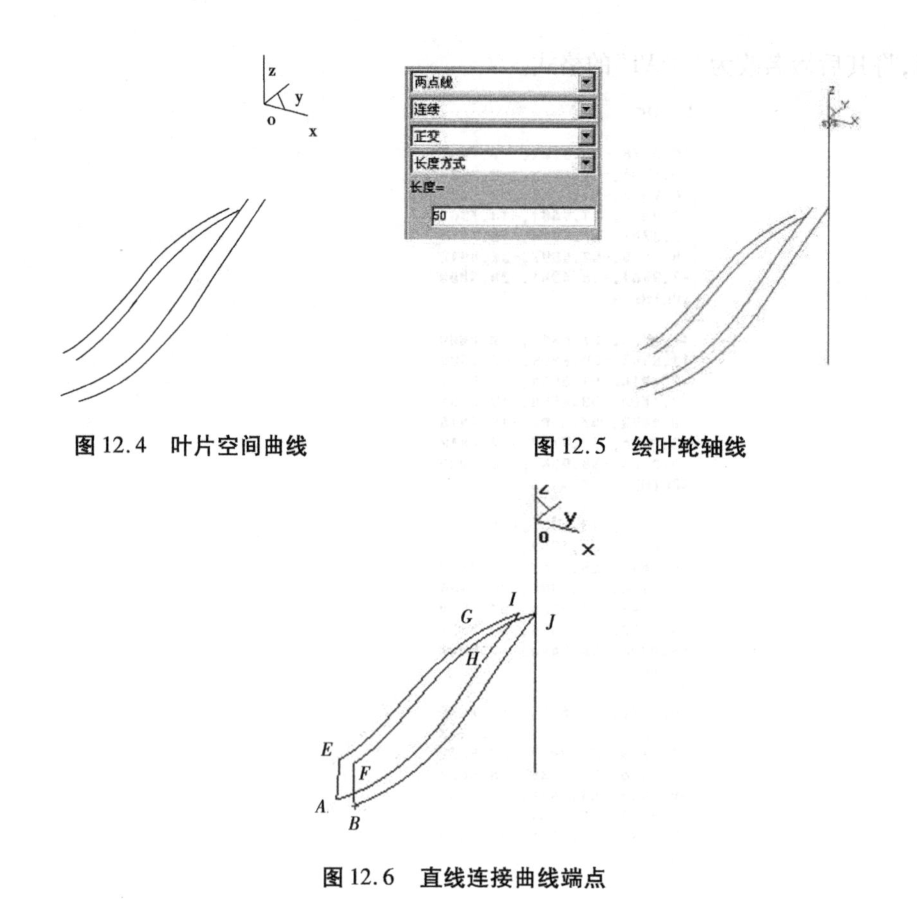


图 12.4　叶片空间曲线　　　　图 12.5　绘叶轮轴线

图 12.6　直线连接曲线端点

### 12.1.2　叶轮曲面造型生成

①单击曲面工具栏中的“直纹面”按钮，选择“曲线 + 曲线”的方式，按照系统提示拾取曲线，生成如图 12.7 所示曲面。

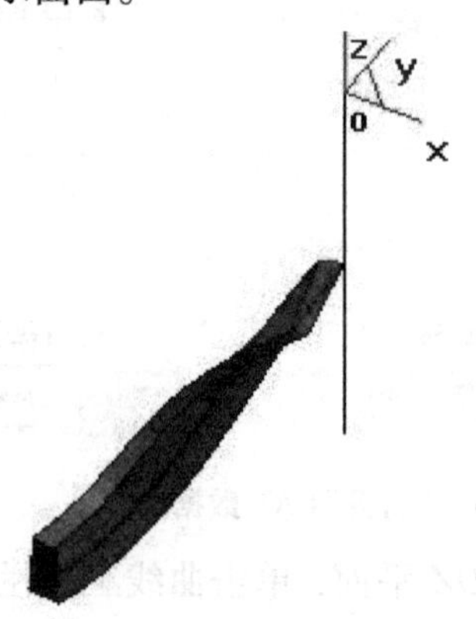

图 12.7　生成组成叶片的“直纹面”

②单击曲面工具栏中的“旋转面”按钮，选择起始角为“0”，终止角为“360”，按照系统

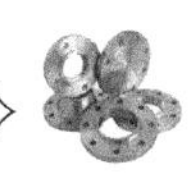

提示拾取旋转轴直线和 *BJ* 段母线，生成如图 12.8 所示曲面。

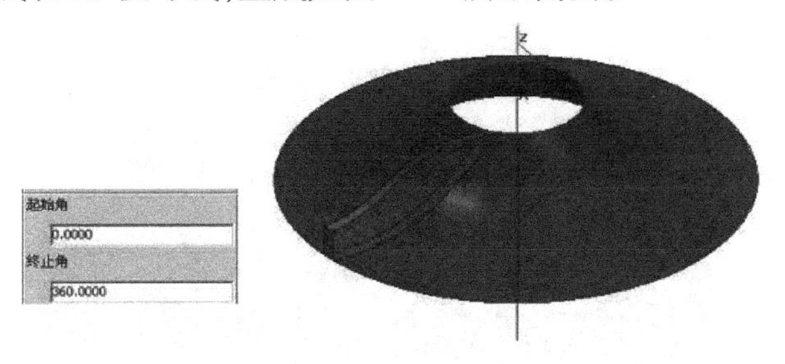


**图 12.8　生成叶轮旋转面**

③按F9键切换到 *XOY* 平面，单击几何变换栏中的“阵列”按钮，选择“圆形”→“均布”命令，份数为“8”；按照系统提示，拾取叶片上的全部曲面后单击右键，以输入的中心点为坐标原点，单击右键即可，如图 12.9 所示。

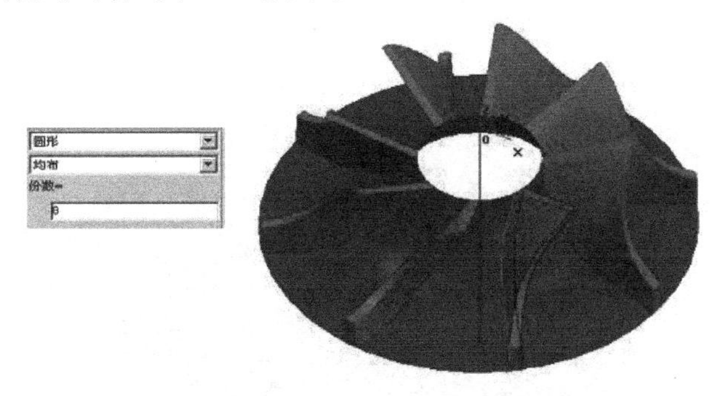


**图 12.9　“阵列”生成全部叶片**

④单击曲线工具栏中的“相关线”按钮，选择“曲面边界线”中的“全部”，如图 12.9 所示。按系统提示选择蓝色曲面，得到顶端和底端圆形曲线。

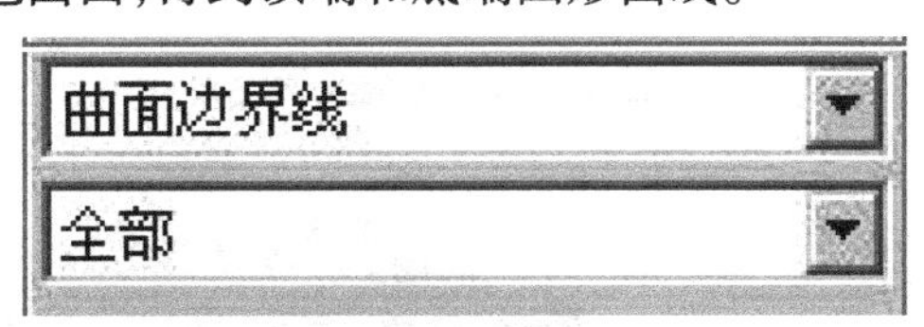


**图 12.10　“相关线”对话框**

⑤单击曲线工具栏中的“整圆”按钮，选择“圆心_半径”，按系统提示，以顶端圆形曲线的圆心为圆心，作半径为“8”的圆，如图 12.11 所示。

⑥单击曲面工具栏中的“直纹面”按钮，选择“曲线 + 曲线”的方式，按照系统提示拾取曲线，生成如图 12.12 所示平面。

⑦单击曲面工具栏中的“扫描面”按钮，起始距离为“0”，扫描距离为“30”，扫描角度为“0”，扫描精度为“0.01”。按软件提示，按空格键选择扫描方向为“Z 轴负方向”，接着去拾取旋转面底部的曲线，生成如图 12.13 所示的扫描面。

⑧单击曲线工具栏中的“整圆”按钮，选择“圆心_半径”，按系统提示，作以坐标原点为圆心、半径为“8”的圆，如图 12.14 所示。

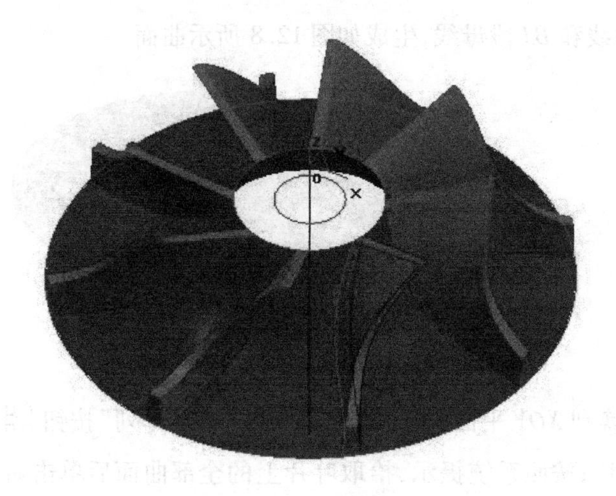

图 12.11　绘制圆

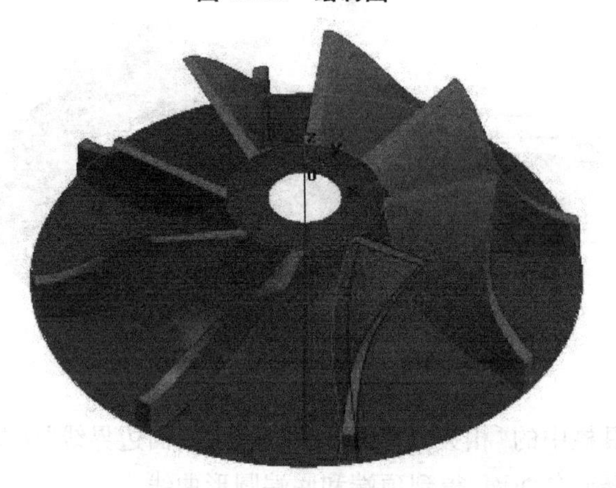

图 12.12　生成平面

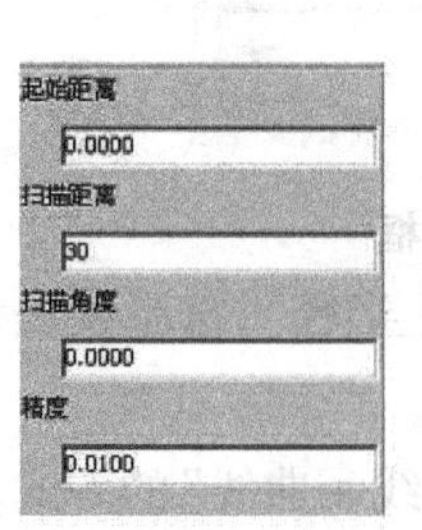

图 12.13　生成“扫描面”

图 12.14　绘顶部 $R8$ 的圆

⑨单击曲面工具栏中的“直纹面”按钮 ，选择“曲线 + 曲线”的方式，按照系统提示拾取曲线，生成如图 12.15 所示柱面。

图 12.15　生成柱面

⑩单击曲面工具栏中的“直纹面”按钮 ，选择“点 + 曲线”的方式，按照系统提示拾取中心点与外轮廓线后单击右键，生成如图 12.15 所示上平面。

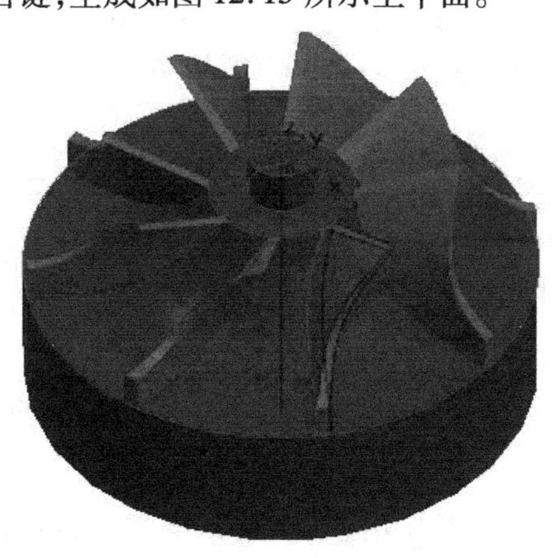

图 12.16　生成上平面

# 任务12.2 叶轮的加工

## 12.2.1 多轴加工——叶轮粗加工

①选择“加工”→“多轴加工”→“叶轮粗加工”命令，弹出“叶轮粗加工”参数表对话框，在“叶轮粗加工 ”选项中设置各项参数。如图12.17所示。

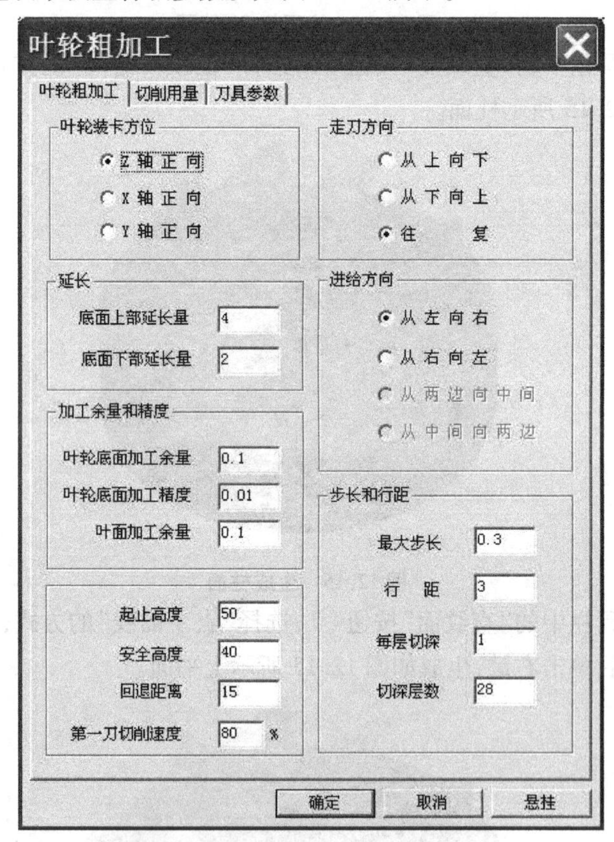


图12.17 “叶轮粗加工”对话框

②选择“切削用量”，如图12.18所示。

③选择“刀具参数”标签，选择铣刀并设定铣刀的参数，如图12.19所示。

④选择好各项参数以后，单击“确定”按钮，选择需要加工的区域后单击右键，得出轨迹如图12.20所示。

⑤阵列叶轮粗加工轨迹线。按F9键切换到*XOY*平面，单击几何变换栏中的“阵列”按钮，选择“圆形”→“均布”命令，份数为“8”，拾取粗加工轨迹线单击右键，输入的中心点

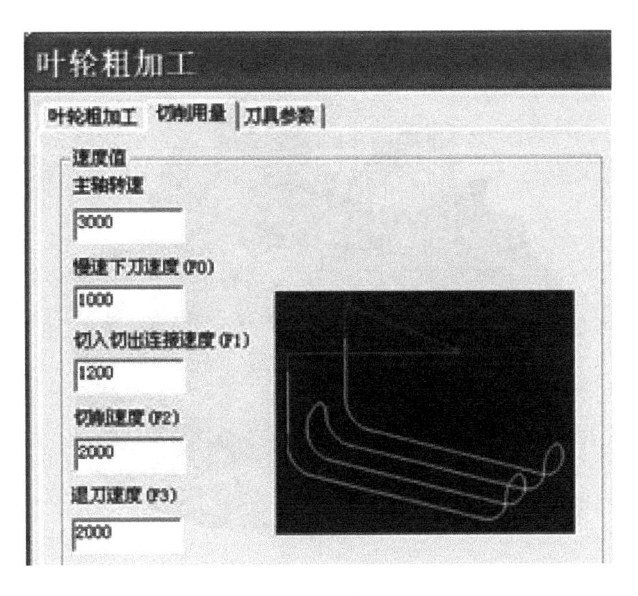


图 12.18　切削用量

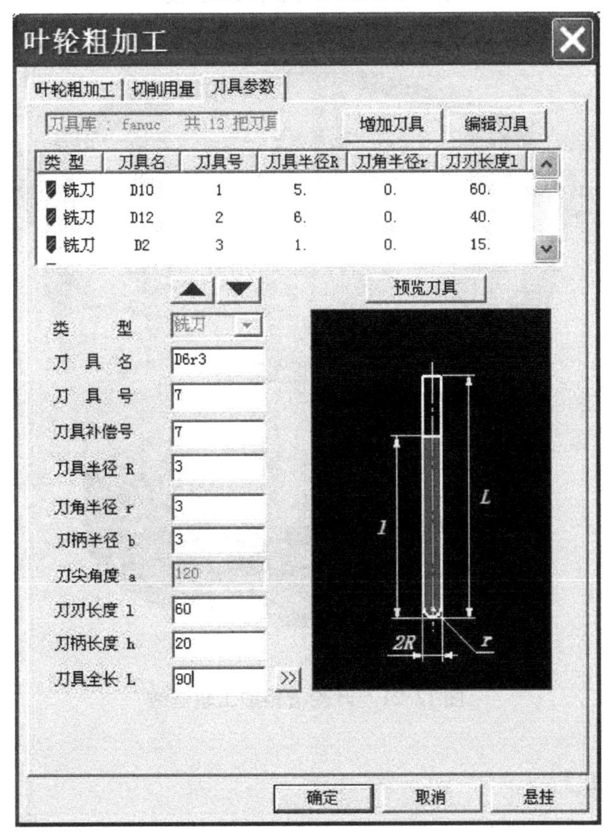


图 12.19　设定铣刀参数

为坐标原点，单击右键即可，如图 12.21 所示。

⑥隐藏粗加工轨迹线。

图 12.20　叶轮粗加工轨迹线

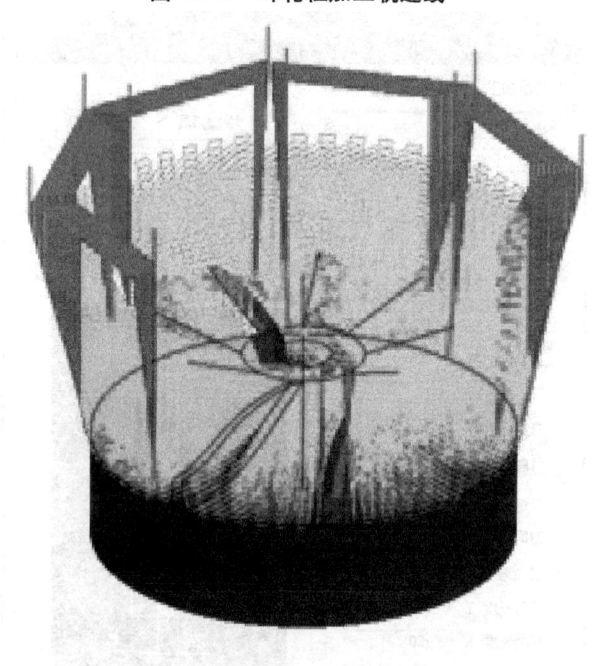

图 12.21　叶轮槽粗加工轨迹线

### 12.2.2　叶轮精加工

①选择“加工”→“多轴加工”→“叶轮精加工”命令，弹出叶轮精加工参数表，在“叶轮精加工”选项中设置参数，如图 12.22 所示。“切削用量”、“刀具参数”参照粗加工。

②选择好各项参数以后，单击“确定”按钮，选择旋转面、同一叶片的左、右两曲面单击右

键，得出轨迹如图 12.23 所示。

叶轮精加工
叶片加工参数 | 切削用量 | 刀具参数
加工顺序：⊙层优先　○深度优先
走刀方向：⊙从上向下　○从下向上　○往复
延长：叶片上部延长量 0；叶片下部延长量 0
步长：最大步长 0.3
深度切入：加工层数 28
加工余量和精度：叶面加工余量 0；叶面加工精度 0.01；叶轮底面让刀 0.1
起止高度 50；安全高度 40；回退距离 15
确定　取消　悬挂

**图 12.22　设置叶轮精加工参数**

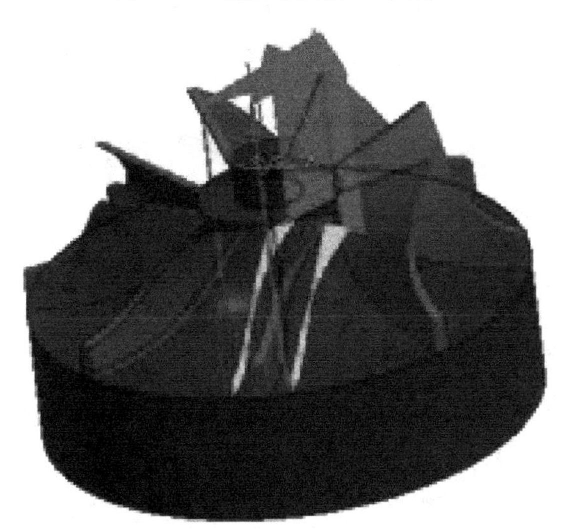

**图 12.23　叶轮精加工轨迹线**

③阵列叶轮精加工轨迹线。按 F9 键切换到 *XOY* 平面，单击几何变换栏中的“阵列”按钮，选择“圆形”→“均布”命令，份数为“8”；拾取精加工轨迹线后单击右键，以输入的中心点为坐标原点，单击右键即可，如图 12.24 所示。

图 12.24　叶片精加工轨迹线

### 12.2.3　生成 G 代码

在主菜单中选择“加工”→“后置处理 2”→“生成 G 代码”命令，在弹出的对话框中填写加工代码保存的路径及文件名，选择输出代码的数控系统，如图 12.25 所示。单击“确定”按钮，按照提示拾取生成的粗加工/精加工的刀具轨迹，单击右键确认，立即弹出粗加工/精加工代码文件，如图 12.26 所示。

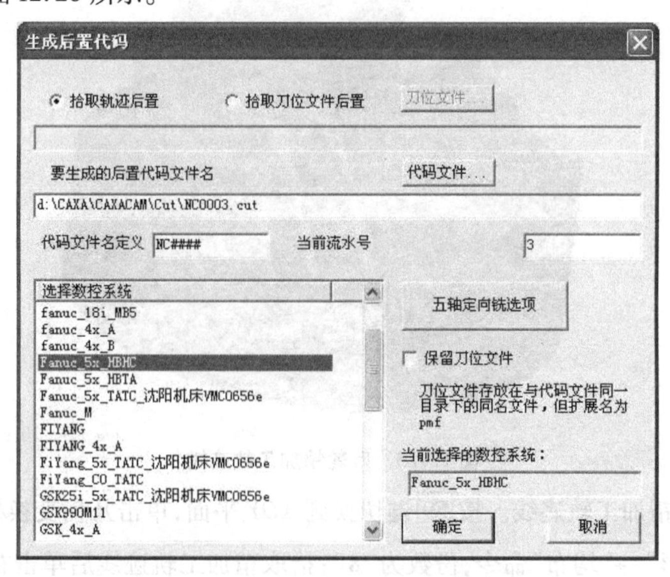


图 12.25　“生成后置代码”对话框

NC0003 - 记事本

文件(F) 编辑(E) 格式(O) 查看(V) 帮助(H)

```
%
(NC0003,2013-5-9 ,19:49:12.718 )
N100 G90 G55 G0 B0 C0
N102 M6 T0
N104 G432 X44.075 Y-20.849 Z50. B64.93 C-17.091 H0
N106 S3000 M03
N108 X44.075 Y-20.849 Z50.
N110 G1 X44.075 Y-20.849 Z8.282 F1000
N112 X31.088 Y-16.856 Z1.926 F2000
N114 X31.018 Y-17.011 Z1.795 B64.686 C-17.138
N116 X30.949 Y-17.166 Z1.665 B64.442 C-17.183
N118 X30.871 Y-17.314 Z1.531 B64.197 C-17.227
N120 X30.793 Y-17.462 Z1.397 B63.952 C-17.269
N122 X30.694 Y-17.657 Z1.22 B63.63 C-17.321
N124 X30.595 Y-17.852 Z1.044 B63.309 C-17.371
N126 X30.501 Y-18.046 Z0.868 B62.99 C-17.416
N128 X30.409 Y-18.239 Z0.693 B62.669 C-17.459
N130 X30.316 Y-18.433 Z0.518 B62.347 C-17.499
N132 X30.23 Y-18.607 Z0.353 B62.052 C-17.533
N134 X30.144 Y-18.782 Z0.188 B61.755 C-17.565
N136 X30.058 Y-18.956 Z0.023 B61.457 C-17.594
N138 X29.973 Y-19.131 Z-0.142 B61.157 C-17.621
N140 X29.887 Y-19.306 Z-0.307 B60.855 C-17.646
N142 X29.782 Y-19.515 Z-0.515 B60.485 C-17.673
N144 X29.677 Y-19.725 Z-0.723 B60.112 C-17.696
N146 X29.573 Y-19.934 Z-0.931 B59.735 C-17.716
N148 X29.468 Y-20.144 Z-1.139 B59.355 C-17.731
N150 X29.364 Y-20.355 Z-1.348 B58.97 C-17.743
```

图 12.26 叶轮加工“G”代码